中 国 区 域 环 境 变 迁 研 究 丛 书

“十三五”国家重点图书出版规划项目

历史时期关中的土壤环境与永续农耕

杜 娟 著

中国环境出版集团・北京

图书在版编目（CIP）数据

历史时期关中的土壤环境与永续农耕/杜娟著. —北京：中国环境出版集团，2020.12
（中国区域环境变迁研究丛书）
ISBN 978-7-5111-4521-5

Ⅰ. ①历… Ⅱ. ①杜… Ⅲ. ①土壤环境—研究—陕西 Ⅳ. ①X21

中国版本图书馆 CIP 数据核字（2020）第 251373 号

出 版 人 武德凯
责任编辑 李雪欣
责任校对 任 丽
封面设计 彭 杉

出版发行 中国环境出版集团
（100062 北京市东城区广渠门内大街 16 号）
网 址：http://www.cesp.com.cn
电子邮箱：bjgl@cesp.com.cn
联系电话：010-67112765（编辑管理部）
发行热线：010-67125803，010-67113405（传真）
印 刷 北京市联华印刷厂
经 销 各地新华书店
版 次 2020 年 12 月第 1 版
印 次 2020 年 12 月第 1 次印刷
开 本 880×1230 1/32
印 张 12.125
字 数 280 千字
定 价 50.00 元

总 序

环境史研究是生态文化体系建设的一项基础工作，也是传承和弘扬中华优秀传统、增强国家文化实力的一项重要任务。环境史家试图通过讲解人类与自然交往的既往经历，揭示当今环境生态问题的来龙去脉，理解人与自然关系的纵深性、广域性、系统性和复杂性，进一步确证自然界在人类生存发展中的先在、根基地位，为寻求人与自然和谐共生之道、迈向生态文明新时代提供思想知识资鉴。

中国环境出版集团作为国内环境科学领域的权威出版机构，以可贵的文化情怀和担当精神，几十年来一直积极支持环境史学著作出版，近期又拟订了更加令人振奋的系列出版计划，令人感佩！即将推出的这套“中国区域环境变迁研究丛书”就是根据该计划推出的第一批著作。其中大多数是在博士论文的基础上加工完成的，其余亦大抵出自新生代环境史家的手笔。它们承载着一批优秀青年学者的理想，也寄托着多位年长学者的期望。

环境史研究因应时代急需而兴起。这门学问的一些基本理念自 20 世纪 90 年代开始被陆续介绍到中国，20 多年来渐渐被学界和公众所知晓和接受，如今已经初具气象，但仍然被视为一种“新史学”——在很大意义上，“新”意味着不够成熟。其实，在西方环境史学理念传入之前，许多现今被同仁归入环境史的具体课题，中国考古学、地质学、历史地理学、农林史、疾病灾害史等诸多领域的学者早就开展了大量研究，中国环境史学乃是植根于本国丰厚的学术土壤而生。这既是她的优势，也是她的负担。最近一个时期，冠以“环境史”标题的课题和论著几乎呈几何级数增长，但迄今所见的中国环境史学论著（包括本套丛书在内），大多是延续着此前诸多领域已有的相关研究课题和理路，仍然少有自主开发的“元命题”和“元思想”，缺少自己独有的叙事方式和分析工具，表面上热热闹闹，却并未在繁花似锦的中国史林中展示出其作为一门新史学应有的风姿和神采，原因在于她的许多基本学理问题尚未得到阐明，某些严重的思想理论纠结点（特别是因果关系分析与历史价值判断）尚未厘清，专用“工具箱”还远未齐备。那些博览群书的读者急于了解环境史究竟是一门有什么特别的学问？与以往诸史相比新在何处？面对许多与邻近领域相当“同质化”乃至“重复性”的研究论著，他们难免感到有些失望，有的甚至直露微词，对此我们常常深感惭愧和歉疚，一直在苦苦求索。值得高兴的是，中国环境史学不断在增加新的力量，试掘新的园地，结出新的花果。此次隆重推出的 20 多部新人新作就是其中的一部分——不论可能受到何种批评，它们都很令人鼓舞！

这套丛书多是专题性的实证研究。它们分别针对历史上的气候、地貌、土壤、水文、矿物、森林植被、野生动物、有害微生物（鼠疫杆菌、疟原虫、血吸虫）等结构性环境要素，以及与之紧密联系的各种人类社会事务——环境调查、土地耕作、农田水利、山林保护、矿产开发、水磨加工、景观营造、城市供排水系统建设、燃料危机、城镇兴衰、灾疫防治……开展系统的考察研究，思想主题无疑都是历史上的人与自然关系。众位学者从各种具体事物和事务出发，讲述不同时空尺度之下人类系统与自然系统彼此因应、交相作用的丰富历史故事，展现人与自然关系的复杂历史面相，提出了许多值得尊重的学术见解。

这套丛书所涉及的地理区域，主要是华北、西北和西南三大板块。不论从历史还是从现实来看，它们在伟大祖国辽阔的疆域中都具有举足轻重的地位。由于地理环境复杂、生态系统多样、资源禀赋各异，成千上万年来，中华民族在此三大板块之中生生不息，创造了异彩纷呈的环境适应模式，自然认知、物质生计、社会传统、文化信仰、风物景观、体质特征、情感结构……都与各地的风土山水血肉相连，呈现出了显著的地域特征。但三大板块乃至更多的板块之间并非分离、割裂，而是愈来愈亲密地相互联结和彼此互动，共同绘制了中华民族及其文明“多元一体”持续演进的宏伟历史画卷。

我们一直期望并且十分努力地汇集和整合诸多领域的学术成果，试图将环境、经济、社会作为一个相互作用、相互影响的动态整体，采用广域生态—文明视野进行多学科的综合考察，以期构建较为完整的中国环境史学思想知识体系。但是实现这个愿望绝不可能一蹴而就，只能一步一步去推进。就当下情形而言，应当采取的主要技术路线依然是大力开展区域性和专题性的实证考察，不断推出扎实而有深度的研究论著。相信在众多同道的积极努力下，关于其他区域和专题的系列研究著作将会陆续推出，而独具形神的中国环境史学体系亦将随之不断发展成熟。

我们继续期盼着，不断摸索着。

王利华

2020 年 3 月 8 日，空如斋避疫中

目　录

第一章 导论

第一节 与人类历史息息相关的土壤表层

人类赖以生存的地理环境以各种不同的时间尺度不断发生着变化，任何一种变化都会对生命有机体产生影响。进入历史时期，人类在主动，抑或被动地适应各种环境变化的同时，通过自身的活动也使地理环境发生了显著变化。复原历史时期地理环境及其变化过程，认识人类社会在这一地理舞台上的形成发展及演变规律是探索人与自然和谐发展之路径的必要参考。

人类社会与自然环境的关系复杂而多变，交互的界面发生于地球的各个圈层。自从人类开始制造、使用工具以来，尤其是冶铜、冶铁技术出现后，人类干预、利用、改造自然环境的能力迅速增强，引起的地理环境变化的速度和程度要比地质时期的自然演变强烈得多。大气圈、水圈、岩石圈、生物圈、土壤圈都在不同的时空尺度范围内或深或浅地刻上了人类活动的印迹。

马克思曾经把自然界称为“一切劳动资料和劳动对象的第一源

泉”[1]，土壤既为我们提供衣食之源，也是我们劳动的对象。几千年来，人类和土壤最直接的关系是以农耕为纽带的生产关系，植物按照大自然的节律在土壤中生长发育，收获后转变为人们的生产和生活资料。《吕氏春秋·士容论·审时》中言：“夫稼为之者人也，生之者地也，养之者天也。”[2]天，指气候；地，指土壤；人是农业的主体。农作物的生长、发育、成熟都离不开自然界的“天”与“地”。在人们的劳动中，若能因时制宜、因地制宜、因物制宜地从事生产，土壤会发挥出最大的生产潜能，培育出更多、更优的农产品。正是在人们不断提高土壤生产力的同时，土壤的“形”与“质”都发生了显著变化。

土壤的概念古已有之，郑玄注《周礼》时曰：“壤，亦土也，变言耳。以万物自生焉则言土，土犹吐也。以人所耕而树艺焉则言壤，壤，和缓之貌。”[3]此言“土”与“壤”的联系与区别，在人类农耕活动的参与下，自然界的原生土壤发生了由“土”向“壤”的转变，在中国的古老农耕区，改造、熟化土壤的过程漫长而持续，自然土壤经过开垦，在人类合理的种植、耕作、施肥、灌溉等定向培育、管理下，土壤性状逐步改善，老百姓们常称这一过程为“生土”向“熟土”的转变，由于“熟土”具有持续的生产效能，这一过程也使土壤成为以农耕文明为立命之本的中华民族得以延续的基础。

“熟土”在土壤学领域也被称为“耕作土壤”或“耕种土壤”，这类土壤在人为耕种熟化作用下所形成的土壤特征已不同于该区域

① [德] 马克思：《马克思恩格斯选集》第 3 卷《哥达纲领批判》，北京：人民出版社，1995 年，第 298 页。
② 陈奇猷：《吕氏春秋校释》，上海：学林出版社，1984 年，第 1781 页。
③（汉）郑玄注，（唐）贾公彦疏：《周礼注疏》民国四部备要本，上海：中华书局，1936 年，第 99 页。

原有的地带性土壤的土壤特征，如 20 世纪 30 年代起人们逐渐注意到的水稻土、绿洲土、灌淤土、塿土等。随着土壤系统分类法的产生，更为广义的“人为土”概念引入了土壤的认识和分类当中，人为土壤的形成过程即人为作用影响和改变自然成土因素的过程，成土母质、地形、气候、生物作用等均可与土壤变化发生诸多关联。土壤学者龚子同等曾描述这一过程如下：

对母质来说，人为作用主要是改变土壤物质的性质，如通过施用矿质肥料、草木灰、石灰、矿渣（如粉煤灰）、污灌、淤灌、洗盐等措施来实现。对地形而言，人为作用主要是修筑梯田，平整土地，人工堆积和围湖（河）造田等措施来进行。对气候而言，其影响是多方面的，如灌溉、排水和人工降雨等改变土壤水分状况。工业释放温室气体，对土壤的高强度利用加速了土壤释放 CO_2 和 CH_4 以及反硝化作用产生 N_2O，熏土以及用电、用气使土壤增热，改变土壤颜色，改变反射率。在生物方面，人为增加或减少动植物的种类和数量，施用经微生物作用过的有机肥料，施用细菌肥料、土壤消毒剂等，轮作休闲和松土创造这些生物活动的条件。①

上述所言诸如修筑梯田、平整土地、围湖造田，施用草木灰、泥肥、有机肥，精耕细作，灌溉排水等人为作用是从古至今一直延续的人类生产方式，这些生产方式的运用与改进渗透着劳动人民对土壤环境认知、观念的不断变化，也为自然领域的土壤学讨论注入了生动的人文与社会属性，构建起自然与人文互动关系的

① 龚子同、张甘霖：《人为土壤形成过程及其在现代土壤学上的意义》，《生态环境》2003 年第 12 卷第 2 期。

又一主题。

在各种环境要素中，土壤环境在人类历史长河中的演变颇为显著，但却常常被人们忽视。正如法国学者拉巴·拉马尔等曾言："当代的大多数人类社会，无论其贫富，都很少关心他们的土壤以及其管理使用方式。"① 究其原因，或与土壤环境演变的表现形式有很大关系。历史上，气候的冷暖旱涝、河道变迁及水量增减、湖泊湮废、林草消失、动物种群增减及生物多样性减少，都易被人们察觉或可直接感受，但几千年来的土壤变化似乎并不明显。就土壤的生产性能来讲，土壤始终能够为人类提供衣食之源，只要它是持续可利用的，它的变化似乎就不易引起人们的注意。这种无论是对普通的生命还是对更为特殊的自然平衡而言都是最基本的事物却往往被我们所忽视，人们往往更密切关注的是还有多大面积的土地可以供他们使用，如何从技术层面挖掘土壤的生产潜能，却很少关注土壤本身的变化以及它所具有的人类遗产与人类文化属性。

与人类生产生活最为密切的是表土资源。表土层的破坏与流失，表土的熟化与形成是人类活动影响下土壤环境演化的两个方向。表土为人类文明的产生与发展提供基础，也是文明衰落的重要影响因素。美国学者戴维·R. 蒙哥马利曾言："土壤是一种世代相传的资源，一种既可被珍惜利用又能被挥霍的自然资本。地表仅仅几英尺的土壤处在繁荣与消亡之间，滥用土壤的文明终将灭亡。"② 他还认为，从罗马帝国到玛雅文化和波利尼西亚的复活节岛，一个又一个

① [法] 拉巴·拉马尔、[法] 让-皮埃尔·里博主编：《多元文化视野中的土壤与社会》，张璐译，北京：商务印书馆，2005 年，第 1 页。

② [美] 戴维·R. 蒙哥马利：《泥土：文明的侵蚀》，陆小璇译，南京：译林出版社，2017 年，第 5 页。1 英尺≈0.305 m。

伟大的文明皆因表层土壤被破坏而陷入贫困，最终走向毁灭。[①]中国的农业历史也表明土壤的状况决定了土地上可种植何种作物，可以种植多长时间以及可以收获多大产量，这是保证子孙后代生活的基础，需要依靠世代传承的土地管理及土壤可持续发展的智慧。

与大量的表土流失不同，土壤环境演化的另一方向即形成持续与成熟的土壤耕作层。实际上，古老农耕区的现代地表上已全然不见自然土壤的本来面目，其土壤空气、温度、水分、肥力、微生物活性等都已随着耕作方式的演进发生了变化，进而缩短或延缓土壤的成土时间，形成新的土壤类型。要充分认识并解释这一变化过程，对土壤结构、理化性质的解剖必不可少，同时，对其在人类历史长河中的时空演变贯以历史的思维与方法加以分析，是理解土壤人为化过程的必要途径。

人与环境的互动关系一直受到历史地理学、生态学、自然地理学等多个学科的广泛关注。近年来，环境史的引入为我们带来了审视历史的新视角。王利华阐述环境史的目标是：其一，要弄清大自然在人类历史发展进程中扮演了什么样的角色；其二，人类既改造自然，又依赖于自然，并不能超离大自然而存在，历史上的人类活动及其方式和结果，包括信仰、价值观、经济、政治和文化，只有结合特定的自然环境才能得到更好的理解。因此，环境史的另一个学术目标，就是要考察历史上人类是如何思考、利用和改变周围环境，并且不断发展自己。[②]此目标在人与土之关系上的第一层含义，即土壤环境在人类史上扮演角色之重要性毋庸置疑。第二层含义，

---

① ［美］戴维·R. 蒙哥马利：《耕作革命：让土壤换发生机》，张甘霖等译，上海：上海科学技术出版社，2019 年，第 2 页。

② 王利华：《作为一种新史学的环境史》，《清华大学学报（哲学社会科学版）》2008 年第 1 期。

人们需要从意识层面及社会层面去理解人类施加于土壤中的作用力，土壤在此作用力下的延续及变化与其所处的特定自然与人文环境之间的关系。

人们已习惯性地认为，在人类的干预下，环境的自然平衡被打破，环境被破坏，各种自然要素的发展变化令人担忧。这正是侯甬坚所归纳的“环境破坏论”的习惯提法。[①]若将环境破坏看作一种人地互动的逆向的恶性发展，则人地关系一定也存在一种正向的良性发展，否则几千年的中华文明何以延续至今？侯甬坚曾引用国内外有关环境变化比较中性的表达方式，即“人类活动引起的环境变化”或“人类社会对环境变化的各种主动和被动的反应与响应”。并请人们注意：“基于历史开发作用下的环境变化展现的多方向性，除了环境恶化、退化的情形外，还有环境改善、环境修复、环境优化等内容，对此绝对不能再予以忽略。”延续几千年的耕作土壤的形成与演变正是“人类活动引起的土壤环境变化”的结果，其中的环境改善、环境优化等在土地开发与土壤环境的演变中的确是有所表现的。历史上，很多低山丘陵地区、沼泽滩地、盐碱地一开始并不适宜人类耕种，但在人类努力改良下，这些土地均具有了较好的生产性能。

但是，我们也并不否认人类的生产活动引起的土壤资源流失及土壤环境破坏。丘陵坡地开垦导致的水土流失，滥用化肥、农药、杀虫剂导致的土壤污染，污灌导致的土壤污染，采矿、城市垃圾堆放导致的土壤侵占及污染等的确造成了人与土壤的矛盾。尽管如此，这些并不影响我们评价人类对土壤环境所做出的积极性的努力。

---

① 侯甬坚：《“环境破坏论”的生态史评议》，《历史研究》2013年第3期。

第二节 关中平原:古老农耕区的农业资源与土壤环境

历史时期，以农耕为主的人类活动与土壤的互动关系主要发生于土壤表层，农业活动改变土壤表层原来自然的成土过程，使其发生显著的人为化过程，形成新的土壤类型——人为土。人为土作为人类农耕活动的记录载体，在历史悠久的农耕区表现得更加明显。关中平原是我国历史悠久的农耕区，黄土疏松、肥沃的特性为人类生产提供了极大的便利，自西周时期始，逐渐精细化的农业生产历史成为考察关中平原土壤耕作层形成及其演变的重要依据。

古代关中的地域界定有多种[①]，由于人类农耕的技术选择总是以一定的气候、地形、土壤母质、植被等自然条件为基础的，故在此选择自然地理特征相近的狭义上的关中为研究区域，即“关中自汧、雍以东至河、华，膏壤沃野千里，自虞夏之贡以为上田，而公刘适邠，大王、王季在岐，文王作丰，武王治镐，故其民犹有先王之遗风，好稼穑，殖五谷，地重，重为邪”。[②]这也是现今自然地理区划上所指的关中平原，位于陕西中部，东起潼关、西至宝鸡、南依秦岭、北至北山。

关中平原地势自西部向东部降低，北部接中朝准地台，南部临

① 王子今：《秦汉区域地理学的“大关中”概念》，《人文杂志》2003 年第 1 期。关中的地域界定有渭河平原，即后世所谓的“秦川”之说；有秦岭以北的秦地，包括今陕北地区之说；有包括巴蜀在内的“崤函”以西地区之说；还有包括东部函谷关、西部大散关、北部萧关和南部武关四关之内区域之说等等。所谓“关中自汧、雍以东至河、华，膏壤沃野千里”为狭义的“关中”，而“关中之地，于天下三分之一，而人众不过什三，然量其富，什居其六”为广义的“关中”。

②（汉）司马迁：《史记》卷一二九《货殖列传》，北京：中华书局，1959 年。汉代 1 里≈415.8 m。

秦岭褶皱带，中部是自西向东倾斜的地堑式构造盆地，渭河自西向东穿过盆地中央。渭河两岸经长期的黄土沉积和渭河干支流冲积作用，形成开阔平坦的关中平原。平原东西长约 360 km，南北宽 30～80 km，西部狭窄，东部逐渐开阔。渭河两侧平原地貌类型由渭河河谷向两侧依次为河漫滩、河流阶地、黄土台塬、山前冲洪积扇及山地。黄土台塬是关中平原较早开展农业生产的地貌单元，对关中的地形，自战国时期就有“原隰厎绩”① 的记载，“广平曰原……下湿曰隰”②，胡渭《禹贡锥指》里共辑录关中塬的数目达五六十处之多。关中的塬地势较高，地形开阔平坦，很适合农业垦殖及人类居住，如周原就包括了凤翔、岐山、扶风、武功四县的大部分，面积可达数百平方公里。隰为塬下的低湿之地，也就是河流两岸的低洼积水区，“原隰相间”是古代关中农业发展的主要地形特点。《诗经》中就记载有“信彼南山，维禹甸之，畇畇原隰，曾孙田之”③。

关中气候属于暖温带大陆性季风气候，年平均温度为 13℃左右，年平均降雨量 600 mm 左右，适宜的气候条件是该区域农业发展的基础。但降水的年内分配极不均衡，主要集中在汛期（6—9 月），汛期降水量可占到全年降水量的 60%左右，这使得关中农业在冬、春季节易遭受旱灾，而夏、秋季又常受到涝灾的影响。随着历史时期气候冷暖波动变化，农业生产也有持续稳定和间断衰退的变化，在农业持续稳定的发展阶段，政府及百姓对土地的投入会增多，土壤的人为熟化程度也会相应提高。

在以黄土高原为主的黄土地带，关中平原的水资源是较为丰富

①《尚书正义》卷六《禹贡》，《十三经注疏》，北京：中华书局，2009 年影印清嘉庆刊本。
②（清）皮锡瑞：《今文尚书考证》卷三《禹贡第三》，北京：中华书局，1989 年。
③ 周振甫：《诗经译注》，北京：中华书局，2002 年，第 346 页。

的，黄河干流在平原东部由北至南流过，成为陕晋两省的自然分界线。渭河是关中平原的主要河流，故也常称关中平原为渭河平原。渭河发源于甘肃渭源，流经甘肃、陕西两省，自宝鸡凤阁岭流入陕西境内，从陕西潼关东注黄河，渭河陕西段河长 500 km，是关中平原主要的地表水资源。渭河北岸支流源远流长，但数量相对较少，主要有泾河、千河、漆水河、石川河、洛河等；南岸支流均发源于秦岭北坡，比降大、流程短，主要有灞河、涝河、沣河、黑河、清姜河、石头河、尤河等。这些河流是古代关中农业发展的主要水分来源，且古时的河流水量远较今日充沛。春秋时期，船只可以沿着渭河上达宝鸡附近，秦国也曾“泛舟之役”[①]，向晋国运输粮食。西汉初张良还盛赞“河渭漕挽天下”[②]，都说明渭河的水量在当时还是相当大的。泾河是渭河的最大支流，发源于宁夏泾源，至陕西高陵汇入渭河。洛河是渭河第二大支流，发源于陕北的吴起县，流经延安，经渭北高原东部至大荔县汇入渭河。泾河、洛河、渭河是关中灌溉农业产生的基础，战国时，泾河流域的郑国渠就曾“用注填阏之水，溉舃卤之地四万余顷，收皆亩一钟”[③]。泥沙含量高是渭河流域河流的重要特征，随着农业灌溉携带进入土壤耕作层的泥沙，在生产力低下的盐碱土改良及灌耕土的形成上起到了至关重要的作用。

除河流外，井泉、湖泊也为关中农业发展提供水源。渭河两岸的高河漫滩、一级阶地及华山北麓都为极强的富水地区，水位埋深浅的地区仅为 3～8 m。泾河、洛河、千河所流经的一级、二级阶地

①《春秋左传正义》卷一三《僖公十三年》，《十三经注疏》，北京：中华书局，2009 年影印清嘉庆刊本。

②（汉）司马迁：《史记》卷五五《留侯世家》，北京：中华书局，1959 年。

③（汉）班固：《汉书》卷二九《沟洫志》，北京：中华书局，1962 年。汉代 1 亩≈465 m^2。

上，地形平坦，地下水蕴藏也相当丰富，井、渠均可利用。渭河以南的灞河、浐河、沣河、滈河、涝河和潏河等河流均发源于秦岭北麓，也是关中平原内的强富水地区，并且常有泉流形成，水源丰富也使渭河以南成为关中平原的主要稻作产区。关中平原古时有众多的湖泊，见于记载的就有焦获泽、弦蒲泽、尧神池、扬纡、灵沼、滮池、滈池等，且焦获泽和弦蒲泽还位列当时有所记载的全国较大湖泊之中，这些湖泊或为农业灌溉发挥过重要的作用。在渭北黄土台塬及渭河以南的破碎塬面上水资源欠缺，也是关中农业发展的缺水地带，抗旱保墒技术的应用在这些区域尤为重要。

关中平原土壤的成土母质为黄土，是在干旱半干旱气候条件下来自西北内陆的粉尘堆积经过黄土化作用形成的深厚堆积层。黄土土层深厚、垂直节理和孔隙发育良好，优良的质地结构保障了土壤中水、肥、气、热的畅通，且土壤疏松的质地具有易垦易耕的优点，十分适宜简陋的生产工具进行操作。从土壤肥力上来讲，黄土也算是一种肥效较高的土壤，《禹贡》中将雍州的土壤列为“厥土惟黄壤，厥田惟上上”的全国一等土壤类型。秦汉时期，关中平原土壤也有“膏壤”之称。

三面环山的盆地地形，平坦的台塬与阶地，适于发展农业的气候、水系、土壤等是关中平原在历史上长期保持着国家政治、经济、文化中心地位的重要因素，也使关中农业能够在较长时间内持续稳定发展。几千年的农业历史在关中平原的土壤表层形成了深厚的耕作层，这是自然因素与人为因素共同作用于土壤的印迹，人们常以“农耕土”“耕作土”“农业土壤”等土壤名称表明其成土过程中加入的农耕因素。

关中平原的农耕土壤属于典型的人为土类型，具有很强的地域特征。在我国土壤系统分类法产生之前的土壤分类体系中，关中的土壤常被称为𡋟土，朱显谟院士曾经说过：“𡋟土是我国古老的耕种土壤之一，分布在黄土地区盛产棉麦的地带，其中尤以陕西关中为主。”[①]在土壤系统分类法中，关中土壤属于旱耕人为土亚纲下的土垫旱耕人为土土类。关中𡋟土的特征是在自然土壤的上部堆垫有深厚的人为熟化层，其形成是人类耕作、灌溉、施肥等生产环节作用于土壤，使土壤有机质及其他矿物质合成分解的运动规律、土壤剖面构型、基本性质在原来褐土层的基础上均发生了显著变化的一种人为成土过程。人类农耕活动的方式、力度、过程及影响是加速土壤变化的重要因素。

关中平原土壤剖面中，全新世古土壤（也是关中百姓常称的垆土层）停止发育的年代大约距今 3 000 年，也正是原始农业向传统农业过渡的时期，人类对土壤强烈的扰动作用基本发生于精耕细作的传统农业产生之后。先秦时期农耕活动的土壤表面正位于古土壤层上部，这为古代土壤耕作层的判别提供了依据。

第三节 与人类活动相关的几个土壤概念

一、农业土壤

农业土壤概念的产生，目的是使其区分于自然土壤。20 世纪 50 年代，就自然土壤与农业土壤（或耕种土壤）的联系与区别，学术

① 朱显谟：《𡋟土》，北京：农业出版社，1964 年，第 1 页。

界展开了充分的讨论。[①] 其主要观点认为农业土壤虽系自然土壤在人类耕种下形成而与自然土壤有密切的联系，但它和自然土壤是不完全相同的，它除了具有自然土壤所有的一般特性，还有它自己的特殊性。这种特殊性表现在农业土壤的形成过程受人的主观能动性影响，土壤中物质、能量转化方式，成土因素，肥力水平，剖面形态等均不同于自然土壤。农业生产中诸如耕作栽培、灌溉施肥、轮作倒茬等不仅可以改变土壤肥力、耕性和生产特性，而且在一定条件下可以创造新的土壤。基于上述认识，学者们纷纷提出有必要建立“农业土壤学”。陈清硕就曾认为：“耕种化土壤的研究应当从普通土壤学的范围进入农学的范畴，因为耕种化土壤的研究始终是不可替代的，而目前在这方面积累起来的知识，与其说归功于土壤学家，还不如说是归功于农学家的来得妥当，也正因如此，我们在这里也不得不认为，土壤科学的一个分支——农业土壤学确实是以一个非常确切的、完整的姿态，并如此固定地、独立地出现在我们的土壤科学中。”[②] 虽然农业土壤在历史上一直客观存在，但很显然，对它的认识是随着土壤科学的细化才有所深化的。

顾名思义，农业土壤是由于持续性的农业生产参与或改变成土化过程而形成的土壤类型。对农业生产而言，人类对土壤施加作用力的一个重要目的在于使土壤具备持续而高产的生产力，这取决于土壤的肥力。土壤肥力可分为自然肥力和人工肥力，二者产生的原

① 崔文采：《谈谈自然土壤和农业土壤》，《土壤通报》1959年第2期；陈清硕：《试论耕种化土壤的研究及其与自然土壤的区别》，《土壤通报》1958年第2期；李洪恩：《对于建立我国农业土壤学的意见》，《陕西农业科学》1959年增刊。

② 陈清硕：《试论耕种化土壤的研究及其与自然土壤的区别》，《土壤通报》1958年第2期。

因不同。[①]具有人工肥力是农业土壤的重要特征，其是依靠耕作活动增加的土壤肥力。这一过程也被认为是土壤熟化的过程，农民常将土壤上部耕作过的土层称为“熟土”，下部的自然土壤称为“生土”。

由于与人类农业生产密切相关，且能进行持续性的耕种行为的土壤都可以称为农业土壤，故农业土壤缺乏具有特定标准的种类划分。区域特征、土壤特征、作物特征、农耕特征或群众经验等都可以作为区分农业土壤的标准。例如，水稻土、绿洲土、灌淤土、塿土、菜园土等都是人们所熟知的农业土壤。关中平原的塿土也是一种典型的农业土壤类型，本书将其形成过程纳入农业史的范畴中进行考察，旨在揭示自然土壤向农业土壤转变的历史过程。

二、人为土

人为土是由人类活动深刻影响或者由人工创造出来的，具有明显区别于自然起源土壤特性的一类土壤。[②]它是在气候、地形、母质、生物、时间五大成土要素的基础上加以人为改造所形成的。人为改造的方式又通过改变五大成土因素间接作用于土壤，如人类垦荒、平整土地、围湖造田改变了土壤发育的地形条件；施加肥料、石灰、草木灰及北方黄河流域典型的淤灌等都改变了成土的母质条件；灌溉、排水及现代化的人工降雨等改变了成土的气候条件；农药的使用及现代化施用人工细菌肥料等改变了成土的生物条件；这些农业活动环节无疑加速或延缓了土壤形成的时间。

人为土的名称及概念产生于20世纪80年代，当时，以龚子同为

① 李志洪、赵兰坡、窦森：《土壤学》，北京：化学工业出版社，2005年，第2页。
② 李天杰、赵烨、张科利等：《土壤地理学》，北京：高等教育出版社，1978年，第247页。

代表的土壤学家在全国范围内开展了“中国土壤系统分类”的研究工作。将中国土壤分类的建议（特别是人为土）引入世界土壤资源参比基础（World Reference Base for Soil Resources，WRB），并在土壤系统分类中将人为土列为单独的土纲，并分为水耕人为土和旱耕人为土两个亚纲，依据人为土诊断层（如水耕表层、水耕氧化还原层、灌淤表层、堆垫表层、肥熟表层、磷质耕作淀积层等）在亚纲下进一步逐级分类。[①]

人为土的概念强调了人类创造或改造的过程，是从土壤发生学角度进行的阐释，其涵盖的内容较农业土壤宽泛，且依据土壤诊断特征及诊断层进行土壤种类的识别和划分似乎也更明确。目前，我国的人为土仍是指长期农业活动所产生的农业土壤，前述的主要农业土壤类型也可归属于人为土的分类范畴，如水稻土归属于水耕人为土，灌淤土归属于灌淤旱耕人为土，菜园土归属于肥熟旱耕人为土，塿土则归属于土垫旱耕人为土。

三、土壤耕作层

土壤剖面是土壤的主要形态特征，即表土至土壤母质的垂直断面。一般土壤的垂直断面可划分出有机质层、淋溶层、淀积层、母质层、母岩层等，以上是典型自然土壤的剖面构造。典型农业土壤的剖面构造因旱田和水田而有所区别，旱田土壤可分为耕作层、犁底层、心土层、底土层；水田土壤可分为耕作层、犁底层、潴育层、潜育层、母质层。旱田土壤的耕作层又称表土层或熟土层，是人类活动直接作用的土层。该层往往有机质含量高，养分丰富，土体疏

① 龚子同等：《中国土壤系统分类：理论·方法·实践》，北京：科学出版社，1999年。

松，深度 15～30 cm。

关中平原的农业土壤——塿土的剖面构造可分为耕作层、犁底层、古熟化层、古耕层、黏化层、母质层等。耕作层指现代的耕作层位，犁底层是现代耕作层下由于大型农业机械重压作用形成的结构致密的层位，古熟化层及古耕层都是古代耕作的土层，古熟化层位于古耕层之上，其熟化程度高于其下部的古耕层。本书的土壤耕作层指历史上人类农业生产利用和改造的全部土层，包括现代耕作层、犁底层、古熟化层、古耕层及黏化层的表层。这些层位都曾经是历史上的土壤耕作层，其形成都经历了逐步迁移转化的过程（图 1-1）。

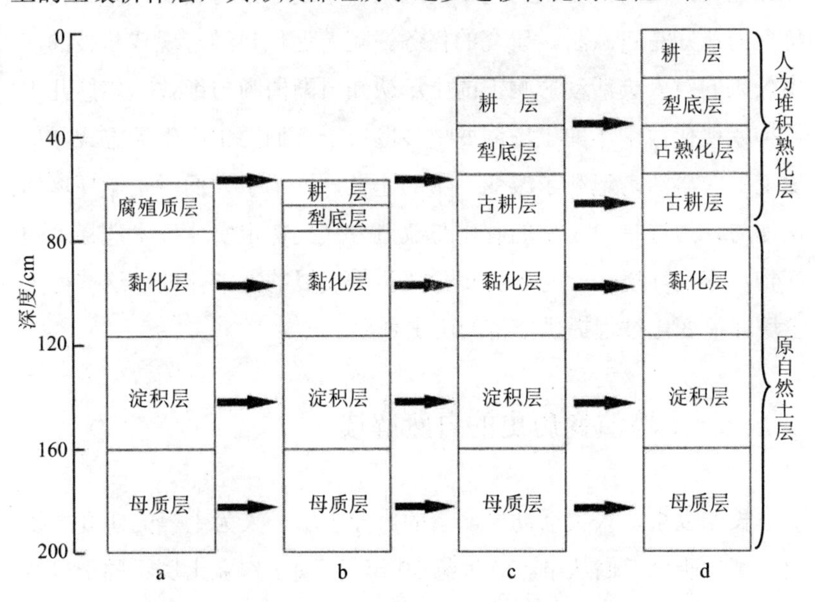

图 1-1 关中塿土耕作层形成过程

注：该图根据龚子同等绘制的土垫旱耕人为土堆垫过程示意图改绘，参见龚子同等：《中国土壤系统分类：理论·方法·实践》，北京：科学出版社，1999 年，第 139 页。

在不同历史阶段的土壤耕作层表面不断加入新的成土物质，经过耕垦、施肥、灌溉等活动创造新的熟化层，使老的耕作层不断掩埋于新的耕作层之下，这是关中塿土耕作层的重要特征。在平坦的关中平原，排除较弱的土壤侵蚀作用，耕作层的厚度、结构、性质往往是农业耕作历史和强度的标志。

第四节　相关研究简史

土壤，是自然界最为基本的地理要素之一，对其属性、结构、特性的认知是自然科学研究的任务。随着近代科学与现代科技的产生，人们对人类活动影响下的土壤认知日渐清晰与细致。悠悠几千年抑或现代数十年的土壤演变更多取决于人们的生产生活方式，历史上的农事活动记载了改变土壤的途径，展示了人们对土壤环境的认知与行为选择。土壤的利用与改造方式是特定农业技术选择下的产物，亦是环境基础与各历史阶段科技发展的集中体现，这些可为土壤环境变化过程提供丰富的历史画面。

一、土壤演变历史的自然解读

长期以来，人类活动影响下的农业土壤、人为土等的研究主要由土壤学研究者们从事。20 世纪 30 年代开始，农业土壤不同于自然土壤的特殊性进入人们的视野，其中，水稻土是早期农业土壤研究中最受关注的土类，对其开展了一系列深入的研究。[①]随后，园林土[②]、菜园土[③]也有学者关注。从他们的研究中不难发现，作为对新的土类的认识，研究的注意力主要集中在土壤形成的条件、剖面形态、土壤性质及土壤分类方面。灌淤土于20世纪60—70年代在新疆土壤调查与分类中得到了更为广泛的研究[④]，在新疆第二次土壤普查暂行土壤分类系统中，列出了灌淤土的土类，并分为灌淤土、潮土型灌淤土、次生盐化灌淤土三个亚类及更为细致的土属与土种。[⑤]

关中平原的塿土研究于20世纪60年代兴起，潘季香、唐德琴、李玉山、汪静琴等学者都进行了相关研究工作。[⑥]李玉山曾提道："塿土是发育在深厚黄土母质上的古老耕种土壤。过去曾被称为栗钙土、灰褐土等。近年来由朱显谟定名为'塿土'，为关中平原主要土壤。"

---

① 朱莲青：《生成水稻土的环境和他的变动》，《地质论评》1939年第1期；陈华癸：《水稻土特性的发展和水稻田的绿肥耕作制》，《土壤学报》1955年第3卷第2期；于天仁、李松华：《水稻土中氧化还原过程的研究（Ⅰ）影响氧化还原电位的条件》，《土壤学报》1957年第5卷第1期；于天仁、李松华：《水稻土中氧化还原过程的研究（Ⅱ）土壤与植物的相互影响》，《土壤学报》1957年第5卷第2期；于天仁、刘畹兰：《水稻土中氧化还原过程的研究（Ⅲ）氧化还原条件对水稻生长的影响》，《土壤学报》1957年第5卷第4期；丁昌璞、于天仁：《水稻土中氧化还原过程的研究（Ⅳ）红壤性水稻土中铁锰的活动性》，《土壤学报》1958年第6卷第2期。

② 龚子同、陈志诚、周瑞荣等：《珠江三角洲地区桑基园林土壤的熟化过程和土壤改良》，《土壤通报》1961年第3期；李来荣、吴德斌、洪如水：《福建园林土壤的利用改良》，《中国农业科学》1963年第3期。

③ 傅积平、王国圻、周冲等：《菜园土是人工培育的肥沃土壤》，《土壤》1960年第6期；福建农学院土壤农化系：《福州市郊菜园土的形成、发育及其特性》，《土壤》1961年第2期。

④ 崔文采：《新疆的灌淤土》，《土壤通报》1979年第1期。

⑤ 自治区土壤普查办公室、自治区土壤学会：《新疆第二次土壤普查暂行土壤分类系统》，《新疆农业科技》1979年第5期。

⑥ 潘季香：《塿土的形成和熟化》，《土壤通报》1961年第2期（文章开篇指出塿土是陕西关中平原古老耕作的农业土壤）；唐德琴：《陕西省塿土各土层的肥力试验研究》，《土壤通报》1961年第6期；李玉山：《塿土水分状况与作物生长》，《土壤学报》1962年第10卷第3期；汪静琴、沈一雨、宋慧贤：《农业技术措施对塿土微生物区系变化的影响》，《土壤通报》1963年第2期。

这一定名工作建立在大量的调查研究基础上，朱显谟著述的《塿土》[1]就是针对关中土壤的专门性研究著作。对关中土壤类型的认识，当时有栗钙土、埋藏栗钙土、灰褐土等多种称法，始终未得到明确。正如朱显谟所言，“塿土地区的土壤几经前人调查研究，但尚缺乏系统总结，同时前后各家意见不一，资料残缺不全，以往又常忽视生产和人为影响，因此对于塿土的性质和成土过程的实质未能深入了解”[2]。朱显谟在前人研究基础上，根据多年试验结果及农民生产经验，对塿土的发生和演变、各类塿土性态、基本性质、生产特性以及培肥改良进行了系统而深入的研究。

在《塿土》一书中，明确了塿土是我国古老的耕种土壤，尤其以分布在陕西关中平原的为典型。在我国的黄土地带，关中平原是历史上持续性农业生产的主要区域，其余大部分地区间或有牧业生产的过程，因此，对于关中平原地表土壤的成土过程，“人为作用是主要的，它不但变更了土壤的天然植被，而且由于长期施用土粪的结果，在原来土壤的顶部复盖了厚约50厘米以上的比较疏松的土层。这里由于作物经常的收割和重行播种，不但减弱了土壤有机质的积累，同时也加强了地面的蒸发，引起了土壤水分的上升，因而无形中阻缓了土壤养分和盐分的淋失强度”[3]。在关中平原内部，根据塿土剖面形态及性质，将塿土分为立槎土、油土、垆土、黄墡土。立槎土又可分为红立槎、黑立槎；油土又可分为黑油土、红油土；垆土又可分为黑垆土、红垆土等。该书在这些土壤的分类和性态研究中的重要特征是重视农民群众鉴别、认识、改良土壤的经验，如在

① 朱显谟：《塿土》，北京：农业出版社，1964年。
② 朱显谟：《塿土》，北京：农业出版社，1964年，第4页。
③ 朱显谟：《塿土》，北京：农业出版社，1964年，第7页。

区别土壤肥力时，用“油”表明土壤的肥力高；用“黑”表明土壤有机质含量高，土壤熟化程度高；用“立槎”表示土体的柱状结构等。该书对塿土耕作性能、土壤水分、土壤养分和土壤结构性等都进行了深入分析。这些研究为系统全面认识关中土壤性质及分类做了开创性的努力，也为后世学者进行关中土壤研究奠定了基础。

在此之后的研究中，刘鹏生对关中塿土的土体构造、剖面特征及构造与土壤肥力之关系进行了探讨。[①] 此外，影响塿土肥力的营养元素分析也是学者们关注的热点，如对关中塿土中的磷素状况及影响磷素的有效性因子的分析[②]，对塿土的氮素供应特征、耕作制度和施肥对氮矿化势的影响分析[③]，塿土中有效磷素的动态变化与小麦的磷素营养[④]，对塿土土体供磷能力的评价等[⑤]。直至目前，塿土的结构特征、肥力状况、水分运移、元素含量等土壤学特征依然是研究的主要内容。

20 世纪 90 年代起，人为土的概念被引入土壤分类中，土壤形成的人为影响因素受到特别重视，龚子同等在《人为土壤形成过程及其在现代土壤学上的意义》一文中就提出“人为作用重要性的确认扩大了土壤学的视野，土壤不仅是独立的‘历史自然体’，人为土还是劳动的产物”，并建议用加入了人为因素的“六大成土因素”代替过去气候、植被、地形、母质、时间五大成土因素，用“人地圈”

① 刘鹏生：《关中塿土的土体构造及其肥力》，《西北农学院学报》1980 年第 1 期。

② 李鼎新：《关中塿土磷素状况及影响磷素有效性因子的研究》，《土壤通报》1980 年第 6 期。

③ 吴守仁、党菊兰：《塿土 N 矿化势和耕作制度关系的研究》，《西北农学院学报》1982 年第 4 期。

④ 胡定宇、李硕碧、郑晓怀：《塿土有效磷素的动态变化与小麦的磷素营养》，《土壤通报》1984 年第 3 期。

⑤ 程文礼：《关中塿土土体供磷能力评价》，《土壤通报》1986 年第 3 期。

或“智慧土壤圈”来充实“土壤圈”。[①]他们还认为当前各种类型的土壤正面临史无前例的冲击，人类活动直接或间接地加速了土壤环境的变化。在时间尺度上，这种变化往往超过土壤的自然变化，成为未来土壤环境变化的主要方面。[②]

在对人为土的认识与区别中，土壤诊断层、诊断特征是辨别、分析土壤的重要标准。人为长期耕种形成了诸如堆垫表层、人工熟化层、灌淤表层、耕作淀积层及水耕淀积层等诊断土层，它们成为划分堆垫土、灌淤土、厚熟土及水稻土等耕种土壤的依据。[③]随着人为土土纲的确立，人为土的分类研究取得了比较集中的成果。[④]随后，以龚子同为首的土壤学家将人为土按照土壤诊断层划分为水耕人为土和旱耕人为土两个亚纲，水耕人为土下分为潜育水耕人为土、铁渗水耕人为土、铁聚水耕人为土、简育水耕人为土；旱耕人为土下分为灌淤旱耕人为土、土垫旱耕人为土、泥垫旱耕人为土、肥熟旱耕人为土。水耕人为土的诊断层是水耕表层和水耕氧化还原层。旱耕人为土中有肥熟表层和磷质耕作淀积层的称肥熟旱耕人为土，具有灌淤表层、土垫性堆垫表层和泥垫性堆垫表层的分别称为灌淤旱耕人为土、土垫旱耕人为土和泥垫旱耕人为土。[⑤]

---

① 龚子同、张甘霖：《人为土壤形成过程及其在现代土壤学上的意义》，《生态环境》2003年第12卷第2期。

② 龚子同、陈鸿昭、洛国保：《人为作用对土壤环境质量的影响及对策》，《土壤与环境》2000年第9卷第1期。

③ 王吉智：《关于建立人为土纲的建议》，《土壤》1990年第1期。

④ 史成华、龚子同：《关于人为土壤分类的研究》，《土壤学进展》1991年第4期；张甘霖、龚子同：《水稻土作为人为土的分类研究》，《土壤学进展》1991年第4期；[俄] V. D. Tonkongov、[俄] L. L. Shishov：《人为变成土的分类》，张甘霖译，《土壤学进展》1993年第2期；史成华、龚子同：《我国灌淤土的形成和分类》，《土壤学报》1995年第32卷第4期。

⑤ 龚子同等：《中国土壤系统分类：理论·方法·实践》，北京：科学出版社，1999年，第175-181页。

在对人为土种类有了明确的认识后，不同区域内的人为土诊断特性、微结构、形成机理等成为学者关注的研究课题。张甘霖、王晓旭、黄佳鸣等学者对水耕人为土的微结构、氧化还原特征及肥力特征进行了研究[①]，并以此为诊断特性进行土壤的基层分类[②]。对于关中平原的塿土在土壤系统分类中的归属问题，常庆瑞、闫湘等学者做了重要的研究工作。[③]庞奖励等的《关中地区塿土诊断层的形成过程及意义探讨》[④]分析了塿土的剖面构造，并指出这种复合剖面的形成主要是环境变化引起成土强度变化的结果，耕作层是两千年来人类施加土粪、农业耕作和粉尘堆积同时作用的综合产物，其特征主要受人类活动强度和方式的控制。他们还利用土壤微结构对比分析了关中古耕作土壤和现代耕作土壤矿物组成上的差异[⑤]，以及不同耕作历史土壤的微形态特征[⑥]，结果表明耕作历史和方式对土壤矿物组合影响不明显，但对土壤颗粒形态有较大影响。这些研究从土壤发生学角度探讨了古耕层与现代耕作层在形态上的区别，对鉴别和

---

① 张甘霖、龚子同：《水耕人为土某些氧化还原形态特征的微结构和形成机理》，《土壤学报》2001 年第 38 卷第 1 期；王晓旭、黄佳鸣、章明奎：《浙江省水耕人为土主要肥力指标状况及其演变》，《浙江大学学报（农业与生命科学版）》2012 年第 38 卷第 4 期。

② 何毓蓉、黄成敏、周红艺：《成都平原水耕人为土诊断层的微形态特征与土壤基层分类》，《山地学报》2002 年第 20 卷第 2 期；杜国华、张甘霖、龚子同：《长江三角洲水稻土主要土种在中国土壤系统分类中的归属》，《土壤》2007 年第 5 期。

③ 常庆瑞、闫湘、雷梅等：《关于塿土分类地位的讨论》，《西北农林科技大学学报（自然科学版）》2001 年第 29 卷第 3 期；闫湘、常庆瑞、潘靖平：《陕西关中地区塿土在系统分类中的归属》，《土壤》2004 年第 3 期；闫湘、常庆瑞、王晓强：《陕西关中土垫旱耕人为土样区的基层分类研究》，《土壤学报》2005 年第 42 卷第 4 期。

④ 庞奖励、黄春长、查小春等：《关中地区塿土诊断层的形成过程及意义探讨》，《中国农业科学》2008 年第 4 期。

⑤ 庞奖励、黄春长、张旭：《关中地区古耕作土壤和现代耕作土壤微形态特征及意义》，《中国农业科学》2006 年第 7 期。

⑥ 庞奖励、张卫青、黄春长等：《关中地区不同耕作历史的微形态特征及对比研究》，《土壤通报》2009 年第 3 期。

认识塿土提供了重要的依据。

在土壤学领域，对人为土形成历史过程的探讨比较少，贾恒义的《中国古代人为土形成初探——灌淤土，塿土和厚熟土之形成》做了开创性的研究，运用历史文献，对灌淤土、塿土、厚熟土形成的历史渊源、自然及社会条件、技术效益等进行了探讨。[①]他还从古代引浑灌淤的历史、效益、质量、技术等方面揭示了人类生产活动对灌淤土形成过程的影响。[②]

二、历史学视域下的土壤与环境

在历史学领域，针对土壤的研究主要集中在古代人们对土壤的认识、分类及利用方面。其中，着力最多且最为系统的研究要属王云森的论著《中国古代土壤科学》[③]，王云森通过古代劳动人民对土壤及土壤肥力的认识，古代治土与治田技术，土壤管理及土壤分类等内容构建了我国古代土壤科学的范畴，通过深入挖掘各古农书及经、史、子、集等文献中有关土壤科学的记述，并结合一些出土文物，对我国几千年来的土壤科学成就进行了总结，系统阐述了中国古代劳动人民认土、用土、改土、养土的成功经验，以及历史上土壤的概念，土壤形成、土壤肥力、土壤分类及土壤管理的科学技术。王云森的论著可谓最早的系统性研究古代土壤学的力作，填补了该领域的空白，也为后续的土壤科学史研究提供了重要的学术理论和

---

① 贾恒义：《中国古代人为土形成初探——灌淤土，塿土和厚熟土之形成》，《农业考古》1997年第3期。

② 贾恒义：《中国古代引浑灌淤初步探讨》，《农业考古》1984年第1期；贾恒义：《北宋引浑灌淤的初步研究》，《农业考古》1989年第1期。

③ 王云森：《中国古代土壤科学》，北京：科学出版社，1980年。

研究思路。王云森另有针对《禹贡》《周礼》《管子·地员篇》中记载的有关土壤分类的专门性研究。[①]

另一古代土壤学研究的集大成之作乃林蒲田所著的《中国古代土壤分类和土地利用》[②]一书，该书细致阐明了我国古代对土壤概念、土壤肥力、土壤性质、“土宜”等的认识，《禹贡》《周礼》《管子》所代表的历史时期以及汉代以后的土壤分类，并就我国古代对土壤的垦殖、利用、治理及水土保持、耕作制度和耕作方法等问题进行了逐一梳理。其内容之丰富正如王云森为其作序时的评价，该书“对于《中国古代土壤科学》书中有关土壤分类部分和土地利用部分都做了补充说明，内容丰富，实为可贵。从而可以更加了解我国古代土壤分类，以及我国古代认识土壤，利用土壤，改良土壤和培肥土壤的宝贵遗产的历史意义和现实意义”。

万国鼎也曾根据先秦至汉代文献中记录的土壤名称探讨了我国古代的土壤分类，并将各类文献中记载的土壤种类按照特等肥土、疏松柔土、坚硬强土、轻漂弱土、砾土、湿土、黏土、盐渍土等类型进行了归类和对比分析。[③]

从专题研究上看，有关古代土壤利用、改良等的问题也引起了研究者的兴趣。如黄建通通过考察我国古代陶器制作的变革，分析了我们祖先对黏土塑性的认识过程，并认为陶器文化是人类识土和用土的开始。[④]赵赟通过对古文献中的零星记载的分析，提出由于经济抑或技术条件的限制，利用石灰改良土壤是最为普遍的，并以石灰为侧重点，从石灰烧制的历史地理分布、石灰改良土壤的效用、

① 王云森：《中国古代土壤分类简介》，《土壤学报》1979年第16卷第1期。
② 林蒲田：《中国古代土壤分类和土地利用》，北京：科学出版社，1996年。
③ 万国鼎：《中国古代对于土壤种类及其分布的知识》，《南京农学院学报》1956年第1期。
④ 黄建通：《中国古代土壤科学的研究》，《土壤通报》1999年第6期。

石灰的施用量与产出比三方面探讨了我国古代利用矿物质改良土壤的理论与实践。[①]刘彦威总结分析了我国古代培肥稻田土壤的措施主要有耕作、施肥、灌溉诸项。耕作包括晒垡、冻垡及深耕熟犁；施肥强调“因土施肥”；灌溉要求注意水温的调节。[②]

土壤耕作技术是古代培肥土壤、获得丰产的重要措施，不同历史阶段的耕作理论与实践成为古代农业研究的主要方向之一。张海芝、杨首乐等学者系统论述了春秋战国、秦汉、魏晋南北朝、唐宋元明及清代的土壤耕作理论与技术的产生及发展，并提出其对当今土壤耕作科学的借鉴意义。[③]郭文韬对我国古代北方和南方的耕作体系进行了再探讨，如北方旱地是垄作法、平作法、局耕法与免耕法的配合使用，而南方水田是将耕耙耖耘、开垄作沟、免耕配合使用，这种耕作法的配合使用是为了适应自然条件的复杂性和作物种类的多样性，是贯彻土壤地宜、时宜、物宜的原则所必需的。[④]土壤耕作是要适应土壤特性的，通过耕作技术的应用与变化也能反映出人们对土壤生产性能认识及改变的过程。

王建革将生态系统的概念引入对土壤环境的研究当中，为土壤环境史研究提供了全新的视角。以土壤生态系统为核心，建立起土壤水分、肥力、技术、圩田等影响因素的互动关系，产出的一系列研究成果颇有见地，为后续的土壤环境史研究提供了很好的借鉴。

---

① 赵赟：《中国古代利用矿物改良土壤的理论与实践》，《中国农史》2005 年第 2 期。

② 刘彦威：《我国古代稻田土壤培肥方式述略》，《沈阳农业大学学报（社会科学版）》1999 年第 2 期。

③ 张海芝、杨首乐、马威等：《中国古代土壤耕作理论和技术的历史演进》，《土壤通报》2006 年第 5 期。

④ 郭文韬：《中国古代土壤耕作制度的再探讨》，《南京农业大学学报（社会科学版）》2001 年第 1 卷第 2 期。

在王建革所著《水乡生态与江南社会（9—20 世纪）》[①]中，专辟一章论述了土壤生态与稻作湿地。王建革以太湖地区为中心，研究了自沼泽化环境被圩田化环境取代后，以稻田湿地为主的生态系统的产生和变化过程。这一湿地生态系统稳定而持续发展的基础条件是水稻土的形成。“保水保肥的水稻土是江南地区自然与精耕细作农业技术相结合的产物”，“人类的活动通过两方面作用于水稻土的发育，一是水利技术体系下的水环境改变对水稻土发育产生的影响，二是农业技术对水面、生物和土壤表层扰动所产生的影响”。在这一章中，作者分别以宋元时期的稻作生态与水稻土、近代吴淞江流域的土壤生态、嘉湖地区土壤史三节内容细致探讨了宋元时期江南水稻土大面积发育与该时期的水环境与农作技术有密切关系；传统社会末期吴淞江流域水稻土的发展特色与传统社会环境关系密切，不但各自然环境因素对水稻土发育有影响，社会和政治因素对之也有影响；针对嘉湖地区，研究分析了圩田内头进田、二进田与里进田中土壤肥力的变化以及圩岸桑园土的形成。[②]除此之外，作者还有围绕江南、华北土壤环境史展开的深入讨论。[③]这些研究是将土壤生态、社会、技术等因子及其互动关系一并纳入史学考察范畴的典型性研究，极大丰富了土壤环境变化的人文内涵。

对于关中平原的古代土壤环境，王元林的论著《泾洛流域自然

---

① 王建革：《水乡生态与江南社会（9—20 世纪）》，北京：北京大学出版社，2013 年。

② 就此内容王建革有专文论述，参见王建革：《宋元时期吴淞江流域的稻作生态与水稻土形成》，《中国历史地理论丛》2011 年第 26 卷第 1 辑；《技术与圩田土壤环境史：以嘉湖平原为中心》，《中国农史》2006 年第 1 期。

③ 王建革：《明清时期浏河地区的作物与水土环境》，《历史地理》第 23 辑，上海：上海人民出版社，2008 年；王建革：《华阳桥乡：水、肥、土与江南乡村生态（1800—1960）》，《近代史研究》2009 年第 1 期；王建革：《宋元时期嘉湖地区的水土环境与桑基农业》，《社会科学研究》2013 年第 4 期；王建革：《华北平原土壤肥力的变化与影响因素分析》，《农村生态环境》1998 年第 14 卷第 3 期。

环境变迁研究》[1]着墨较多，该书为系统认识历史时期关中土壤演变的影响因素奠定了基础，书中主要对流域内的气候、地形、水文、土壤、植被等自然要素的历史变迁做了详尽而深入的探讨。在“泾洛流域土壤变化”一章中介绍了塿土、黑垆土、黄绵土的土壤特性，并以历史时段为轴线，结合关中土地利用，梳理了关中土壤的农耕化进程。作者还复原了关中东部盐碱土的分布，探讨了灌溉洗盐、放淤压盐、种稻洗盐对盐碱土的改良作用。

关中的土壤环境变化研究，更多集中于对盐碱土改良的研究。文焕然、林景亮很早就撰写了《周秦两汉时代华北平原与渭河平原盐碱土的分布及利用改良》[2]一文，文中从古代劳动人民对盐碱土的概念及名称谈起，爬梳文献中“卤地”的相关记载，复原了周秦两汉时代华北平原与渭河平原盐碱土的分布区域，考证了灌溉、冲洗、放淤、排水及种稻改良等技术措施。

盐碱土的改良与农田水利发展密不可分，结合关中水利发展史，建立水利技术与土壤改良之关系也是重要的研究方向。李令福研究认为，战国秦汉时代北方兴起的大型农田水利工程并非解决农田缺水问题，如郑国渠、漳水渠及龙首渠等都是以改良荒碱地，营造田地为目的。即使六辅渠、白渠建成后有浇灌农田之意，但引浑浇灌的性质没有变化，仍然是史书中所谓的“且溉且粪”，故提出淤灌是中国农田水利发展史上的第一个重要阶段。[3]李令福的《关中水利开

---

① 王元林：《泾洛流域自然环境变迁研究》，北京：中华书局，2005年。

② 文焕然、林景亮：《周秦两汉时代华北平原与渭河平原盐碱土的分布及利用改良》，《土壤学报》1964年第12卷第1期。

③ 李令福：《论淤灌是中国农田水利发展史上的第一个重要阶段》，《中国农史》2006年第2期。

发与环境》[1]一书，对关中平原水利开发的时空、类型、发展过程的演变与地理环境变迁的相互关系进行了深入探讨。日本学者村松弘一通过汉代至清代史料，确定古代关中平原“卤地”的位置，并确认“卤地”的相关特征，研究了从郑国渠到白渠、龙首渠的水利修建缘由与渭北平原以土壤为主的环境变化之间的关系。[2]这些研究虽未直接涉及土壤变化，但受泾渭洛流域水文特性的影响，水利灌溉活动对古代关中农耕土壤的形成与演变起到了极为重要的作用。

正如盐碱土改良需要通过淤灌、洗盐、排水等技术措施一样，具有人为熟化特征的土壤耕作层的创造与改良也受到农业生产各环节技术措施的影响，诸如治田、耕作、灌溉、施肥等的农业技术选择也是由其特定的环境条件所决定的。萧正洪的《环境与技术选择——清代中国西部地区农业技术地理研究》[3]一书，对清代包括黄土高原在内的农业技术地理特征分别进行了细致入微的讨论，不同区域间农业技术的发展过程具有突出的空间不平衡性，这种空间不平衡状态形成的原因“主要在于自然生态环境、社会经济以及文化环境条件本身存在着显著的地域差异。而受环境条件制约的农业技术类型与方式的空间差异又会对不同地区的农业技术发展产生重要的影响”。这也使人联想到，这种技术形态、技术类型和技术方式的差异在关中平原与其他区域的对比上表现得也很明显，关中平原耕作、施肥、灌溉等技术体系的产生必须合乎特定的环境条件，这为

---

① 李令福：《关中水利开发与环境》，北京：人民出版社，2005 年。

② ［日］村松弘一：《中国古代关中平原的水利开发与环境认识：从郑国渠到白渠、龙首渠》，刘翠溶主编：《自然与人为互动：环境史研究的视角》，台北：“中央研究院”、联经出版事业股份有限公司，2008 年。

③ 萧正洪：《环境与技术选择——清代中国西部地区农业技术地理研究》，北京：中国社会科学出版社，1998 年。

探析为何塿土在关中平原，而非其他地区广泛存在的原因提供了重要的思路。

关中土壤耕作层的堆垫与熟化作用随着历史时期农业发展的进程会有重合且持续的快速堆积与缓慢熟化的过程，不同历史阶段农业发展水平也是影响土壤形成的重要因素。关中的农业开发与环境的研究也曾受到学者们的关注，史念海对黄土高原历史地理做过深入的研究，古代关中的自然环境及其变迁、石器时代关中平原的人群对自然环境的利用、农业发展与土地利用等内容都曾进入史念海的学术视野。他阐明了历史上关中的主要农作物选择以及圳亩法耕作措施的应用与原隰地形及土壤水分之间的关系。[①]张洲的《周原环境与文化》[②]一书，结合地质地层学、考古学的研究方法，探讨了周原文化的历史演进过程，并对周原古代的农耕文化与环境进行了探讨。将这些考古文化地层特征与农耕文化特征相结合，可为辨析早期土壤耕作层的层位及影响因素奠定基础。另外，王勇所著《东周秦汉关中农业变迁研究》[③]系统论述了地理环境、技术进步、政治权利、文化传统与关中农业变迁的关系，这些对考察关中农业兴衰与区域内土地开发进程及强度具有重要的参考价值。

通观以上研究成果，人类活动与土壤变化之关系研究在自然地理学科与历史学科各有展开。土壤学领域的研究注重揭示土壤形态、性质、分类等土壤的自然属性，对人为土而言，区别于自然土壤的重要特征是具有特殊性的人为化诊断土层，对诊断土层及诊断特性

---

① 史念海：《黄土高原历史地理研究》，郑州：黄河水利出版社，2001 年，第 654-672 页。
② 张洲：《周原环境与文化》，西安：三秦出版社，2007 年。
③ 王勇：《东周秦汉关中农业变迁研究》，长沙：岳麓书社，2004 年。

的认识和性状描述一直都是土壤学研究者的重要任务。他们擅长从土壤的成土过程解释人为土的形成机制，例如龚子同等研究土垫旱耕人为土的形成过程包括土垫作用、复钙作用、双重淋淀作用、土垫培肥作用。土垫作用是“由于长期施用土粪，年复一年，在原有土壤上形成了一个覆盖层，在原有耕作层和犁底层上形成新的耕作层和犁底层，从而具有双重耕种熟化层段”，土垫培肥作用是“在长期耕作条件下，大量施用土粪而形成土垫性堆垫表层受经常的耕作影响，土壤比较疏松，土壤容重小……受人为活动影响和生物活动影响，土壤有机质和养分相对较高，特别是磷，不论是全量或有效态的均如此，同时有较多的植物残根。”[①] 从这些描述中可看出，人类耕作行为造成了土壤表层的变化是可以确定的，但对其影响的历史过程却很少提及。谈及塿土的耕种历史，也多以西安半坡遗址所代表的五千多年前的新石器时代算起。这长达几千年的时间界域与土壤形成的地质时期相比是较为短暂的，是可以一概而论的，但将其放置于人类历史时期，几千年人类生产生活的技术、习惯、风俗等并非一成不变，它们也会多样性地表现在自然资源的获取与利用上。在以往的研究中，很少将人类历史中浓厚的地域及人文色彩融入土壤利用与演变史的研究中，人类活动与土壤环境互动之关系的研究尚显薄弱。

历史学领域的研究更多关注人类对土壤的认识、利用与改良，农业史研究在这方面做了突出的工作。包括治田、开垦、耕犁、耙耱、施肥、灌溉等环节在内的农业生产技术变革与生产工具改良，都是建立在对土壤耕性认识层面与技术水平层面的不断提高

① 龚子同等：《中国土壤系统分类：理论·方法·实践》，北京：科学出版社，1999 年，第 139-140 页。

上的，因此也成为与历史时期土壤环境最为密切的研究内容。但这些内容很少涉及由此引起的土壤宏观与微观的变化，而这两者却有着密切的关系，是可以与土壤学展开对话的。古代人们生产技术的选择与运用不仅与区域自然条件息息相关，也反映出当地文化、习俗、科技等人文内涵，变化中的土壤很大程度上成为人类农业文明演进的记录载体，包含着丰富的文化属性。在历史时期形成的土壤剖面中，人为影响土层有时可深达数米，其中常包含多个古代耕作层，它们往往能够提供当时土壤形成与农业生产环节的多重信息。如在江苏苏州绰墩山遗址的考古发掘中，就发现剖面中埋藏于不同深度的距今约 6 280 年的新石器时代的灌溉古水稻土和距今约 3 320 年的商周时期的古水稻土土层，对这些古代耕作层的分析表明，埋藏水稻土中仍有较多的细菌、古菌与产甲烷古菌存活。将其与母质层相比较，不同时期水稻的种植活动均增加了细菌、古菌与产甲烷古菌的群落多样性，且不同的栽培措施会导致不同的优势种群。①

对于我国典型的古老农耕区，长期耕作产生的农耕土壤是建立以土壤为媒介的人地互动关系研究的良好平台。王建革对江南地区水稻土的形成与宋元以来的土壤生态系统的变化做了系统而深入的研究，对于其他历史悠久的农耕区，发育的诸如塿土、灌淤土、肥熟土等典型人为土的历史过程尚缺乏系统性的研究，本书旨在沿此路径做一些尝试和探索。

---

① 申卫收、尹睿、林先贵等:《绰墩山遗址古水稻土细菌与古菌群落的 PCR-DGGE 分析》,《生态学报》2008 年第 28 卷第 6 期。

第五节 关中平原土壤利用与变迁史的叙述方式

关中平原土壤耕作层的形成过程主要是塿土上部人为堆垫层的转变过程。已有的认识表明塿土是在自然褐土的基础上，由于关中农民几千年来的耕作，人为创造出的土壤层位，是人为和自然因素综合作用下的产物。在此基础上，可以继续着墨与挖掘的是塿土的耕作历史，以往成果在诸如耕作、轮种、灌溉、施肥等具体生产措施对土壤的作用力的探究上则显得过于笼统，例如，朱显谟在《塿土》一书中对其形成的历史过程仅做过以下简短的概述：

> 塿土非但是古老耕种土壤，曾经进行过长期的和强烈的熟化过程，而且也不断地被人们补给了大量的成土母质，使得土壤剖面不断增厚，因此应该说塿土是典型的历史自然体和劳动产物的有机复合体。[①]

塿土作为历史自然体和劳动产物的有机复合体，进入历史学领域的探讨是必要的。过程研究往往是历史学常用的思维模式，但若在历史学领域里追问这一历史自然体的具体形成过程，这种笼统性的描述又如隔靴搔痒，诸如关中平原不同耕作条件下农耕方式的选择，耕作技术演进对土壤环境的影响，历史阶段灌溉、施加土粪、绿肥种植等又是如何影响塿土的形成及演变等问题，仅用土壤学的研究方法则显得难以应对。笔者拟在对古代耕作技术演进、作物栽培技术与方法、农业生产结构、农田水利建设、土壤培肥方式等文

① 朱显谟：《塿土》，北京：农业出版社，1964 年，第 2 页。

献记录细致爬梳的基础上，结合关中平原特定区域的环境特征，剖析不断演进的环境与技术选择在关中土壤耕作层形成与演变过程中所发挥的重要作用。

土壤耕作层的形成与变化是自然要素在人类历史中发生演变的直接表现，揭示这一历史过程的发生与发展是本书的主旨。土壤耕作层作为自然与人文因素综合影响下的合体，在对其进行研究的过程中土壤发生学与历史文献解读的研究思路都是必不可少的。从土壤发生学角度讲，该研究需要建立土壤形成因素、土壤发生过程、土壤类型及性质三者之间的关系，但重点并非对气候、母质、地形、生物等自然要素的考察，而是对人文内涵的解读。史料是历史研究的基础，但限于古人的认识能力，史料中缺乏对于土壤形成过程的直接记载。因此，将历史文献的记载内容与土壤结构、性质等的变化及成因分析联系起来是本书的研究路径。古代农书是本研究最直接的史料，其中作物选择、轮作、治田、耕作、施肥、灌溉等农业生产内容是与土壤息息相关的，这些是本书开展研究的基础。选择关中平原作为研究区域，一方面是由于其农业历史悠久，并形成了具有强烈地域特征的土壤耕作层；另一方面在于关中曾长期作为全国的政治、经济、文化中心，相对丰富的史料存留为研究提供了便利。

从研究思路可以看出，不同学科之间研究方法的相互借鉴是十分必要的。历史文献的搜集和运用是基本方法，《氾胜之书》《齐民要术》《王祯农书》《四时纂要》《知本提纲》《农言著实》等农业类相关史料中不乏耕田、灌溉、施肥及各类作物的栽培技术与方法，这些技术与方法的运用，目的是要创造疏松而肥沃的耕作表层，分析史料中农业生产环节与技术变革对土壤耕作层的影响是本研究的重要手段。野外考察也是历史地理学的基本研究方法，塿土是关中的主要耕作土壤，尤其是在平坦地形上，剖面发育十分典型，其中可见明显的现代耕作层、犁底层、古耕层、黏化层、淀积层等层位特征。选择具体的土壤剖面，观察其剖面构型、结构特征，且不同地形、不同水热条件下的塿土剖面也会表现出不同的特性，大量的野外调查及剖面比对可用于分析塿土形成的区域差异。土壤学的分析方法是讨论土壤特性的前提，土壤的团粒结构、颗粒组成、孔隙率、元素含量等的物理及化学特性都需要结合土壤发生学与土壤形成过程的理论及规律，人为扰动土壤的方式及强度差异常表现在土壤结构与性质的差异上。考古学中古代遗址及文化层的分布对土壤剖面中人类活动表层的鉴别具有重要的参考价值，如周原上大量的西周文化层指示了当时人们生活的地形及土壤环境。制图学可直观展示研究中涉及的区域范围、关中土壤形成过程、土壤剖面差异、土壤分布差异等内容，书中还广泛将剖面形态描述与图片展示相结合，以获取直观深刻之效果。

本书研究的目的在于对关中平原土壤耕作层的历史形成过程及人为影响因素获得较为深入的认识，在复原古代耕作层性状特征的基础上，探析人类活动对土壤层扰动的方式和力度。本书叙述主体分为三个部分：

第一部分由第二章、第三章构成。第二章以不同历史阶段为主线，对文献中的土壤性状描述进行逐一筛选和分析，并将其放置于关中平原地形、土壤水分、土壤肥力等自然背景下进行考察，以期了解从古至今人们对关中平原土壤认识水平逐步发展的脉络，关中表层土壤环境的变化，以及土壤不同命名与分类的产生机制。第三章对关中平原土壤耕作层的结构进行剖析。古代人们耕作的土层并非今日之地表土层，随着气候等自然因素变化及人类耕作活动的持续性扰动，关中的土壤耕作层具有不断堆积上移的特征，也形成了不同时期黄土、垆土、塿土等不同性状的土壤耕作层。根据历史文献记载，地质学、考古学等多学科的方法和已有研究成果，认识塿土土壤的剖面构型，判断古代耕作层的层位特征，获取古耕层的土壤性质是探讨其形成与演变的基础。

第二部分由第四章、第五章、第六章构成。关中塿土上部深厚的人为耕作熟化层特征与自然土壤有着显著的区别，主要表现在土壤的土体结构、土壤颜色、孔隙度及土壤性质等方面。历史上以耕作、施肥、灌溉为主的农业生产环节是造成土壤结构和性质发生变化的主要因素，土壤耕作的实质正是通过农业工具创造良好的耕层构造和适度的孔隙比例，调节土壤水分存在状况，协调土壤肥力，以形成高产的土壤。这三章分别对历史时期关中农业生产中的耕作、施肥、灌溉环节进行逐一梳理，建立起不同历史阶段耕作技术与土壤细熟过程、施肥与土壤堆垫作用、灌溉与土壤淤积改良之间的关系。

第七章为第三部分。关中地区由于局部气候、地形及农业生产活动的差异，不同区域人为土形成的剖面特征也存在显著差异。研究选取宝鸡、岐山、扶风、武功、乾县、泾阳、三原、渭南、大荔等多个土壤剖面进行对比分析，对人为土的区域特征及成土因素进行探讨。

第二章 自古及今关中土壤的命名与分类

春秋时期，管仲指出："地者政之本也，辩于土而民可富。"[①]辨土是耕种前的必要工作，充分认识土壤特性，才可避免"地道不宜，则有饥馑"[②]，故以农业生产为目的的土壤认知和土壤分类颇受政府和百姓的重视。"土壤"作为一个统一的名词代表着陆地表面具有肥力且能够生长植物的疏松层，但在古代，"土"与"壤"却曾代表着不同的含义。孙诒让注《周礼》时曾引《说文·土部》释："壤，柔土也"；引《释文》马融注："壤，天性和美也"；引郑玄注曰："壤亦土也，变言耳。以万物自生焉则曰土，土犹吐也；以人所耕而树艺焉则曰壤，壤，和缓之貌"，孙诒让又注"和缓即柔土之义"；引刘徽注云："壤为息土，坚为筑土"，孙诒让注其为"盖地率为坚土，既经人所耕种，则解散和缓，故谓之壤"；引《管子·乘马篇》云："一农之量，壤百亩也"，孙诒让注"壤即熟田也"。[③]由此可知，古

① 黎凤翔撰，梁运华整理：《管子校注》卷一九《地员》，北京：中华书局，2004年，第1071页。

② 黎凤翔撰，梁运华整理：《管子校注》卷三《五辅》，北京：中华书局，2004年，第191页。

③（清）孙诒让撰：《周礼正义》，王文锦、陈玉霞点校，北京：中华书局，1987年，第712-713页。

人把疏松柔和且肥美的耕作土壤称为“壤”。[①]

土壤是重要的生产要素，在农业生产活动不断与土壤发生联系的过程中，人们也会给各种土壤命以与其某些特征相符的恰当的名称。因为贡赋与农业生产的需要，常常需视察各地区土地之美恶及出产物以定贡赋之等级，以及掌握人口、规划农林牧生产等，这些都需要对土壤进行调查，鉴定土壤肥瘠，对土壤进行分类。

因此，我国古代的土壤学知识更多是建立在对农业生产起指导作用上的，《孝经·庶人章》载：“用天之道，春则耕种，夏则芸苗，秋则获刈，冬则入廪。分地之利，分别五土之高下，随所宜而播种之。”[②]选择合适的土壤进行种植，与选择适宜的时间种植是同等重要的。在人类历史上，农作物的选择经历了从野生向家养培育的过程。人们观察野生植物的生长过程，尝试人工栽培，哪些土壤能够获得丰收，哪些土壤不宜作物生长，这引起了人们极大的研究兴趣，随即产生“土宜论”“地宜论”等，如“先王疆理天下物土之宜，而布其利”[③]，并且根据不同地形，“善相丘陵、坂险、原隰、土地所宜，五谷所殖，以教道民，必躬亲之”[④]，统一安排农业生产。经过劳动人民不断的探索和发现，什么样的土壤上适宜生长什么样的植物渐渐被熟知和掌握，也因此积累了大量的古代土壤学知识，并区分了若干土壤类型。

---

① 马福生：《西周自然条件的地区差异及其对农业的影响》，《东北农学院学报》1984 年第 1 期。

②（元）大司农司编：《农桑辑要译注》引《孝经·庶人章》，马宗申译注，上海：上海古籍出版社，2008 年，第 5 页。

③《春秋左传正义》卷二五《成公二年》，《十三经注疏》，北京：中华书局，2009 年影印清嘉庆刊本。

④（清）孙希旦撰：《礼记集解》卷一五《月令》，沈啸寰、王星贤点校，北京：中华书局，1989 年。

第一节　先秦时期关中的土壤名称与土类

一、《尚书·禹贡》中的“厥土惟黄壤”

我国古代土壤命名和分类多是以人们对土壤颜色、质地、水分含量等直观感性认识为标准进行的分类。传说在四五千年前的原始社会末期，“当尧之时，水逆行，泛滥于中国，蛇龙居之，民无所定”[①]，于是禹被派去治理洪水。在长期治水工作中，禹考察全国地形地势，调查土壤草木，治水的同时，划分九州，制定田赋。他将全国划分为九州，根据九州土壤的肥力等级制定赋税（表 2-1）。那时期田赋等级的制定首先是以土壤的生产条件为依据的。

表 2-1　《禹贡》九州土壤分类

州名	土类	颜色	质地	肥力	赋税	现今土类
冀州	白壤	白	柔和	中中	一等	盐渍土、石灰性冲积土
兖州	黑坟	黑	坟起	中下	二等	砂姜黑土或棕壤
青州	白坟、海滨广斥	白	坟起	上下	四等	棕壤、海滨盐渍土
徐州	赤埴坟	赤	黏而坟起	上中	五等	淋溶褐土
扬州	涂泥		泥泞	下下	七等	湿土、水稻土
荆州	涂泥		泥泞	下中	三等	湿土、水稻土
豫州	壤、下土坟垆	杂	黏疏适中	中上	二或一等	石灰性冲积土和砂姜黑土
梁州	青黎	灰	疏松	下上	七、八、九等	无石灰性冲积土、水稻土
雍州	黄壤	黄	柔和	上上	六等	淡栗钙土、黄绵土

资料来源：林蒲田：《中国古代土壤分类和土地利用》，北京：科学出版社，1996 年，第 39 页。

①（清）焦循撰：《孟子正义》卷一二《滕文公下》，沈文倬点校，北京：中华书局，1987 年。

按照《禹贡》中九州的划分，关中平原属雍州，雍州“厥土惟黄壤，厥田惟上上”。雍州东邻冀州以黄河为界，南邻梁州以秦岭为界，其大部分地区位于黄土高原，黄土是关中平原地带性土壤的常用直观描述。陈恩凤很早就提出：“雍为今之陕西，多为淡栗钙土，系发育于原生黄土，或即所称黄壤。”[1]林蒲田与陈恩凤都将雍州的黄壤对应于今日的淡栗钙土，淡栗钙土是发育于干草原环境下的土壤，属于栗钙土的一个亚类，主要分布于陕西的榆林、神木、府谷等县的北部风沙区。黄绵土是黄土母质上直接形成的幼年土壤，是在耕种熟化或自然植被下的成土过程和以侵蚀为主的地质过程共同作用下的产物，主要分布于陕北黄土丘陵区及渭北高原和关中黄土台塬的塬边和沟坡上。[2]淡栗钙土和黄绵土都属于黄土高原地区的土壤类型，是典型的黄土类土壤。《禹贡》中雍州的范围包括黄土高原的大部分地区，黄土高原上的灰钙土、栗钙土、黑垆土、褐土、黄绵土等土类都应该属于“黄壤”范畴，是对土色呈黄色的土壤的总称。

现代土壤学中将关中平原地带性土壤称为“褐土”。褐土是暖温带半湿润气候与落叶阔叶林为主的生物气候条件下形成的土壤。[3]从地域范围和土性描述上看，关中平原的褐土属于“黄壤”，按照古代对“土”与“壤”的区分理解，《禹贡》中的“黄壤”与黄土高原的原生黄土应该是有所区别的，是指在黄土这种母质上形成的耕作土壤。虽然黄壤在九州土壤类型肥力等级排名中排为上上，而赋税等级排名却为六等，这与地区内的土地综合生产力不无关系。

① 陈恩凤：《中国土壤地理》，上海：商务印书馆，1951年，第121页。
② 陕西省土壤普查办公室：《陕西土壤》，北京：科学出版社，1992年，第49、187页。
③ 陕西省土壤普查办公室：《陕西土壤》，北京：科学出版社，1992年，第68页。

二、《周礼》之“土宜土化之法”与土壤分类

著述《周礼》之时，人们对土壤的认识已经不局限于直接的感官描述，土壤肥力开始被人们掌握和熟悉，因此“土宜”之法开始受到重视。《周礼·地官·遂人》中就教导百姓因地制宜，辨别土壤，并把土壤分为上、中、下三等。在《周礼》“土方氏”职文中曰：“以辨土宜土化之法，而授任地者。”[①]“大司徒”职文曰：“以天下土地之图，周知九州之地域，广轮之数，辨其山林、川泽、丘陵、坟衍、原隰之名物。”[②]这里的“辨”即是“辨别”之意，根据山林、川泽、丘陵、坟衍、原隰地形差异及其出产的名物等来辨别土壤，并指导生产。《周礼》中还设有专职从事土壤管理和改良的官职，“草人”一职专门“掌土化之法，以物地，相其宜而为之种。凡粪种，骍刚用牛，赤缇用羊，坟壤用麋，渴泽用鹿，咸（碱）泻用貆，勃壤用狐，埴垆用豕，强檃用蕡，轻爂用犬”，并且“烧薙行水”以“粪田畴”[③]。

此处提到的骍刚、赤缇、坟壤、渴泽、碱泻、勃壤、埴垆、强檃、轻爂九种土壤，主要是按照土壤颜色、质地等划分的土壤类型。虽然我们很难确定这九种土壤是多大区域范围内的土壤分类，但按照地形差异区分土壤种类在关中平原也是有所表现的，关中平原具有山林、川泽、丘陵、坟衍、原隰等地形的差异，这些土壤种

①（清）孙诒让撰：《周礼正义》卷五四《夏官司马》，王文锦、陈玉霞点校，北京：中华书局，2013年，第2235页。

②（清）孙诒让撰：《周礼正义》卷一七《地官司徒》，王文锦、陈玉霞点校，北京：中华书局，2013年，第641页。

③（清）孙诒让撰：《周礼正义》卷三〇《地官草人》，王文锦、陈玉霞点校，北京：中华书局，2013年，第1181页。

类在关中平原似乎也能找到对应之土类。骍刚指赤刚土，是土性燥的土壤，关中平原的古土壤特征就与此相似，且两千多年前的关中平原，古土壤是覆盖于地表的。赤缇，缇是黄而带红或浅红色，某些地形条件古土壤发育较强，颜色呈较深的红色，很可能代表发育较强的古土壤。坟壤，古时“坟”和“坌”相通，郑玄释：“坟壤，润解”①，按《禹贡》中“黑坟”孔安国《传》：“黑色而坟起”；陆德明《经典释文》引马融说：“坟，有膏肥也”；孙诒让《周礼正义》：“案马云‘有膏肥’，即所谓润”，润解又可以解释为遇水解散②；在《氾胜之书》中提道：“春候地气始通，椓橛木长尺二寸，埋尺，见其二寸，立春后，土块散，上没橛，陈根可拔”③，该句也有土润解后坟起之意，这种情况是北方冬季寒冷，土壤表层水分遇冷冻结，春季回暖，土壤中的冰融解，土体结构也变得松散，这时土体体积便会增加，因而向上坟起，把露出地表的二寸橛都埋没了，这种土壤往往结构疏松，土质肥美，和马融所说的“坟，有膏肥”也是相符合的。渴泽，郑玄注：“故水处也”；孙诒让《周礼正义》释：“渴泽犹竭泽也。泽故有水，今涸渴则无水，而可耕种，故云故水处。”④关中平原东部很多地方在人类开始定居之前都是盐卤低地，过去也曾有积水，干后的沼泽地则可以耕种。勃壤，郑玄注：“勃壤，粉解者”⑤，

---

①（汉）郑玄注，（唐）贾公彦疏：《周礼注疏》民国四部备要本，上海：中华书局，1936年，第582页。

② 缪启愉对“坟壤”做过详细的释义，参见缪启愉：《齐民要术校释》，（北魏）贾思勰原著，缪桂龙参校，北京：农业出版社，1982年，第41页。

③ 万国鼎：《氾胜之书辑释》，北京：农业出版社，1980年，第24页。汉代1尺≈23 cm，1尺=10寸。

④（清）孙诒让撰：《周礼正义》，王文锦，陈玉霞点校，北京：中华书局，1987年，第1183页。

⑤（汉）郑玄注，（唐）贾公彦疏：《周礼注疏》民国四部备要本，上海：中华书局，1936年，第582页。

勃有很细的粉末之意，这与坟壤有些类似，都是一种松散轻质的土壤，但坟壤有润解之意，水分含量应该较高，可能代表黏性更强的土壤，而勃壤有粉解之意，很可能指沙壤，土壤干燥时容易碎散为粉末。关中平原近河岸处沙质含量较高的土壤也很普遍，也符合了勃壤的特性。碱泻，郑玄释“泻”为“卤”[①]，指盐碱性的土壤，关中平原东部古时的湖泊洼地地下水位高，大量的盐分随水分蒸发带上地表，形成盐碱土。埴垆，郑玄注：“黏疏者”[②]，指一种黏而不板结的土壤，与“垆土”有相似之处。强檃，郑玄注：“强坚者”[③]，是土性更坚硬的一种土壤。轻爂，也是一种轻质土壤，大概有沙土之意。

在我国北方地区，一定区域范围内根据地形差异，会形成不同颜色和质地的土壤类型，草人一职根据土壤的不同性能采用不同的用土、改土、养土的方式，精细地用不同动物粪便区分各种土壤的粪种之法，证明当时对土壤的性质差异是有较为深刻的认识的。

《周官》中还有“稻人”一职，是周代专门管理水田的官职，“稻人掌稼下之地”[④]。低洼沼泽之地用以种稻，稻人对种植水稻的土地一定是十分熟悉的，关中的河谷地带水资源条件较好，尤其是秦岭北麓，具备发展水田的条件。能够设置专门的官职，一方面说明周代重视水稻的种植，另一方面说明种植水稻的土壤与其他土壤有所

---

① 缪启愉：《齐民要术校释》，（北魏）贾思勰原著，缪桂龙参校，北京：农业出版社，1982 年，第 40 页。

②（汉）郑玄注，（唐）贾公彦疏：《周礼注疏》民国四部备要本，上海：中华书局，1936 年，第 582 页。

③（汉）郑玄注，（唐）贾公彦疏：《周礼注疏》民国四部备要本，上海：中华书局，1936 年，第 582 页。

④（清）孙诒让撰：《周礼正义》卷三〇《地官稻人》，王文锦、陈玉霞点校，北京：中华书局，2013 年，第 1188 页。

区分，需要专门的研究与管理。例如，在水田中如何进行蓄水、排水、用水和防水等。水稻田的管理中“以潴蓄水，以防止水，以沟荡水，以遂均水，以列舍水，以浍泻水”[①]。郑玄认为，“潴”是偃潴，指成片的大洼地，可能为湖、塘等，有利于截蓄流水；“防”是偃潴周围的堤；“遂”是田首受水的小沟；“列”是田中的畦沟，“浍”是田尾去水的大沟，已形成一套完整的水稻灌排系统。[②]

汉代《史记》中循《禹贡》之方法，对土壤进行过分类。《史记·夏本纪》中将全国九州的土壤按色泽和质地分为白壤、黑坟、白坟、赤埴坟、涂泥、壤、坟垆、青骊、黄壤等。[③]

三、《管子·地员》中的平原土壤

先秦典籍中对土壤分类记载最为详细者，当属《管子·地员》。《管子·地员》是春秋时期齐国管仲为主持一系列政治和经济改革，在全国划分政区，按土地质量分等征税而作，主要讨论各种土地（包括地势、土质、水泉等）与其上所生植物以及农业的关系。《管子·地员》分为两大部分，前一部分根据植被、地势和水泉深浅将土地划分为平原、丘陵和山地三大类，又以土壤颜色、质地对平原土壤进行了划分。后一部分按照土壤肥瘠程度将土壤分为上土、中土、下土三等，每等之下，根据土壤的质地又分为六类。上土有息土、沃土、位土、隐土、壤土、麸土；中土有忞土、垆土、壏土、剽土、

① （清）孙诒让撰：《周礼正义》卷一七《地官司徒》，王文锦、陈玉霞点校，北京：中华书局，2013年，第641页。

② （汉）郑玄注，（唐）贾公彦疏：《周礼注疏》民国四部备要本，上海：中华书局，1936年，第583页。

③ （汉）司马迁：《史记》卷二《夏本纪》，北京：中华书局，1959年。

沙土、塥土；下土有犹土、壮土、埴土、觳土、舄土、桀土。十八类土壤又根据赤、青、白、黑、黄五种颜色而分为五个土种，共九十种，即所谓“九州之土为九十物”[①]，并对十八种土壤的性状、物产及对人民生活的影响进行了描述。

《管子·地员》中后一部分的土壤分类，是将全国九州土壤划分为九十种，里面必然包括关中平原的土壤种类，上土、中土、下土中的黄色土种很可能对应黄土高原的土壤类型。

所述及平原区的五种土壤包括息土、赤垆、黄唐、赤埴、黑埴。息土，《管子·地员》中描述：“渎田悉徒，五种无不宜，其立后而手实……其民强。”[②]“悉”通“息”，“徒”通“土”，“悉徒”即是“息土”[③]，其释义为息土对于五谷没有一种是不适宜的，在这种土地上生长的人民也是强健的。息土在《淮南·坠形训》中也有提及，“是故坚土人刚，弱土人肥；垆土人大，沙土人细；息土人美，耗土人丑”[④]，这里分别代表着六种土壤类型，且两两相对。息土和耗土对应，息耗有盈亏、多寡、善恶等意义，如《齐民要术》中说“粒食有息耗”，并作注解释“收少者美而耗，收多者恶而息也”[⑤]，可见息有盈或多之意，耗则相反。息土就是指能够增长而不耗减的土壤。就平原地区而言，河流冲积往往可使土壤增长而肥美，侵蚀则使土壤损耗而贫瘠。关中平原河流阶地系渭河冲积而成，也属于一种疏松肥美的冲积土，对于农作物而言乃上等土壤，因此五谷皆宜。

---

① 黎凤翔撰：《管子校注》卷一九《地员》，梁运华整理，北京：中华书局，2004年，第1071页。

② 黎凤翔撰：《管子校注》卷一九《地员》，梁运华整理，北京：中华书局，2004年，第1071页。

③ 夏纬瑛：《管子地员篇校释》，北京：中华书局，1958年，第4页。

④ 何宁：《淮南子集释》卷四《坠形训》，北京：中华书局，2004年，第311页。

⑤ 缪启愉、缪桂龙：《齐民要术译注》，上海：上海古籍出版社，2009年，第50页。

赤垆，《管子·地员》中描述："赤垆历强肥，五种无不宜……其民寿"[①]。《说文解字》中释："垆，刚土也"[②]；垆土是刚土，赤垆很可能指红色的刚土，"历是疏意，强是坚意"[③]，土质疏历而刚强，这和前面所说的"骍刚""赤缇"都属于质地刚强的土壤，关中平原的全新世古土壤性质正与此接近。这种土壤也是肥美的，五谷皆宜，居住在这种土地上的人民也是长寿的。

黄唐，《管子·地员》中描述："黄唐无宜也，惟宜黍秫也。"[④]夏纬瑛曾释义，"唐"有"虚脆"之意[⑤]，黄而虚脆的土壤，在关中平原上当是一种黄色的软湿泥土，河流近岸地常有此种土壤的分布。"宜县泽，行廧落。地润数毁，难以立邑置廧"[⑥]，这种土壤既多含盐碱，又常有水患，不宜耕种，由于土壤太湿，地基时常毁坏，往往难以建立城邑，设置谷仓，其多处在薮泽之区，以至于这种土地上的人民也穷困得到处流徙。

赤埴与黑埴在《地员》篇中分别描述为"赤埴宜大菽与麦""黑埴宜稻麦"[⑦]。"埴，黏土也"[⑧]，"赤埴"，应代表颜色呈红棕色，较细的黏壤土，多分布于近山或丘陵谷地、坡底及平原低平处，间或与赤、黑垆土相杂；"黑埴"，颜色发黑，多腐殖质，细黏性，在关

① 黎凤翔撰：《管子校注》卷一九《地员》，梁运华整理，北京：中华书局，2004年，第1071页。
②（汉）许慎撰：《说文解字》，（宋）徐铉校定，北京：中华书局，2004年，第286页。
③ 王云森：《中国古代土壤科学》，北京：科学出版社，1980年，第202页。
④ 黎凤翔撰：《管子校注》卷一九《地员》，梁运华整理，北京：中华书局，2004年，第1071页。
⑤ 夏纬瑛：《管子地员篇校释》，北京：中华书局，1958年，第10页。
⑥ 黎凤翔撰：《管子校注》卷一九《地员》，梁运华整理，北京：中华书局，2004年，第1071页。
⑦ 黎凤翔撰：《管子校注》卷一九《地员》，梁运华整理，北京：中华书局，2004年，第1071页。
⑧（汉）许慎撰：《说文解字》，（宋）徐铉校定，北京：中华书局，1963年，第286页。

中西部或秦岭北麓降水较多的地区，古土壤发育强，颜色深暗，多呈深的红褐色，应与黑埴的土壤类型对应。很显然，黑埴比赤埴含有更多的水分，属于发育更强的黏土类型，在《禹贡》中“埴”代表着南方发育的黏而坟起的土壤类型，但在关中平原发育于温湿气候条件下的古土壤也具有黏化特征，且在不同的地形单元内，古土壤发育的强弱也有明显差异。根据所种植的“菽”“麦”“稻”等作物也符合北方的种植作物类型，因此这两种平原类型的土壤在关中也应该有所对应。

有关《管子·地员》中土壤所处地域性问题，学术界是存有争议的。王云森在阐述《管子·地员》中“凡草土之道，各有谷造，或高或下，各有草土”，“凡彼草土，有十二衰，各有所归”时，认为把这种“草”“土”关系，“因地制宜”地分为十二等差很可能是当时关中地区的情况。[①]夏纬瑛在推测《管子》所作年代时，认为该篇土壤类型与关中地区无关，而是主要涉及华北大平原，推测其著作年代应为战国时期。[②]友于则认为该篇中对关中及整个秦地的描述特别详细。[③]上述观点对《管子·地员》篇的地域性争议主要集中在华北平原与关中平原。根据对关中平原土壤类型的分析，笔者认为《地员》篇中对平原五种土壤的划分更有可能是以关中平原为主的划分，因为赤垆、赤埴、黑埴所代表的黏化作用很强的土壤，在关中平原的发育更为典型，这与黄土高原土壤母质系风尘堆积作用形成有关，且垆土所代表的古土壤层在距今 3 100 年至秦汉时期正出露于地表，而华北平原河流冲积为主的土壤形成过程导致这种黏化作用并不显著。

---

① 王云森：《中国古代土壤科学》，北京：科学出版社，1980 年，第 28 页。

② 夏纬瑛：《管子地员篇校释》，北京：中华书局，1958 年，第 115-122 页。

③ 友于：《管子地员篇研究》，《农史研究集刊（第一册）》，北京：科学出版社，1959 年，第 19 页。

四、《吕氏春秋·士容论·辩土》中的土壤辨别

成书于公元前239年的《吕氏春秋·士容论》中《上农》《任地》《辩土》《审时》四篇是我国古老的农业专篇。《吕氏春秋》在重农说教的同时兼收农学知识，并融合为《吕氏春秋·士容论·上农》等四篇农业专论。这四篇农业专论虽没有确切指明地域范围，但该书编纂于关中，所记农业地理环境和农业措施也是符合关中农业生产实际的。《吕氏春秋·士容论·任地》和《吕氏春秋·士容论·辩土》强调的都是耕作之前要辨别土壤，改良或适当利用土壤。《吕氏春秋·士容论·任地》中的“凡耕之大方，力者欲柔，柔者欲力；息者欲劳，劳者欲息；棘者欲肥，肥者欲棘；急者欲缓，缓者欲急；湿者欲燥，燥者欲湿”。[①]意为：使过硬的土质变软，过软的土质变硬；使闲田得以利用，耕田得以休闲；使贫瘠的土地肥沃，过肥的土地变瘦；使紧致的土壤得以疏松，过松的土壤得以密实；使潮湿的土地得以干燥，干燥的土地得以潮湿。这段话涵盖了土壤质地、结构、肥力、水分等的差异，将土壤以两两相对的形式进行区分，也说明土壤的某些性质通过耕作是可以相互转化的。

《吕氏春秋·士容论·辩土》篇中有垆土和靹土的分类，“凡耕之道，必始于垆，为其寡泽而后枯，必厚其靹，为其唯厚而及”。[②]“垆”如前所述，指黏性强且坚硬的土壤类型，《广雅·释诂》释：“靹，弱也。”代表轻质疏松的土壤。《吕氏春秋》为吕不韦集其门客所编

① 许维通：《吕氏春秋集释》卷二六《士容论·任地》，梁运华整理，北京：中华书局，2009年，第687页。

② 许维通：《吕氏春秋集释》卷二六《士容论·辩土》，梁运华整理，北京：中华书局，2009年，第691页。

著，当时秦国主要活动范围位于关中平原，似可推断文献中所载“垆土”与“鞹土”很可能与关中地区的土壤类型有关。

关中平原地貌形态以河流阶地、黄土台塬和山前洪积扇为主。渭河两岸的河流阶地及黄土台塬由于地形平坦，发育较为完整，成为古代关中农业发展的主要区域。由于一级阶地形成时间较晚，其上部仅有全新世两层土壤发育，二级阶地及黄土台塬上则发育有两层以上的古土壤及多层黄土。[①]一般认为，黄土高原南部地区全新世普遍发育了两层土壤，即全新世黄土（L_0）和全新世古土壤（S_0），上部全新世黄土开始发育年代为距今3 000年左右，正值全新世大暖期结束，下部全新世古土壤发育于距今 8 500～3 000 年，而秦汉时期农业垦殖开始于距今2 000多年，正是全新世古土壤向黄土发育过渡的时期。因此，当时的古土壤表面即是所谓的垆土层，文献中描述的质地坚硬、黏性较强的特征也正是古土壤层的特征，也说明战国时期在关中平原平坦阶地及台塬上开展的农业垦殖大多是以全新世古土壤层为耕作层位。就土壤的耕性而论，古土壤层黏粒含量高，质地坚硬，具棱柱状结构且大孔隙少，这种土壤质地和结构并不利于土地垦殖和作物生长。鞹土是一种质地相对疏松的土壤，更接近于黄土的性质，在黄土台塬区边坡、坡脚地带，阶地边缘，河流两岸新近沉积物上古土壤层不发育的区域，轻质疏松的黄土性土壤应属于鞹土的类型。

垆土的质地较鞹土紧实，不利于土壤水的储存，先耕垆土地，遇雨则能迅速将水分导入土壤中，而鞹土的渗水及储水性能均较好，即使未来得及耕作，也能储存部分水分，不致土壤过于干燥，这是先民根据古代农耕经验，以土壤质地决定的土壤水分储存能力差异

① 赵景波：《西北黄土区第四纪土壤与环境》，西安：陕西科学技术出版社，1994年，第2页。

进行的土壤种类区分。

土壤是覆盖于一定地形条件上的，按照地形的不同，“上田则被其处，下田则尽其汙”[①]，对田地的划分主要在于田地上的土壤性质的差异，上田代表较为干燥、疏松的土壤性质，下田代表较为湿润、黏重的土壤性质，它们的耕作方法也因地而异，上田的土壤极易缺水且蒸发强烈，耕作后要通过耰的环节及时保墒，下田容易积水，耕作过程中则要进行排水。种植安排上，尽量要求“上田弃亩，下田弃甽”[②]，将要耕作的田地修整成高垄和低沟，高地在沟间播种，既有利于保墒，高垄还可以防风；低地在高垄播种，沟间用于排水。无论上田还是下田，耕作都要达到“阴土”的深度，“五耕五耨，必审以尽，其深殖之度，阴土必得”[③]，“阴”润泽之意，“阴土”是指土层一定深度内，土壤湿度较大，较少受到蒸发作用影响的土壤。

《吕氏春秋·士容论·辩土》篇中“厚土则孽不通，薄土则蕃轓而不发，垆埴冥色，刚土柔种，免耕杀匿，使农事得”[④]中也提到“垆埴”，前述“埴”有黏土之意，“埴垆”应指带有黏性的硬土。此句是说，种植时覆土太厚，萌芽难以破土露出地面，覆土太薄，种子会遭到闭锢而不能发芽。垆埴这种颜色发暗的刚硬的土要耕作松软后下种，勤加耕翻以消灭虫害，使农事顺利得当。“垆埴”应当是指关中平原黏化作用较强的“垆土”层。

---

① 许维通：《吕氏春秋集释》卷二六《士容论·辩土》，梁运华整理，北京：中华书局，2009年，第691页。
② 许维通：《吕氏春秋集释》卷二六《士容论·任地》，梁运华整理，北京：中华书局，2009年，第687页。
③ 许维通：《吕氏春秋集释》卷二六《士容论·任地》，梁运华整理，北京：中华书局，2009年，第687页。
④许维通：《吕氏春秋集释》卷二六《士容论·辩土》，梁运华整理，北京：中华书局，2009年，第691页。

第二节　汉魏时期关中土壤描述

一、《氾胜之书》中的“黑垆土”

《氾胜之书》系汉人氾胜之所著。氾胜之，《汉书·艺文志》附记其“成帝时为议郎”，颜师古注引刘向《别录》云：“使教田三辅，有好田者师之，徙为御史。”[①]三辅，即今之关中平原，《氾胜之书》[②]中所载农业生产内容正是针对关中平原气候、地形、土壤状况等总结出的一套生产经验和方法，也能够侧面反映汉代关中平原的土壤环境状况。

《氾胜之书》中记载“春地气通，可耕坚硬强地黑垆土”[③]。这和前代文献中记录的“垆土”“黑埴”“埴垆”等的性状很类似，都符合古土壤层的特点，孔隙度小，黏性强，土壤紧致，不利于水分的流通和存储，往往成为黄土地层中的隔水层。这种黏质的垆土层，水分过多则黏重，水分过少则坚硬，都不好耕作，只有在干湿适宜时才好耕，土块容易碎解。

这也可说明，在《氾胜之书》的成书年代，关中平原地表较为坚硬的“垆土”分布是较为广泛的。此外，根据土壤质地不同，也有强土与弱土的区分。“春地气通，可耕坚硬强地黑垆土，辄平摩其

---

①（汉）班固：《汉书》卷三〇《艺文志》，北京：中华书局，1962年。

②（西汉）氾胜之：《氾胜之书》，原书已佚，主要内容被《齐民要术》引录得以保存。文中所引内容主要来自石声汉《氾胜之书今释（初稿）》（北京：科学出版社，1956年）及万国鼎《氾胜之书辑释》（北京：农业出版社，1980年第二版）。

③ 万国鼎：《氾胜之书辑释》，北京：农业出版社，1980年，第23页。

块以生草，草生复耕之，天有小雨复耕和之，勿令有块以待时。所谓强土而弱之也。”“杏始华荣，辄耕轻土弱土。望杏花落，复耕。耕辄藺之。草生，有雨泽，耕重藺之。土甚轻者，以牛羊践之。如此则土强。此谓弱土而强之也。”[①]很显然，垆土为强土，其余古土壤发育较弱地区的土壤则为弱土、轻土。地形也是影响土壤质地强弱的重要因素，地势越高，土壤水分越少，土壤质地相对也会坚硬一些，《氾胜之书》在种禾时选择“高地强土可种禾”；种黍，“强土可种黍”；种大豆，“高田可种大豆。土和无块，亩五升；土不和，则益之”。[②]禾、黍、大豆均为耐旱作物品种，在地势较高，土壤质地不良的条件下也可以生长。

古代土壤质地的优劣也常以对“田”的分类进行区别，《氾胜之书》中载：“秋无雨而耕，绝土气，土坚垎，名曰腊田。及盛冬耕，泄阴气，土枯燥，名曰脯田。脯田与腊田，皆伤田，二岁不起稼，则一岁休之。”[③]不合时宜的耕作只会造成土壤质量的下降，使土壤空气、水分流动受阻，导致土壤坚垎或者枯燥。这代表着同一种土壤在不同耕作条件下的两种存在形式，古人也对其冠以不同的名称。“腊田”“脯田”等是土壤肥力不足、结构不良的表现。为此，古代先民不断总结生产经验，通过一系列整地、用地技术改良土壤环境，从土壤质地、结构、水分、养分等多方面提高土壤的适耕性。另外，根据土壤生产性能高低，将田分为“美田”“中田”“薄田”，例如，“验美田至十九石，中田十三石，薄田一十石”[④]，这种差异除与人们对土壤的精细化管理有关，更体现了土壤本身性状的差异。

① 万国鼎：《氾胜之书辑释》，北京：农业出版社，1980年，第23-24页。
② 万国鼎：《氾胜之书辑释》，北京：农业出版社，1980年，第100、105、129页。
③ 万国鼎：《氾胜之书辑释》，北京：农业出版社，1980年，第27页。
④ 万国鼎：《氾胜之书辑释》，北京：农业出版社，1980年，第49页。

与《氾胜之书》中土壤分类相似的内容，至东汉时仍有沿用。东汉《四民月令》中提到“正月，地气上腾，土长冒橛，陈根可拔，急菑强土黑垆之田。二月，阴冻毕泽，可菑美田缓土及河渚小处。三月，杏花盛，可菑沙白轻土之田。五月、六月，可菑麦田”。[①]“强土”“缓土”“轻土”都是针对土壤质地而言，应是代表质地强弱的三个等级，黑垆土属于强土，沙土类则属于轻土。

在关中平原内部，各地气候没有显著差异，地形是造成土壤类型差异的主要因素。从全新世古土壤层广泛分布于黄土塬各级塬面及河流阶地上来看，秦汉时期，坚硬的垆土层也主要分布于这些区域。而在塬区缓坡或泾渭河谷低阶地上，受地形及河流泥沙泛滥等影响，地表外源物质堆积作用显著增强，造成土壤熟化作用和黏化作用大为减弱，使剖面内全新世古土壤层缺失或发育很弱，粉砂含量高，故而形成质地松散的“轻土”，也对应于《氾胜之书》中的“靹土”类型。

二、《齐民要术》中的“田”与“土”

魏晋南北朝时期，北方战乱频频，农业自会受到强烈影响，但农业发展的脚步却并未因此停滞不前，《齐民要术》便是该时期农业发展的集大成之作，该书综合反映了黄河中下游地区的农业生产技术。虽然《齐民要术》中并未明确指明农业技术应用的区域范围，但显然是针对旱作农业生产区域而言，其中记录的很多农业生产技术与关中平原多有相通之处，且《齐民要术》中有大量引用《氾胜之书》的内容，全面继承并完善了旱作农业的技术体系。

---

① 缪启愉、缪桂龙：《齐民要术译注》，上海：上海古籍出版社，2009年，第40页。

对于土壤种类的区分，《齐民要术》中沿用了前代以颜色、质地、所处地形、地势对土壤进行直观描述的做法。土壤物质组成及质地往往决定了土壤的颜色，在北方地区，土壤颜色越深，往往成土化作用越强，黏化作用越显著，尤以土壤呈现红、褐色为主，文献中有时描述为“黑”，且土壤表层颜色越深，土壤有机质含量也越高。相反，土壤成土化作用越弱，黏化作用越不显著，土壤颜色会越浅，以黄土或轻质的白色砂土为代表。例如，种粟时就要“先种黑地、微带下地，即种糙种；然后种高壤白地。其白地，候寒食后榆荚盛时纳种。以次种大豆、油麻等田”[①]。种旱稻“用下田，白土胜黑土”[②]。“黑地”“白地”“黑土”“白土”“下田”“高壤”等的土壤区分正类似于《氾胜之书》中有关“黑垆土”“沙土”“高田”的分法。种旱稻的土地，“凡下田停水处，燥则坚垎，湿则污泥，难治而易荒，硗埆而杀种”[③]，“其土黑坚强之地，种未生前遇旱者，欲得令牛羊及人履践之”[④]，坚垎，指土块坚硬，黄土中除沙性土之外，一般质地稍黏或呈黏性，垆土就属于黏质土壤。黏质土壤的特征就是湿时泥泞，干时坚硬，遇水则容易板结，但晒透后遇雨又容易酥散，这与地势低洼处的潮土性质倒很相似，这类土壤在关中平原东部低平地是常见的，且这里也曾是古代关中稻作的重要产区。

土壤肥力是区别土壤的重要因素，古代常以“良田”“薄地”“良地”等表征土壤的肥沃程度。种谷子的地，“地势有良薄，良田宜种晚，薄田宜种早……良田一亩，用子五升，薄地三升”[⑤]。种麻子，

①（北魏）贾思勰：《齐民要术·杂说》，文渊阁四库全书本。
②（北魏）贾思勰：《齐民要术》卷二《旱稻第十二》，文渊阁四库全书本。
③（北魏）贾思勰：《齐民要术》卷二《旱稻第十二》，文渊阁四库全书本。
④（北魏）贾思勰：《齐民要术》卷二《旱稻第十二》，文渊阁四库全书本。
⑤（北魏）贾思勰：《齐民要术》卷一《种谷第三》，文渊阁四库全书本。

“麻欲得良田，不用故墟……良田一亩，用子三升；薄地二升”[①]。良田常对应于质地疏松的壤质土类型，“蒜宜良软地。白软地，蒜甜美而科大；黑软次之。刚强之地，辛辣而瘦小也”。良软地指肥沃的砂质壤土或壤土，像黑垆土这样刚强的土壤生产性能则不佳。“薤宜白软良地”[②]，“胡荽宜黑软、青沙良地”[③]，“姜宜白沙地”[④]，紫草“宜黄白软良之地，青沙地亦善”[⑤]，“种地黄法：须黑良田”[⑥]，不同作物种植选择不同的土壤，黑软、白软、黄软皆是指颜色稍有差别的砂壤土或质地较轻的壤土，青沙当指腐殖质含量较高的砂质土壤，黄河流域冲积平原上多砂质土壤或砂土，关中渭河冲积平原是河流泛滥迁徙而成的，呈条带状分布在渭河中下游沿岸地区，根据地下水埋深不同，形成了盐碱土、黄砂土、黄土、砂土等，距离河流越远，土壤质地越黏重，形成黑黏土、黑垆土等，土壤颜色也由地势低处向地势高处逐渐变深。因此，《齐民要术》中根据土壤颜色、质地、肥力等因素进行的分类可包括关中渭河冲积平原区，描述的土壤性质在关中东部地区表现明显。

第三节 唐至元时期农书中的关中土壤描述

大致成书于唐末至五代初的韩鄂所著《四时纂要》中记载的土壤名称主要有白地、白沙地、沙软地、白软良地、软黄白地、青沙地

---

①（北魏）贾思勰：《齐民要术》卷二《种麻第八》，文渊阁四库全书本。
②（北魏）贾思勰：《齐民要术》卷三《种薤第二十》，文渊阁四库全书本。
③（北魏）贾思勰：《齐民要术》卷三《种胡荽第二十四》，文渊阁四库全书本。
④（北魏）贾思勰：《齐民要术》卷三《种姜第二十七》，文渊阁四库全书本。
⑤（北魏）贾思勰：《齐民要术》卷五《种紫草第五十四》，文渊阁四库全书本。
⑥（北魏）贾思勰：《齐民要术》卷五《伐木第五十五》，文渊阁四库全书本。

等。“种薤，宜白软良地”[①]，“紫草，宜良软黄白地、青沙尤善”[②]，种胡荽“欲黑良地”[③]，“种萝卜，宜沙软”[④]，“软”指松软的沙土，即沙土或粉砂质的壤土。“种胡麻，宜白地”[⑤]，“种姜，宜白沙地”[⑥]。《四时纂要》中对土壤的区分基本沿用《齐民要术》，很多作物种植方式也是直接抄录。另外，该书中按照土壤肥力、水分和利用状况，还可分为茅田、泽田、肥田、良软地等。[⑦]

元代司农司编撰的《农桑辑要》系全国性综合农书，但全书中农业技术性资料大多出自前代《齐民要术》《氾胜之书》《四民月令》《四时纂要》等农书，尤其是《氾胜之书》《齐民要术》中有关农业生产技术的内容几乎被完全包括在内，土壤分类上并未有新添加之内容。但在书中《论九谷风土及种莳时月》一篇中提及《尚书·禹贡》中九州土壤分类及《周礼·职方氏》中九州所宜作物之种类，并论述了谷物品类都有各自所要求的风土条件。书中记载：“然一州之内，风土又各有所不同，但条目繁多，书不尽言耳。触类而求之：苟涂泥所在，厥田中下，稻即可种，不必拘以荆、扬；土壤黄、白，厥田中上，黍、稷、粱、菽即可种，不必限于雍、冀；坟、垆、黏埴，田杂三品，麦即可种，又不必以并、青、兖、豫为定也。”[⑧]该处对于全国范围内的土壤分类似乎仍以《尚书·禹贡》中九州之土壤认知为主，关中平原所属的雍州，土壤为黄壤，黍、稷、粱、菽

---

①（唐）韩鄂：《四时纂要》卷一《正月》，明万历十八年（1590年）朝鲜刻本。
②（唐）韩鄂：《四时纂要》卷二《三月》，明万历十八年（1590年）朝鲜刻本。
③（唐）韩鄂：《四时纂要》卷三《六月》，明万历十八年（1590年）朝鲜刻本。
④（唐）韩鄂：《四时纂要》卷三《六月》，明万历十八年（1590年）朝鲜刻本。
⑤（唐）韩鄂：《四时纂要》卷二《二月》，明万历十八年（1590年）朝鲜刻本。
⑥（唐）韩鄂：《四时纂要》卷二《三月》，明万历十八年（1590年）朝鲜刻本。
⑦（唐）韩鄂：《四时纂要》卷四《七月》，明万历十八年（1590年）朝鲜刻本。
⑧（元）司农司：《农桑辑要》卷二《论九谷风土及种莳时月》，文渊阁四库全书本。

可以种植。但书中提出一州内的风土各有不同，且条目繁多，说明以州为区域范围的土壤种类仍可分为多种，也说明作者对当时土壤的不同性状有着较为深刻的认识。

王祯的《农书》[①]中耕作及谷物种植的内容也多引自《齐民要术》等前代农书，有关土壤的记录及描述未见有新的发展，记录的少数几种作物适宜的田土类型也如前代所言，如种芋“种宜软白沙地，近水为善”[②]，姜“宜用沙地，熟耕”[③]。

这一时期记录下来的农业生产技术极大地参考了《齐民要术》《汜胜之书》等前代的农书内容，对土壤的认知和记录也多沿用前代所述，但对各种作物生长所需的土壤性状描述略细致。

第四节　明清时期农书中的关中土壤描述

明清时期，农书相对繁盛起来，农学理论也多有丰富，常常将与农业生产有关的气温、日照、土壤水分、通气状况等用阴阳发生、互相转化的观点加以解释。尽管这种解释有其局限性，但其中也有一定的合理成分。地形、气脉、土脉等被认为是决定土壤肥瘠的重要因素，马一龙的《农说》中论述：“众知膏瘠，不如原隰；众知芜平，不如浅深。肥饶为膏，砂瘦为瘠。高者为原，下者为隰。芜，荒而不治者也。平，成熟也。农家栽禾，启土九寸为深，三寸为浅。土之生物，膏则茂，瘠则不茂。而人之相地，成熟则美，荒废则不美。此皆易知而莫不知也。至如地之高下，有气脉所行，而生气钟

---

① 王祯，元代山东东平人，《王祯农书》兼论南北农业技术，包括农桑通诀、百谷谱、农器图谱三集。农器图谱为该书的重点，篇幅约占全书的五分之四。

②（元）王祯：《农书・百谷谱三・姜》，文渊阁四库全书本。

③（元）王祯：《农书・百谷谱三・芋》，文渊阁四库全书本。

其下者；有气脉所不钟，而假天阳以为生气者。故原之下多土骨，而隰之下皆积泥。启原宜深，启隰宜浅。深以接其生气，浅以就其天阳。盖土骨如人身之经络，而积泥如人身之余肉耳。”[①]此言地形影响土之气脉，进而影响土壤肥瘠。气脉通达依靠土壤孔隙，孔隙也是土壤热量及营养元素的传递通道。黄土高原之上的疏松黄土层有利于气脉通行，故土壤肥饶。

明代《农政全书》中汇总了前代多种史籍中有关农业生产技术的篇章，其中的土壤名称、分类也被沿用记录下来，新的土壤分类内容并不多见。清代，对土壤的分类有所细化，如清代顺治年间的进士张标所撰《农丹》中所言：“盖风行地上，各有方位。土性所宜，随气而化。所以九州之土各有别也。然禹亦辨其大概耳。一州之土，土脉常异。岂惟一州，即一邑一乡，地气亦有不齐者……大约地利不同，有强土，有弱土，有紧土，有缓土，有燥土，有湿土，有生土，有熟土，有寒土，有暖土，有肥土，有瘠土，皆须相其宜而耕之。”[②]此段指出任何一地的土壤都有互为相反的特征表现，正如作者所言，一邑一乡皆是如此，关中平原自不例外。

《三农记》是清代乾隆年间张宗法所撰的一部综合性农书，涉及天时、占课、月令、土宜、物产、水利、备荒、耕垦、谷类、豆类、蔬菜、果木等各个方面。书中的农业生产方式及特征以及有关的土壤记述应是对全国范围而言，但土壤分类较前代更为细化。按照土壤颜色，出现的土壤名称有黑坟、黄土、赤土、青沙土、黄白软土、白沙土、黑沙土和黄壤沙土。就土壤颜色而言，这里的黄土、黄白

① （明）马一龙：《农说》，引自王云五主编：《农说 沈氏农书 耒耜经》，上海：商务印书馆，1936 年，第 6-7 页。

② 转引自林蒲田：《中国古代土壤分类和土地利用》，北京：科学出版社，1996 年，第 87 页。

软土、黄壤沙土都与前代文献中记录的有相似之处，很可能代表着北方包括关中平原在内的黄河流域的土壤类型。按照土壤质地分为坚土、黑垆土、辙土、涂泥、肥壤土、壤土、沙壤肥土、两合土、沙土、轻浮土、墟疏土、石碛土。如“坚土强地黑垆土、辄土磨其块，刈草，草生复耜，及逢小雨，复耕和之，勿令有土块，以待时，所谓强以弱之”[1]。此句与《氾胜之书》中“强土而弱之”的方法几近相同，所以，像坚土、黑垆土、肥壤土、壤土、沙土也可能代表着关中平原的土壤分类。按照土壤肥力高低分为良田、滋土、肥土、肥润土、肥熟土、膏腴土、薄田等。按照地形和土壤水分划分，有山土、高田、阜土、高土沙地、旱潦之地、原土、润土、下湿土、湿泽地、泽田、高阳地、向阳地、旁阴地等。[2]

《知本提纲》与《农言著实》[3]是以陕西关中为主要区域，主要论述黄土地带农事的专著，其中对于土壤的描述均是以关中为主，这点从《知本提纲》中多处言及“秦地”之作物及农事可以知悉。《知本提纲》在论耕道时言：“土脉，犹言土之生性也。大地本同一土，而生性所发，实各异其宜。即如良田宜种晚，早亦无害；薄田宜种早，晚则不实；山田宜种强苗，以避风霜；泽田宜种弱苗，以资分

---

① 邹介正：《三农纪校释》，北京：农业出版社，1989年，第189页。

② 林蒲田：《中国古代土壤分类和土地利用》，北京：科学出版社，1996年，第88页。

③《知本提纲》，杨屾著，杨屾系陕西兴平人，该书是作者教授生徒的讲章，是清代的一部理学著作；《农言著实》，杨秀元著，杨秀元系陕西三原人，该书是作者对家人所作关于经营田业的训示。这两部书成书于18世纪中期至19世纪中期。《知本提纲》中《农则》部分主要反映当时西北地区的农业生产状况，包括前论、耕稼、桑蚕、树艺、畜牧及后论。其中耕稼为《农则》的主要部分，着重记述了集约利用土地、“一岁数收”的经验、“浅－深－浅”的土壤耕作方式和积肥方法、施肥“三宜”等。1957年王毓瑚编辑的《秦晋农言》摘录了《知本提纲》中修业章讲述农业的部分（主要为《农则》）。《农言著实》以及论述山西一带农事的《马首农言》也都被收录于王毓瑚编辑的《秦晋农言》一书中。

布。”[①]根据土性之不同，田可分为良田、薄田、山田、泽田，其上的土壤也各异，例如“黄白土宜禾，黑坟土宜麦，赤土宜菽，汗泉宜稻之类，皆本土一定之性，各含自然之种，耕者先当察其宜也”[②]。土壤随地形、水分而异，田又随土而变，故种田先要辨土宜，“田者，填也，谓五谷填满其中也。凡土皆可田，而约有五等：山坡曰山，水湿不流曰泽，高平曰原，低平曰隰，水种曰水田。五者之气机，各有阴阳不同；而耕耨之深浅，亦宜分别”[③]。不同田地的土性亦存在很大差别，“山、原之田，土燥阴少，而生气锺于其下，耕时必前用双牛大犁，后即加一牛独犁以重之，然后有以下接地阴，而生气始发矣”，“隰、泽之田，水盛阳亏，而下无生气之锺。耕时惟轻用锄耨，启其地层，以就天阳，即可发生”。[④]关中平原的地形，山、原、隰、泽均有，这是以地形区域为基础的土壤分类方法。

根据土壤自身的特性，土壤又有刚、柔之分，“夫刚土久经雨水，则成强泥条块，最难攻散……若系面碱沙土，其性本柔，虽久雨，终不结块”[⑤]，还特别强调刚强的黑垆土，“春可耕坚硬强土，即如黑垆土之类，随耕随劳，得雨后更迭耕劳，令其散熟，以待时种，所谓强土而弱之也。春深，杏花开放，乃耕弱土、轻土。雨后即耕，人畜践踏，或更以牛羊踏之，令其坚实，然后再耕，此谓弱土而强

---

①（清）杨屾：《知本提纲》，收录于王毓瑚辑：《秦晋农言》，北京：中华书局，1957年，第2-3页。

②（清）杨屾：《知本提纲》，收录于王毓瑚辑：《秦晋农言》，北京：中华书局，1957年，第3页。

③（清）杨屾：《知本提纲》，收录于王毓瑚辑：《秦晋农言》，北京：中华书局，1957年，第8页。

④（清）杨屾：《知本提纲》，收录于王毓瑚辑：《秦晋农言》，北京：中华书局，1957年，第9页。

⑤（清）杨屾：《知本提纲》，收录于王毓瑚辑：《秦晋农言》，北京：中华书局，1957年，第13页。

之也”[①]。这里作者仍然借鉴了《氾胜之书》中强土而弱之，弱土而强之的土壤质地改良方法，同时也说明这一时期关中平原地表耕作土壤中仍可见质地坚硬的黑垆土，某些区域古土壤上部还未覆盖深厚的人为耕作熟化层。

此外，还有轻土、重土的区分，耕作深度“至于各地深浅，因土之轻重：轻土宜深，重土宜浅。用犁大小，因土之刚柔：刚土宜大，柔土宜小”[②]。在言粪壤之法中，提到“土有良薄、肥硗、刚柔之殊，所产亦有多寡、坚虚、美恶之别”[③]。“土宜者，气脉不一，美恶不同，随土用粪，如因病下药。即如阴湿之地，宜用火粪，黄壤宜用渣粪，沙土宜用草粪、泥粪，水田宜用皮毛蹄角及骨蛤粪，高燥之处宜用猪粪之类是也。相地历验，自无不宜。又有碱卤之地，不宜用粪。”[④]对照今日关中之土壤，黑垆土、黄壤、沙土正对应于土壤质地、黏化程度、颜色等各不相同之土壤类型，依据土壤水分多少，也确有东部平原阴湿之地、水田、碱卤之地及黄土台塬高燥之处的土壤性质的差异。

《农言著实》中记录的是农家自身的实际生产经验，在叙述中，农户将自家的土地按地形区域简单地分为平川地、原上地，当麦熟的季节，农家要“先收平川，次收原上”[⑤]，另外还有坡埧地。按照

---

①（清）杨屾：《知本提纲》，收录于王毓瑚辑：《秦晋农言》，北京：中华书局，1957年，第14页。

②（清）杨屾：《知本提纲》，收录于王毓瑚辑：《秦晋农言》，北京：中华书局，1957年，第15页。

③（清）杨屾：《知本提纲》，收录于王毓瑚辑：《秦晋农言》，北京：中华书局，1957年，第35页。

④（清）杨屾：《知本提纲》，收录于王毓瑚辑：《秦晋农言》，北京：中华书局，1957年，第40页。

⑤（清）杨秀元：《农言著实》，收录于王毓瑚辑：《秦晋农言》，北京：中华书局，1957年，第88页。

土壤水分有水地、旱地之分，锄地时“水地，谷要稠；旱地，谷要稀”[①]。书中虽未见直接针对土壤特性的名称及分类，但作者对自家不同地形上麦地、苜蓿地、谷地、菜子地、蚕豆、扁豆地等土壤墒情的把握以及精细化的农业生产技术都说明他们对不同土壤的生产特性是有所区别的。

第五节　近代关中平原的土壤分类

孙中山先生曾经提出，“建设首要在民生，民生最大问题即系穿衣吃饭问题。但穿衣吃饭要农业始能解决。要人人有饭吃，且有便宜饭吃，则不能不从农业着手。而农业非土地不为功”。在他制定的建国方略中，立有调查土地之规定，并谓“土地测量之工事既毕，各省荒废未耕之地，或宜种植，或宜放牧，或宜造林，或宜开矿，由是估得其价值，以备使用者租用，为合宜之生产，耕地既增加之租税，及荒土增加之租税，将足以偿外债之本息”。[②]就孙中山先生的提议，彭家元等土壤学家有更深刻的体会，“中山先生所谓土地测量即包括土壤调查。因测量主要目的在制图；以知丘陵川泽之所在，土地面积之若干。除分别熟地荒原以外，而于土性土宜，如某地有某种土壤，应排水应施何项肥料，栽培何种作物，如何改良等问题，恐难遽以测量而断定。所以土地测量乃狭义的，土壤调查指广义的而言”。那时候，全国尚缺乏土壤分类的知识，据彭家元描述当时的状况，“我国今日对于全国土壤的知识异常缺乏，既不足以应农民之

① （清）杨秀元：《农言著实》，收录于王毓瑚辑：《秦晋农言》，北京：中华书局，1957年，第93页。

② 彭家元：《土壤分类及中国土壤调查问题》，《新声》1930年第8期。

咨询，而各农业学校所取教材又多出自东西书籍，徒讲普通学理与本国或本省土壤毫不相关，欲改良某某地种土壤更难着手，求粮食增加不亦难乎。夫土壤之为物随地而异，各国不同；不但一国，即一省一县，一乡一镇，亦各悬殊。在此省而谈彼省土壤已觉不关实际，减少兴味不少，其他更无论矣。本地土壤既不明白，更将何以作农民之指导，研究之凭借，教学之资料，依次推论，欲解决农业根本问题，增加农产，实非易易”。[①]为大力发展农业，土壤的分区域调查势在必行。随后，全国性的土壤调查工作陆续开展起来，1932年7月至9月，周昌芸、张乃凤、陈伟、侯光炯、李连捷展开对渭河流域土壤的调查工作。调查的结果将关中地区的土壤分为五类：

根据剖面层次研究结果，本区土壤暂分为五类：一、黄壤土，二、香河土，三、湿土，四、沙苑土，五、红色土。复依各种土壤特性之优劣，于每一种土类别为生产力强，生产力中，生产力弱三等，以示肥度之差异。各土类分布，与地势有密切关系，紧接渭河两岸最低之新冲积地，大都系湿土。距河较远，位置较高，均属黄壤土。界于黄壤土湿土之间，多为香河土。而红色土仅见于南山北坡。沙苑土则位于渭洛相交之冲积地。各种土类面积比较以黄壤土为最大，约占全部十分之六七。香河土湿土次之，沙苑土面积最小，仅二百七十三平方公里而已。[②]

若按照土壤质地来分，亦有黄土、沙土、粗沙土、壤沙土、沙壤土、黏壤土、粉砂壤土、砾砂壤土几种。

① 彭家元：《土壤分类及中国土壤调查问题》，《新声》1930年第8期。
② 周昌芸、张乃凤、陈伟等：《渭河流域土壤调查报告》，《土壤专报》1935年第9期。

调查结果显示，黄壤土是区域内最主要的土壤类型，除渭洛各河之冲积低地及秦岭北坡之红色土外，其余都属于黄壤土范围。渭河北岸西起宝鸡，东至朝邑，东西长约 260 km，南北宽约 30 km。渭河南岸，因地形破碎，面积较小。凤翔、岐山、兴平、咸阳、泾阳等县之黄壤土性质最佳，生产力最强。宝鸡、扶风、眉县、长安、高陵、富平次之，生产力中。澄城、蒲城以南，大荔以北，渭南的渭河以北，礼泉以东及南山北坡，多是生产力弱的黄壤土。在对黄壤土的调查中，认为黄壤土的层次不是很鲜明，表土层分为 A_1、A_2（A_1 代表耕作层、A_2 代表犁底层）两层，A_1 厚 20～40 cm，A_2 厚 20～30 cm 不等，在选取的若干土壤剖面中（包括凤翔、泾阳、咸阳、长安、华阴、高陵、兴平、大荔等地区），表土层均由淡棕黄色、灰棕色、浅棕色黄土构成，表土下即为黄土母质层。

在这些土壤剖面的描述中，并没有特别提及人类长期耕作引起的土壤覆盖层之变化。在凤翔县西北张家沟剖面中，大约 37 cm 灰棕色壤土之下，是约厚 45 cm 的深棕至黑棕色微黏壤土，与上层界限鲜明，构造为棱柱状，石灰性颇弱，孔隙少，土块中的白色斑点当时被认为是盐类的沉淀，实则为碳酸钙沉淀。剖面中的黏壤土就是今日所认识的全新世古土壤，对于这种土壤剖面，“沿途发现甚多，如华县之平洛村，长安之兴隆村，盩厔之黄村，宝鸡之有礼村，兴平县南一公里，泾阳县东二公里，均有其踪迹。但各处面积皆小，为局部变化，于农业上无重大意义。此种土俗名‘垆土’，第二层之黑棕色黏性壤土有厚达八十公分者，普通称之曰‘胶泥’”[①]。实际上，这种垆土层在关中平原的分布是十分广泛的，尤其在关中中、西部地区的野外剖面中极为常见，且对农业的影响很大。

① 周昌芸、张乃凤、陈伟等：《渭河流域土壤调查报告》，《土壤专报》1935 年第 9 期。

香河土[1]分布于黄壤土与湿土之间。地势平坦，潜水面较高，当时认为这类土壤分布之处，多密布河流，在雨水丰富时，潜水会升至地面，或距地面很近，而天气干燥时，潜水面则逐渐下降。渭河及其支流两岸之冲积地，除地势最低之湿土外，其余尽属香河土范围。湿土主要在河流两旁之最低处，以滩地上沙土和沙壤土为主。沙苑土主要在朝邑大荔县境，渭洛河之间。红色土主要分布于秦岭北坡。以上的五种土壤分类基本上是以地形单元为主，结合土壤质地、水分等特征进行的分类。

这种分类方法在相关的考察工作中也被采用，《关中水利土壤的考察》一文中这样描述：

关中的地形是高高低低的“原”，坡度很陡，但到原上一望，也尽是平野，并没有突起的山丘。原上的田，全部是黄壤土，约占关中的三分之二。原下的田全部是香河土（即是介于湿土与黄壤土之间的土壤，性质次于黄壤土，因首先发现于河北香河县，故名）。这两种田占了关中最大部分。黄壤土的土质最优，内含矿物质最丰富，宜于种植小麦、高粱、棉花等，如果雨水调和，收获非常多。不过，因为黄壤土多在原上，地势高燥，掘井不易，欲使农作物丰收，必须有两个前提条件：一个是雨量适合；另一个是水利事业发达。[2]

随着对黄土成土物质及成土作用的逐渐认识，从土壤成土作用的角度出发，王文魁将泾渭流域的土壤分为栗钙土、棕钙土、中性

---

① 《渭河流域土壤调查报告》中释，此类土壤最初在河北省香河县发现，故以香河土命名。

② 安华：《关中水利土壤的考察》，《申报每周增刊》1937年第2卷第24期。

棕壤（棕壤）、灰棕壤、冲积土、盐土（盐渍土）。栗钙土又分为埋藏栗钙土、埋藏淡栗钙土。埋藏栗钙土主要分布在关中黄土台塬上，而埋藏淡栗钙土则主要分布于陕西彬州至甘肃一带。棕钙土是关中分布最广的土壤类型，在河流各级阶地上都有分布，土壤剖面中有明显的钙积层，土色以棕黄色为主。棕壤与灰棕壤分布在秦岭北麓缓坡或局部的黄土台地上，剖面显示淋溶作用强，土壤中的碳酸钙多被淋失。冲积土多在泾渭二水及支流两侧，秦岭及北山的冲积扇上也有分布。河流两岸地势低洼处则分布盐渍土。[①]

根据对黄土台塬上埋藏栗钙土的剖面描述："表土呈淡棕色或淡灰棕色，粉砂黏壤土，含碳酸钙5%～12%；表土下具无石灰性或微石灰性之暗棕色黏土层；底土仍为淡棕色或淡灰棕色，粉砂黏壤土，具石灰结核，碳酸钙含量14%～22%，其下为黄土母质。"[②]所谓"埋藏"即下部古土壤层被掩埋于近代沉积及人为堆垫覆盖层之下的现象，和今日塿土剖面特征是相似的。显然，此时的土壤分类已经注意到关中土壤剖面的二元结构。在陕西中部及南部的土壤调查中，还有将栗钙土分为"暗栗钙土、准暗栗钙土及准淡栗钙土三种，渭河平原并有栗钙土埋藏于近代沉积物之下"。准淡栗钙土分布面积极广，且常与暗栗钙土叠加，"在渭河平原中较高阶段地，常见暗栗钙土埋藏于此土之下。分布区域甚广，北至洛川，南迄秦岭北麓，西起宝鸡陇县郃县长武，东至潼关"[③]，另外，准棕钙土分布于渭河平原及深壑截断之黄土高原，冲积土、砂土、湿土及盐渍土也都在渭河平原零星分布。

① 王文魁：《泾渭流域之土壤及其利用》，《土壤季刊》1944年第3卷第3期。
② 王文魁：《泾渭流域之土壤及其利用》，《土壤季刊》1944年第3卷第3期。
③ 陆发熹：《陕西中部及南部土壤概要》，《土壤季刊》1946年第5卷第4期。

第六节　新中国的土壤系统分类

受长期农业活动的影响，关中平原的土壤结构与形态发生了显著变化，表现出区别于自然土壤的新特性。在对土壤剖面结构特殊性的认识经历了较为漫长的发展后，土壤学家们逐渐认识到包括关中平原在内的古老农耕区的土壤变化特征。20世纪50年代，我国首次开展了全国范围内的土壤普查工作，在摸清土壤底细的基础上，总结了农民群众土壤分类和命名的经验，对耕作土壤有了初步的认识。当时，学者们就农业土壤与自然土壤的关系以及如何分类展开了充分的讨论，并形成了以下三种意见：一是强调耕种土壤对于自然土壤的特殊性，将耕种土壤与自然土壤截然分开；二是强调耕种土壤与自然土壤的同一性，认为耕种土壤与自然土壤有密切的关系，应在较低级别中反映耕种土壤；三是认为二者既有同一性，又有特殊性，应根据实际情况区别对待。这一时期仍无统一的标准用于区分自然土壤与耕种土壤。如灌淤土曾作为浅色草甸土的一个亚类被提出，也曾作为一个单独的土类被提出（表2-2）。

表2-2　20世纪50—60年代我国人为土的主要分类

主要分类系统		提出的主要著作或单位
土类	亚类	
浅色草甸土	灌淤土	宁夏农业厅综合勘查队（1963年）
灌淤土	灌溉自成型古老绿洲耕作土、灌溉水成型古老绿洲耕作土	中国科学院新疆综合考察队土壤组（1965年）
塿土	立茬塿土、油塿土、垆塿土、黄鳝塿土	《塿土》（1964年）

注：表中人为土分类摘引自龚子同等：《中国土壤系统分类：理论·方法·实践》，北京：科学出版社，1999年，第112-113页。

至1978年的全国第二次土壤普查，学界达成较为一致的意见，即对于耕种土壤，应根据人为影响的大小，放置于不同的级别上。在该年提出的《中国土壤分类暂行草案》中采用土纲、土类、亚类、土属、土种、变种六级分类制。其中水稻土已作为单独的土纲提出，塿土、灌淤土分别作为半淋溶土和半水成土的土类提出，并进行了土类的细分[①]（表2-3）。此后，人类活动对土壤形成、发育的影响已成为我国土壤分类中的重要考虑因素，这一时期的土壤分类虽已区分出几种典型的人为土壤，但并未将其归为统一的大类。

表2-3　20世纪70年代我国人为土的主要分类

土纲	土类	亚类
水稻土	水稻土	红壤性水稻土、黄棕壤性水稻土、紫色土性水稻土、酸性草甸型水稻土、中性草甸型水稻土、潜育性水稻土、沼泽性水稻土、盐渍性水稻土
半水成土	潮土	略
	灌淤土	灌淤潮土、灌淤灰土、灌淤白土、灌淤黄土
	砂姜黑土	略
半淋溶土（褐土）	褐土	略
	塿土	垆塿土、立茬塿土、油塿土、黑瓣塿土
	绵土	略

资料来源：龚子同、赵其国、曾昭顺等：《中国土壤分类暂行草案》，《土壤》1978年第5期。
注：表中潮土、砂姜黑土、褐土、绵土属非人为土类型，在此不做赘述。

1985年，土壤系统分类的方法渐被采用。该年第一次提出了人为土壤的诊断层（如堆垫表层、灌淤表层、人工熟土层、潴育层、

① 张凤荣、马步洲、李连捷：《土壤发生与分类学》，北京：北京大学出版社，1992年。

耕作淀积层等）以及诊断指标。[①] 1988 年 3 月由全国土壤普查办公室颁布的《第二次全国土壤普查汇总中国土壤系统分类》将第二次全国土壤普查结果进行了汇总，并形成土纲、亚纲、土类、亚类、土属、土种、变种七级分类制，将水稻土和灌耕土列于人为土土纲下的两个亚纲，并细分出土类和亚类（表 2-4）。此次土壤分类正式确立了人为土的地位，并将农业活动强烈影响下的几种土壤归为一类，也说明在土壤分类系统中，以农耕为主的人类活动对土壤表层造成的影响不容忽视。

表 2-4　20 世纪 80 年代我国人为土的主要分类

土纲	亚纲	土类	亚类
人为土	水稻土	水稻土	潴育水稻土、淹育水稻土、渗育水稻土、潜育水稻土、脱潜水稻土、漂洗水稻土、盐渍水稻土、咸酸水稻土
	灌耕土	灌淤土	灌淤土、潮灌淤土、表锈灌淤土、盐化灌淤土
		灌漠土	暗灌漠土、灰灌漠土、潮灌漠土、盐化灌漠土

20 世纪 90 年代的土壤分类中，人为土作为单独土纲的重要地位没有变化，并将水稻土和灌耕土的名称改为更具有发生学原理的水耕人为土和旱耕人为土，并在此之下进行了详细的土类划分（表 2-5）。水耕人为土下划分出一个土类——水稻土，其下又划分出 8 个亚类；旱耕人为土下划分出堆垫土、塿土、灌淤土、厚熟土 4 个土类，其下各有 2～4 个亚类。可以看出，这一时期的土壤分类在人为土土纲内部的土类划分方面更加细致、科学，在名称的变更上更体

① 中国科学院南京土壤研究所土壤分类课题组:《中国土壤系统分类初拟》,《土壤》1985 年第 6 期。

现出人类活动影响方式的差异对土壤形成产生的不同影响。

表 2-5 1991 年我国人为土的主要分类

土 纲	亚 纲	土类	亚类
人为土	水耕人为土	水稻土	普通水稻土、潴育水稻土、渗育水稻土、漂白水稻土、潜育水稻土、复石灰水稻土、盐渍水稻土、酸性硫酸盐水稻土
	旱耕人为土	堆垫土	普通堆垫土、石灰性堆垫土、不饱和堆垫土
		塿土	普通塿土、潮塿土
		灌淤土	普通灌淤土、灰灌淤土、盐化灌淤土、潮灌淤土
		厚熟土	普通厚熟土、石灰性厚熟土、不饱和厚熟土

资料来源：中国科学院南京土壤研究所土壤系统分类课题组：《中国土壤系统分类（首次方案）》，北京：科学出版社，1991 年。

1995 年的《中国土壤系统分类（修订方案）》中再次对水耕人为土和旱耕人为土 2 个亚纲的土类进行了修订，分出潜育、铁渗、铁聚、简育水耕人为土和灌淤、土垫、泥垫、肥熟旱耕人为土 8 个土类（表 2-6）。如今，对人为土的划分及研究仍主要依据 20 世纪 90 年代的中国土壤系统分类。

表 2-6 1995 年我国人为土的主要分类

土 纲	亚 纲	土类
人为土	水耕人为土	潜育水耕人为土、铁渗水耕人为土、铁聚水耕人为土、简育水耕人为土
	旱耕人为土	灌淤旱耕人为土、土垫旱耕人为土、泥垫旱耕人为土、肥熟旱耕人为土

资料来源：中国科学院南京土壤研究所土壤系统分类课题组：《中国土壤系统分类（修订方案）》，北京：中国农业科技出版社，1995 年。

黄土高原地区是我国古代农业的主要发源地之一，农业生产历史悠久，土壤层尤其深厚，黄土地带的环境特征及黄土的生产特性是土壤中人类活动遗迹得以存留的重要原因。在黄土高原，灌淤土、塿土、水稻土都有分布，苏联学者 A. H. 罗赞诺夫于 1958 年撰写的《中华人民共和国黄土区古老耕种土》[①]一文中已经注意到黄土地带土壤的特殊性。他这样写道：

关于长期耕种对土壤的影响方面的资料还很少，如果根据已出版的土壤图，其中也包括最新的土壤图（1936 年梭颇；1955 年刘海蓬；1956 年马溶之、宋达泉、李庆逵、柯夫达、康多尔斯卡娅等；1958 年格拉希莫夫、马溶之和 1958 年宋达泉、熊毅、马溶之、朱显谟、黄秉维、文振旺等）来判断，那么，它们似乎毫无特殊的变化，因为在这些图上所表示的仍是那些欧、亚洲相应的自然地带中农业栽培历史较短地区的土壤（灰钙土、栗钙土、灰褐土等）。固然，在个别的著作中曾指出不同类型的土壤侵蚀的严重现象，但是侵蚀改变黄土区各种土壤的特征和深度的一般概念目前还没有。

经过中国的土壤学家（在朱显谟教授指导下）和中国科学院黄河中游水土保持综合考察队中苏联合队土壤组（在本文作者的指导下）的考察后才阐明了某些东西。这些考察证明，黄土区农业地带的现代土被几乎缺乏原有的本来的（自然的）土壤，因此，仅在因某种原因不可能进行稳定耕作的稀罕地区（如沿道路线、分水岭的小径和在塬面崩塌物和老阶地上）才有分布。

---

① ［苏联］A. H. 罗赞诺夫：《中华人民共和国黄土区古老耕种土》，《土壤学报》1958 年第 6 卷第 4 期。

A. H. 罗赞诺夫进一步阐述了黄土区现代土被不见原来自然土壤的原因主要在于黄土区农业地带的表层土壤存在两种形式，一种是受到强烈的侵蚀，农业耕作的土壤已经不复存在，基本无法区分耕种土壤与下部成土母质之间的区别；另一种则是现代剖面具有特殊的构造，其上部可分出不同厚度的特殊“腐殖质聚积层”，这是平坦地带，侵蚀作用较弱条件下形成的土壤形态，而关中平原正属于黄土区的平坦地带，作者也把这些土壤称为古老耕种土，并在黄土区内划分出古老耕种灰钙土、古老耕种黑垆土、古老耕种灰褐土。关中平原就属于古老耕种灰褐土，是属于具有深层熟化特征的耕作土类型。A. H. 罗赞诺夫的这一认识十分重要，指明了黄土地带表层土壤的特殊性，用“古老耕种”定义了自然土壤所发生的变化。

随着全国土壤普查工作的开展，1958—1959 年，陕西全省的土壤普查工作也随即展开。当时在广泛采用苏联土壤分类系统时，以朱显谟为指导的陕西省土壤普查鉴定利用规划委员会结合武功县杨陵人民公社的实际试点工作，深刻体会到建立耕种土壤分类系统的必要性。为了反映各种农业利用方式对土壤性状发生的改变和对发育方向及速度等的影响，他们建议在原有的分类基础上，增加土族和土科两个单位，即每一土壤亚类内分两个土族：耕种土族和自然土族。土族的概念是自然土壤在人为的影响下，土壤剖面的上部发生变化，同时水肥的转化方向发生变化，转化速度也受到不同的人为控制。进而根据不同耕作过程中对土壤特性的不同影响进一步划分为古老耕种、耕种灌溉、耕种侵蚀和熟化土四个亚族。[①] 此时，在陕西土壤分类系统中已重视耕种熟化对土壤产生的深刻影响，但还未正式提出塿土的土壤名称。

---

① 朱显谟、贾文锦、张相麟等：《暂拟陕西土壤分类系统》，《土壤通报》1959 年第 1 期。

由于耕种和灌溉对土壤产生的影响，还有一种分类及命名方法就是在自然土壤的名称前面冠以“耕灌”二字。关中渭河流域两岸的土壤就被分为耕灌盐渍浅色草甸土、耕灌浅色草甸土、耕灌浅色草甸灰褐土、耕灌暗色草甸灰褐土、耕灌原始灰褐土、耕灌灰褐土、耕侵灰褐土、古耕灰褐土及水稻土。[①]

那时，对关中平原的土壤命名及分类，更多以灰褐土的自然土类为基础。例如，关中平原的土壤沿渭河及其支流两岸分布着草甸土、冲积土，在低洼地和灌溉地常有盐土分布，秦岭北麓分布着褐土。关中平原内自西部开始，宝鸡、凤翔、扶风一带的塬地分布古耕深厚灰褐土；武功、兴平、咸阳、西安一带分布古耕典型灰褐土；西安以东的渭南南塬和渭北台塬一带主要分布古耕薄层灰褐土；临潼、渭南的渭河两岸有古耕淡灰褐土，尤其以渭河以北为大面积分布区；大荔南部还有沙苑。在北山山坡地带还少量分布原始灰褐土。这种分类方法中，灰褐土是关中平原主要的自然土壤类型，根据耕作熟化程度又分为不同的类型。[②]

这种古耕灰褐土的名称及分类在朱显谟的研究中遭到了否定，并提出有必要另立新名。在他的研究中，对关中平原这种耕种熟化的土壤正式采用了“塿土”的土壤名称，“关中地区的土壤种类繁多，但是从目前利用情况、人为熟化过程、自然因素以及土壤性质的演变过程来看，主要可以归纳成一类——塿土”[③]，并对塿土进行了亚类、土组、土种、变种的划分（表 2-7）。

① 耿成杰、李远清、刘廷立等：《关中渭河流域两岸的土壤及其改良利用》，《土壤通报》1959 年第 4 期。

② 安战士：《陕西关中的土壤概况》，《西北农学院学报》1959 年第 3 期。

③ 朱显谟：《塿土》，北京：农业出版社，1964 年，第 21 页。

表 2-7　暂拟塿土分类系统

亚类	土组	土种	变种
立槎土（下伏泡肝泥）	水地立槎土	红立槎	薄、中、厚皮
		黑立槎	薄、中、厚皮
	干地立槎土	红立槎	薄、中、厚皮
		黑立槎	薄、中、厚皮
油土（下伏普通肝泥）	水地油土	黑油土	中、厚皮
	干地油土	黑油土	中、厚皮
		红油土	薄、中、厚皮
	斜坡油土（下伏自然土壤曾受侵蚀）	斜坡红油土	斜坡红油土、红土
垆土（下伏碳酸盐肝泥）	干地垆土	黑垆土	薄、中、厚皮
		红垆土	薄、中、厚皮
		黑鸡粪垆	薄、中、厚皮
		红鸡粪垆	薄、中、厚皮
黄墡土（初期发育）	黄墡土（耕种淤积）	淤泥白墡	初、中度熟化
		黄墡土	中熟、油熟
		黑垆洼土	中熟、油熟
	半黄半垆土（残积地面已变平）	斜坡半黄半垆土	初熟、中熟
		壕底白墡土	初熟、中熟

资料来源：朱显谟：《塿土》，北京：农业出版社，1964 年，第 22 页。

据此，人们将潼关以西、宝鸡以东、秦岭以北及渭北高原一带的农业土壤常常统称为塿土。也有学者按照土壤肥力、耕性、黏化层等将关中塿土类土壤分为油土、塿土、立茬土和墡土四个土型。油土多分布于关中西部黄土旱塬，根据腐殖质含量、土壤颜色、土壤肥力又分为黑油土、红油土及五花土。塿土多分布于灞河以东，潼关以西，秦岭北坡及渭北高原一带，又细分为黑塿土、红塿土、鸡屎塿三种。塿土的土色较轻，剖面层次发育明显，土质比油土重，结构体外无明显胶膜，群众常称为“油气不足”，“下雨一泡糟，天旱一把刀”，土干时硬，湿时黏，雨水过多则容易形成泥浆。立茬土多分布于秦岭北坡的山麓和塬坡地带，这种土壤是黏土中最黏重的类型。墡土分为白墡土和黄墡土，白墡土多分布于坑壕或坡地，黄墡土多分布于低平地。黄墡土是施肥、淤积、坡积等作用综合形成的，一般熟土层厚度大，熟化程度高，白墡土熟化程度低，一般层次不明显。[①]

1982 年，陕西农业土壤分类系统中将农业土壤分为黑垆土、塿土、肝泥土、黄泥巴、黄绵土等多个土类。对于塿土的亚类和土种划分见表 2-8。从 20 世纪 60—80 年代的塿土命名及分类方法可以看出，这一时期土壤分类仍缺乏系统科学的分类法，土壤名称也多采用群众富有经验而形象化的命名方式。

表 2-8 关中平原塿土的分类

土类	亚类	土种
塿土	油土	黑油土、红油土、紫土、夹灰层黑油土、半黄半垆土、五花土、猪屎土、积粪土、油塿土
	垆土	黑垆土、红垆土、黄盖垆、灰盖垆、鸡粪垆、油垆土、猪粪塿、半黄半垆土、五花土
	立茬土	红立茬土、黑立茬土、油立茬土、黄立茬土、半黄半垆土、猪屎塿
	黄塿土	黄塿土、黄立土、油黄塿
	淤塿土	淤塿土、淤黄墡土、淤白墡土、油墡土
	斑斑塿土	黑涝洼土、斑斑黑油土、黑鸡屎塿、红鸡屎塿、黑板土、黑瓣土、黑立土、黑红土、黑板沙、白盖灰塿

资料来源：陕西省农业勘察设计院：《陕西农业土壤》，西安：陕西科学技术出版社，1982 年，第 24 页。

① 刘鹏声：《关中的塿土》，《陕西农业科学》1979 年第 9 期。

直至 20 世纪 90 年代，土壤系统分类法日渐成熟，关中的塿土归属于旱耕人为土亚纲下的土垫旱耕人为土，其下又分为弱盐土垫旱耕人为土、肥熟土垫旱耕人为土、斑纹土垫旱耕人为土、钙积土垫旱耕人为土、普通土垫旱耕人为土 5 个亚类。钙积土垫旱耕人为土在关中平原分布最广，钙积土垫旱耕人为土普遍分布在关中平原地形平坦的区域，尤其以平原中部及东部平坦阶地上为主，该区域年平均温度 13.1～13.5℃，年平均降水量 514～552 mm。这种土壤剖面的土垫表层往往厚 50～80 cm，且常见人类生产、生活遗留的炭屑、砖瓦、瓷碎片等。普通土垫旱耕人为土主要分布于关中平原西部及东部秦岭山麓的阶地上，区域内年平均温度 11.5～13.5℃，年平均降水量 602～720 mm，它的土垫表层厚 50～80 cm，有的可更深，且有明显的分层。除犁底层外，一般以疏松、块状或团块状结构为主。在老耕层或古耕层中常有碳酸盐假菌丝体、菌膜、腐殖质胶膜。斑纹土垫旱耕人为土主要分布于关中平原的山前倾斜平原前缘，河流一级阶地上。这里地势平坦，耕种历史悠久，且灌溉系统发达，土壤熟化程度也较高。由于区域内土壤地下水位较高，为 2～4 m，受季节性气候或季节性排水不畅影响，剖面某一层段会发生季节性的氧化还原过程，出现一定量的绣纹锈斑。这类土壤耕作、灌溉、施肥程度都很高，形成了深厚的土垫表层，团块状结构，疏松多孔，剖面 50～100 cm 内常有绣纹锈斑出现，土垫表层以下土壤则呈棱块状或块状结构。弱盐土垫旱耕人为土主要分布在关中平原地势平坦的灌区，如交口灌区和洛惠渠灌区，这一地带有配套的灌排设施，但容易排水不畅，引起土壤的次生盐渍化，土壤表面常有一定厚度的盐结皮或盐霜。肥熟土垫旱耕人为土常分布于城市周边和具有灌溉条件的老菜地，土壤剖面发育结构良好，疏松，肥熟堆垫层有大量蚯蚓粪，通体有较多炉渣、砖瓦片等人为侵入体。[①]

这种分类方法以土壤剖面中诊断层与诊断特性为依据，就某一具体剖面而言，以此为依据划分塿土种类的归属会更加简单明确，就此问题，土壤学界陆续展开了充分研究。[②]论证其科学与准确性，避免了过去因土壤颜色、质地、水分等划分土壤种类易于混淆的缺点，与此同时，农民群众所称的“塿土”“垆土”“黄土”等名称在新的土壤分类系统中被具有土壤发生学意义的名称所替代，但在关中农民的认识中，这些名称依然得到留存。

第七节　从朴素的土壤认知到系统的土壤科学

土壤认知是我国古代先民土壤利用的基础，在生产实践过程中，对土壤颜色、质地、肥瘠、水分、温度等的直观感受成为认识和区别土壤的主要依据。在近代土壤学理论及方法产生之前，对土壤的命名和分类总能透射出朴素的群众经验。

前文所述古籍史书中针对整个北方黄河流域，甚或全国的土壤分类，我们虽难以确切指明哪一类土壤对应于古代关中的某个土壤类型，但这些土壤名称及分类中有土壤共有的特征，如土壤颜色、质地等的直观描述，这些性状差异的产生基于土壤所处区域的地形地貌及成土母质、成土条件等。这种对土壤差异的认知表现出对地

① 龚子同等：《中国土壤系统分类：理论·方法·实践》，北京：科学出版社，1999年，第175-181页。

② 贾恒义、雍绍萍：《土垫旱耕人为土系统分类初步研究》，《土壤》1998年第5期；常庆瑞、闫湘、雷梅等：《关于塿土分类地位的讨论》，《西北农林科技大学学报（自然科学版）》，2001年第29卷第3期；闫湘、常庆瑞、潘靖平：《陕西关中地区塿土在系统分类中的归属》，《土壤》2004年第3期；闫湘、常庆瑞、王晓强等：《陕西关中土垫旱耕人为土样区的基层分类研究》，《土壤学报》2005年第42卷第4期。

形地貌、成土母质、气候水热状况基本相似的区域范围具有适应性的特征。我国北方的平原地带是古代先民优先垦种的区域，故对平原地区的土壤环境认识更为全面，土壤区分也更为细致，从近河处的水田、斥卤之地，到阶地平原上的壤土、刚土，都能从古代的土壤名称中找到对应的土类。

从古至今人们对土壤的认知过程是逐渐深化的，随着人们认识水平及服务于生产实际的农耕技术的演进，土壤的命名及分类表现出鲜明的时代特征，这与我国古代农业科学知识与技术的演进密不可分。

先秦时期，诸如《禹贡》《周礼》《管子·地员》中的土壤分类，多是以土壤颜色、质地及是否有盐碱化为主进行的分类，如黄壤、骍刚、赤缇、坟壤、卤泻、息土、赤垆、黄唐、赤埴、黑埴等。这种土壤分类的方法是最为直观的，基于土壤本身的外观特征及质地结构进行的分类。

自秦汉至明清时期是我国传统农业发展演进的主要历史阶段，服务于农业生产实践的土壤认知特点表现得极为强烈。基于土壤生产性能的用语构成了土壤分类的主体名词，诸如强土、弱土、轻土、壤土、沙土、燥土、湿土、生土、熟土、刚土、柔土、肥土、瘠土等，皆与土壤耕性、水分、肥力等主要生产性能紧密联系。此外，古代“田”与“土”的不可分割性也使得人们对土壤的区分借助于“田”来表达，如高田、低田、山田、泽田、良田、薄田等。在古代关中百姓对土壤的认知过程中，结合土壤生产性能的分类依据和方法曾占据了相当长的历史阶段，直至进入当代，群众朴素的土壤命名中还时常沿用这种简单而实用的区分方式。

近代的土壤分类开始由表象性描述向成土过程的认知深化逐渐

过渡。有学者将关中渭河流域的土壤分为黄壤土、香河土、湿土、沙苑土、红色土，虽然这是在土壤剖面层次比对的基础上进行的分类，但命名仍采用了土壤颜色、质地、水分条件、地名等的习惯性表述。随着西方土壤发生学理论的引入，土壤成土作用及过程成为土壤发生学分类的基础，据此关中的土壤又可分为栗钙土、棕钙土、灰棕壤、冲积土、盐土等。

自新中国成立以来，土壤学家们鉴于土壤耕作层结构与性质的特殊性将关中土壤归为典型的塿土类土壤，它产生于关中百姓朴素而形象的土壤描述，现代民间百姓也习惯性地称关中土壤为塿土。土壤系统分类方法的产生是科学准确进行土壤分类的新标准，人为因素成为该分类系统中不可忽视的一个重要因素，并产生了其意义接近于“农业土壤”“耕作土壤”的区别于自然土壤的“人为土”类型，以关中为主要分布区域的“土垫旱耕人为土”便是其中的主要类型之一。

第三章 关中平原土壤的耕作表层与古耕层

在黄土高原地区，时常可见因断崖、陡坎出露的土壤剖面，新近取土开挖的土坑、土崖更展示了完整清晰的土壤层位厚度、颜色、结构特征等。

土壤剖面指一个具体土壤的垂直断面，它包括土壤形成过程中的土壤发生层以及母质层。一般自然土壤的剖面构造可分为覆盖层、淋溶层、淀积层和母质层，但人类活动会改变土壤的发生层或形成新的土层。例如，旱地农业土壤剖面构造一般包括耕作层、犁底层、心土层、底土层，而水田农业土壤的土壤剖面构造一般包括耕作层、犁底层、潴育层、潜育层等。[①]不同耕作方式及技术选择是对地方自然环境的适应同时也受地方自然环境的制约，黄土作为一种疏松易耕的土壤类型，在人类耕种历史中发挥了得天独厚的作用。在黄土地上耕作、收获，再利用黄土施肥还田，这一循环过程不仅改变了土壤形成和发育过程中水、热、气等的流通和转化，也实现了表层

① 龚振平、邵孝侯、张富仓等：《土壤学与农作学》，北京：中国水利水电出版社，2009年，第11-13页。

黄土近距离的搬运迁移，使其加入新的土壤成土化过程中。黄土的这种人为搬运过程使得土壤的耕作表层不断加入新的物质和营养，重新参与成土化作用，进而形成新的剖面形态。在关中平原，这种土壤剖面结构的变化是极其明显的，土壤耕作层由耕作表层和多层古耕层构成。

第一节　关中平原的土壤耕作表层

在论及黄河流域农业起源时，都会将黄土所具有的特性作为该地旱作农业产生的有利诱发因素之一。土壤学者也认为黄土是一种优良的土壤资源，黄河流域得以延续几千年的农业文明也证明了这一点。对农业生产而言，土壤的可耕性，保水保肥能力，肥效高低等是决定土壤是否利于发展农业的因素。关中平原位于黄土高原的东南端，风尘堆积和河流冲积搬运来的黄土是地表的主要物质来源，这种黄土沉积物在不同气候、植被、地形、地貌条件下，也会表现出不同的性质。历史时期，关中平原的地表土层并非一成不变，气候冷暖变化及人类活动都在改变土壤的结构和性质，土壤表层物质不断发生迁移和转化。对于关中的土壤，农民和土壤研究学者曾有黄土、垆土、塿土的称呼，三种称法都与朴素的群众经验有关。黄土、垆土、塿土具有不同的土壤结构和性质，又都作为耕作表层进行过农业生产活动，也代表着关中平原不同时期或不同区域的地表土壤，黄土在暖湿气候条件下逐渐形成垆土，垆土表层不断进行的人为堆垫熟化过程形成塿土，在如今的关中土壤剖面中仍然清晰可见三种土壤的层位特性。

一、黄土

关中平原位于黄土高原的东南端，属于典型的黄土地带。营穴而居的窑洞，土墙、土炕、土粪等农家生活都离不开黄土。黄土是第四纪陆相风成沉积物，是在干旱气候条件下形成的多孔的，具有柱状节理的黄色粉状土，其特点是土层深厚，质地均匀，疏松多孔，富含碳酸钙、磷、钾营养元素及硼、锌、锰等多种微量元素。[①]就其性质而言，黄土本身就属于品质优良的成土母质，古代雍州“厥土惟黄壤，厥田惟上上”[②]，这里的农田在九州土壤中排名第一，说明在早期农业生产实践中，黄土的生产性能良好。

通常来讲，黄土除抗蚀力较弱外，结构性质均尚好，尤其是它的可耕性很好，这成为黄河流域农业较早起源的重要因素之一。但是，原生黄土虽具有较强的可耕性，但养分的有效性较差，尤其是腐殖质及氮元素含量缺乏，又是限制作物生长的主要因素。但经过人们耕作、施肥、灌溉、除草等活动，原生黄土的性质和结构都会发生变化。在农业生产实践中，农民们常区分土壤为生土与熟土，这是极其形象的表述，自然而生的黄土是生土，是农民心目中不够肥沃的土壤，经过熟化的过程，生土可以转化成熟土。

日常概念里的黄土指黄色的尘土，状态介乎分散的砂石和黏重的泥土之间。地质学上的黄土专指形成中国黄土高原的这种黄土，也可以看作某种质地较轻的、松散的岩石，与生物作用产生的土壤不同，它是风吹来的沙尘，通常堆积数米至 200 m 厚，有些地方甚

① 刘东生等：《黄土与环境》，北京：科学出版社，1985 年，第 358-365 页。
②《尚书正义》卷六《禹贡》，《十三经注疏》，北京：中华书局，2009 年影印清嘉庆刊本。

至达到 400 m 以上。[1]从近代以来土壤分类学的角度讲，黄土的概念太过广泛，并非“科学”意义上的土壤种类，黄土高原上分布的诸如塿土、黑垆土、褐土、黄绵土、灰钙土、栗钙土等皆属于黄土，由于它们的成土母质相近，颗粒组成以细砂和粉砂为主，常表现出近似的生产特性。关中的土壤母质基本上都是黄土母质，质地属于中壤。黄土母质由于河流淤积、洪积及粉尘尘降而形成，在河流两岸主要是淤积作用形成的母质，多为砂壤土和砂土，在黄土塬区主要是降尘作用形成的母质，多为壤土。关中平原虽已处于黄土高原的东南端，但黄土在该地的沉积依然相当厚，黄土塬区黄土层厚度可达 50～100 m 或更厚，其中常包含 10 层以上的古土壤层，且各层古土壤发育均较强。

黄土的形成至少已有 260 万年的历史，其间经历的若干次以温度、降水为主的气候变化使黄土地层中呈现出多层红褐色古土壤及黄土条带状间隔。全新世（距今 1 万年左右）也经历了多次气候波动变化，在黄土高原南部地区的全新世地层中普遍发育了两层土壤，即全新世黄土（L_0）和全新世古土壤（S_0），上部全新世黄土开始发育年代为距今 3 000 年左右，正值全新世大暖期结束时，下部全新世古土壤发育于距今 8 500～3 100 年，正是我国原始农业向传统农业过渡的时期，人类有目的的改良土壤刚刚开始。古土壤与黄土相比，呈现红褐色，黏性较强，质地坚硬，孔隙较少，以棱柱状或似棱柱状结构为主，这种土壤耕作性能不及黄土，透水性也较差，常构成黄土剖面中的隔水层。按照地层发育的年代，早期人类开垦土地正是在全新世古土壤向黄土过渡的时期，若地表土层为古土壤，由于土壤黏重必然降低土壤的可耕性，若地表为疏松的黄土层，则开垦

① 李秉成、孙建中：《中国黄土与环境》，西安：陕西科学技术出版社，2005 年，第 1-4 页。

简单易行。

根据对关中地区土壤剖面的大量调查，不同区域内的全新世土壤剖面中大多都存在发育强度不等的古土壤层。但有的区域古土壤发育较弱，整个剖面以黄土性沉积物为主，黏化作用并不明显，不见古土壤层，如笔者在关中平原东部大荔县朝邑等地的考察中发现，很多土层剖面中古土壤层并不发育。因此，历史时期的土壤耕作表层也常以黄土性土为主。

土壤学界在表述关中平原农业土壤的形成时，多会提及关中的塿土是在自然褐土的基础上经过长期的人为耕种熟化形成的土壤类型。关中平原的褐土是暖温带半湿润气候条件下形成的地带性土壤，属于黄土类型。褐土在人类活动产生之前，曾是关中平原广泛分布的土壤类型，现在仅在秦岭北麓 500 m 等高线以上，人类活动影响较小的区域有所分布。人类原始的农业生产正是在这片以褐土为主的广阔平原上开展起来的，经过几千年的耕作活动，褐土的地表土层被人为化，形成与原始褐土层差异明显的人为土壤，但土壤剖面下部仍然具有自然褐土的特征，故塿土在 20 世纪 50 年代还曾被称为耕灌灰褐土。[①]

二、垆土

黄土是包括关中平原在内的黄土高原广义的土壤类型，在关中平原的全新世地层中，普遍发育了一层或两层红褐色的古土壤层。古土壤层顶部一般距地面 50～150 cm，厚度 20～70 cm 不等，下部

① 耿成杰、李远清、刘廷立：《关中渭河流域两岸的土壤及其改良利用》，《土壤通报》1959 年第 4 期。

是马兰黄土。这层红褐色古土壤层，群众常称为“垆土”，它是温暖湿润气候条件下形成的土壤类型，土壤剖面中的垆土层常被掩埋于现代黄土之下。有关垆土层的形成年代，学界普遍认为红褐色古土壤层顶面距今大约3 100年。[①]结合考古地层，秦建明曾经在泾阳县郑国渠渠首遗址附近的地层剖面中发现，现代耕土层厚约25 cm；下部黄色土厚约20 cm，有人为扰动的痕迹；黄色土之下有一层浅褐色土层，下部压有南北朝时期的灰坑及瓦片，厚约25 cm；向下接着为一层黄色土，厚约30 cm；再向下即为黑垆土，深褐色，厚约50 cm。秦国当时修筑的大坝正叠压在黑垆土之上，这也表明黑垆土顶部的年龄至少距今2 200年。黑垆土的下部覆压有大量仰韶时代的灰坑和房址，说明黑垆土底部形成年代不小于5 000年。[②]为了验证关中平原黑垆土发育时间的同期性，秦建明还对宝鸡杨家沟、兴平候村、长安杨柳村及郭杜镇、咸阳新庄、岐山赵家台和李家堡等地的地层进行了对比。

结果发现，这些地层中都有黑垆土的发育，且在黑垆土之下往往有仰韶文化时期的灰坑，而在黑垆土之上则常有秦汉时期的瓦片或陶器残片，这些都表明黑垆土的形成晚于仰韶文化时期，早于秦汉时期。[③]这也说明人类大规模农业生产活动的开展基本位于黑垆土上部，黑垆土层曾是古代农业生产的主要耕作土层。这一点在历史文献中也得到了证实。

---

① 黄春长、庞奖励、陈宝群等：《渭河流域先周—西周时代环境和水土资源退化及其社会影响》，《第四纪研究》2003年第4期；赵景波：《关中地区全新世大暖期的土壤与气候变迁》，《地理科学》2003年第23卷第5期；唐克丽、贺秀斌：《黄土高原全新世黄土—古土壤演替及气候演变的再探讨》，《第四纪研究》2004年第2期。

② 秦建明、严军：《关中盆地全新世古土壤与考古地层断代》，《西北地质》1994年第2期。

③ 秦建明、严军：《关中盆地全新世古土壤与考古地层断代》，《西北地质》1994年第2期。

前引《氾胜之书》和《吕氏春秋》中都述及黑垆土的耕作之道，如《吕氏春秋》中“凡耕之道，必始于垆，为其寡泽而后枯，必厚其靹，为其唯厚而及”。[1]该句是说耕地的道理，开始必定要先耕刚强的垆土，因为它水分少而深厚干枯，必定要后耕轻质疏松的靹土，因为它即使后耕也来得及。我国古代劳动人民农业耕种时很注重“趣时”耕作，即选择最佳的时节耕作，该文献强调在抢耕时根据土壤特征区分耕地先后顺序，文中所述垆土和靹土的土壤特性虽有所差异，但二者也是较小区域范围内存在的两种土壤类型，如此才能实现在紧张的抢耕时节内先后完成其耕作任务。此外，垆土“寡泽”而“厚枯”，这也符合古土壤层的特点，孔隙度小，黏性强，土壤紧致，不利于水分的流通和存储，往往成为黄土地层中的隔水层。而从靹土的土壤性质来看，其质地较为疏松，应属于黄土层的性质。

在关中平原内部，各地气候没有显著差异，地形因素是造成土壤类型差异的主要因素。从全新世古土壤层广泛分布于黄土塬各级塬面及河流高阶地上来看，这些都是“垆土”的分布范围，并且都已得到广泛开垦。而在泾渭河谷冲积平原或塬区缓坡上，主要是黄土性的新近沉积物，土壤粉砂含量高，黏化作用并不显著，也不具有发育较强的“垆土”层，质地较为松散，文献中的“靹土”当属

---

① 孙诒让曾经认为：“此文多伪体，不能尽通。是否是后人校释有所而成，不得而知。”他将此句改为：凡耕之道，必始于垆，为其寡泽而后枯，必厚（后）其靹，为其唯厚（后）而及。夏纬瑛先生校注时认为该句应为：凡耕之道，必始于垆，为其寡泽而后（厚）枯，必厚（后）其靹，为其唯（虽）厚（后）而及。该句括号中为后人校注时所改文字。垆土层由于土质致密坚硬，往往不利于水分的下渗和储存，导致土壤内部水分缺失。而古时耕地注重深度要达到湿润的“阴土”层，《吕氏春秋·士容论·任地》中就曾提到“五耕五耨，必审以尽，其深殖之度，阴土必得，大草不生，又无螟蜮”，就是强调耕地的深度要达到土壤底墒。故垆土层会因为水分少而具有深厚干枯的特征。笔者赞同夏纬瑛先生对该句的校注。

此种类型。

由此可以推断，关中平原在战国时期至汉代地表土壤状况并非疏松多孔的黄土，全新世大暖期发育的古土壤层应是文献中记录的“垆土”层，该层曾广泛覆盖于关中平原地表。而河谷平原地带及丘陵缓坡及坡脚地带黏化作用微弱，古土壤层未发育或发育很弱，则为疏松的“鞆土”层。这一时期关中平原的农业耕作正是在这两种土壤类型的基础上开展的，从全新世古土壤层广泛存在于关中平原塬区及河流阶地上来看，“垆土”层是秦汉时期关中平原主要的地表耕作土层。

前述《尚书》中描述包括关中平原在内的雍州土壤类型时，评价雍州土壤“厥土惟黄壤，厥田惟上上”[①]，评价该区域土壤是上等优良的土壤，这似乎又与质地坚硬的黑垆土不相符合。雍州东邻冀州与黄河为界，南邻梁州以秦岭为界，其广大地区位于黄土高原，土质疏松深厚，颜色呈淡的黄棕色，因此，“厥土惟黄壤”是对覆盖于整个黄土高原的黄土的直观描述。关中平原系古代雍州的一部分，且位于黄土高原上，无论是风尘堆积，抑或河流冲积都是以粉砂质黄土为主，故也是黄壤的分布范围。只是关中平原气候的相对暖湿使土壤发育更强，形成了明显的垆土层，在表面垆土层之下又是马兰黄土。因此，将关中平原放置于黄土高原这样大的区域范围内，土壤类型为黄壤，在细致描述关中农业生产的文献中，又出现了“垆土”或“黑垆土”的记载，这正说明当时与农业耕作联系紧密的土层即是垆土层，垆土是当时关中的主要耕作层。

如今，在现代关中百姓对土壤的通俗称谓中仍然有垆土的名称，只是在这里不是特指古代文献中所称的地表黑垆土层。关中西部有

① 《尚书正义》卷六《禹贡》，《十三经注疏》，北京：中华书局，2009 年影印清嘉庆刊本。

一种极其肥沃的塿土，由于原生土壤的腐殖质层较厚，结构体良好光润，似有油气，百姓称之为油土。而分布于关中东部比较温暖干旱的地区，尤其东部的渭北高原的土壤，由于水热条件均不如关中西部，导致土壤结构性较差，淋溶作用弱，易于分散板结。一般人们认为这种土壤比油土身轻，油气不足，吸水保墒性能较差，他们把这种土壤称为垆土。实际上，农民所称的垆土也具有结构较差，土质坚硬易板结的特征，这与古代文献中关中平原的土壤特性描述倒有相近之处，故此，垆土很可能是对质地坚硬，耕性较差的土壤名称的历史延续。

现代土壤学中还有一种黑垆土，是暖温带半干旱落叶阔叶林、森林草原气候条件下形成的钙成土，其形成是在黄土母质上发育了一层残积黏化层，剖面特征显示在土壤上部有一层暗灰色的腐殖质层。它也是长期耕作形成的一种耕作土，主要分布在黄土高原北部，即陕北、晋西北、陇东、陇中、宁夏南部的黄土塬、黄土丘陵及河谷高阶地，较为完整的黑垆土剖面在地势平坦、侵蚀较弱的地区更为常见，如董志塬、洛川塬等。[①] 由于这里是暖温带气温相对较高的地区，生物和母质之间活跃的物质交换使土壤具有深厚的腐殖质层，但土壤母质良好的通透性又限制了有机质的合成和腐殖质的累积，使得黑垆土的有机质含量并不高，一般仅为1%～1.5%。[②]

它也具有耕作层—犁底层—古耕层—腐殖质层—淀积层—母质层的剖面结构，其古耕层相对较薄，一般为10～15 cm，腐殖质层却可达50～80 cm。黑垆土分布的地区多位于黄土丘陵沟壑区，常发生强烈的土壤侵蚀，完整的剖面仅存在于侵蚀较弱的平坦塬面。它的

① 朱显谟主编：《黄土高原土壤与农业》，北京：农业出版社，1989年，第85页。
② 李天杰、郑应顺、王云编：《土壤地理学》，北京：高等教育出版社，1983年，第178页。

土壤剖面中虽然也有古耕层及下部的黑垆土层，但由于施加土粪历史较短或者侵蚀作用较强，上部的耕作层较薄，下部的黑垆土层接近于地表甚至外露。这一层和关中平原先秦至秦汉时期的古耕腐殖质层特征相比，颜色也呈淡的灰褐色，厚约 50 cm，团块或似棱柱状结构，多虫孔、根孔，也有腐殖质铁质胶膜发育，这应与关中平原的古耕垆土层是同一时期发育的土层。

三、塿土

现代关中地表广泛覆盖的土壤，学名为土垫旱耕人为土，也称为塿土。塿土是关中农业土壤的通俗命名，这一名称来源于关中百姓对塿土剖面特征形象性的描述，在自然土壤的表层堆积了的深厚人为堆垫熟化层，形态貌似盖楼房的层叠形式，故当地群众将其命名为塿土。塿土是一种肥沃的土壤，其重要特征就在于它具有上部人为堆垫熟化层及下部垆土层的双层结构。[①]先秦两汉时期关中地表以垆土层为主，质地坚硬的特征并不利于简单农具的使用及作物扎根，年复一年的施加以黄土为主要拌和物的土粪使地表不断抬升，不断形成新的土壤耕作表层，精耕细作使不断堆积的土壤耕作层具有疏松多孔的特性。

从土壤学角度讲，任何土壤都有一定的成土过程，对于农业土壤，人类的生产方式会加快或阻缓原来自然土壤的成土过程。腐殖质积累、黏化、淋溶与淀积是关中自然褐土主要的成土过程。耕作中不断地施加土粪，加快了腐殖质的积累过程，增加了土壤有机质，

① 龚子同等：《中国土壤系统分类：理论・方法・实践》，北京：科学出版社，1999 年，第 138 页。

但在一定程度上阻缓了土壤的黏化作用。同时，灌溉、耕作又会改善土壤的水热环境，促进黏化作用，使得土壤耕作层质地较黄土母质黏重。从土壤黏粒在剖面中的分布来看，覆盖层土壤越向下部，黏粒含量越多，这是由于土壤覆盖层不断增加以黄土母质为主的土粪，不利于土壤的黏化，会使黏化作用的绝对强度比下部土壤微弱。黏化作用是非常缓慢的过程，塿土剖面中各层黏粒含量的不同是由于塿土形成时黏化程度的差异所致。若土壤黏化作用过强，会导致质地黏重，土壤板结。在关中平原，黏化作用的强弱有明显的区域差异，在秦岭北麓和关中西部渭河以南的塬坡地带，耕层土壤的质地就较黏重，常常发生板结现象；但在关中东部地区塿土质地一般较轻，耕层板结现象就不明显，这种差异主要由于降水量自东向西逐渐增多而引起。

塿土的淋溶过程主要表现在碳酸盐的迁移上，这与塿土演变和熟化都有密切的关系。在秦岭北坡台塬和洪积扇上，土壤上部的碳酸盐反应比较弱，甚至有的土壤剖面从表土开始就没有碳酸盐反应，这除了和该区域较强的降水将碳酸盐淋溶有关，与施加的土粪主要来源于非石灰性的沉积物也有关。[①] 关中东部土壤中碳酸盐含量较高，全剖面都有较强的石灰反应；西部油土剖面覆盖层碳酸盐含量稍高；渭河以南立槎土有弱的石灰反应，且迁移深度有的可达 2 m 以下，也有全剖面无石灰反应者。这种不同剖面的次生碳酸盐过程与富含碳酸盐的土粪覆盖有很大关系，在区域内水热条件、淋溶淀积的不同作用下形成的碳酸盐含量差别亦很大，一般覆盖层含量较高，古耕层和黏化层含量较低，钙积层含量最高。

塿土上部覆盖的深厚熟化层具有优良的结构和性质，是古耕层

① 朱显谟：《塿土》，北京：农业出版社，1964 年，第 11 页。

和现代耕作层的叠加。长期的精耕细作是将自然状态的生土进行熟化的过程，它是通过改善土壤中气、热、水、肥的流通，创造优良的土壤结构及性状的过程。

塿土上部覆盖层主要成分为黄土和人畜粪尿的拌和物，颗粒组成及矿物组成等都与黄土类似，黄土自身含有丰富的养分，加之黄土的物理和胶体化学性质使得这一层质地轻、结构松散、物质的生物循环也较为强烈。但人为覆盖层由于结构松散，保蓄水肥的能力较差，但恰好有下部质地坚硬的垆土层可以阻隔水肥下渗。

覆盖层是逐年叠加的，随着覆盖层的逐渐增厚，土壤耕作层演变成“上黄下垆”的剖面构造，群众也称其为“蒙金地”。这种黄土覆盖垆土的结构能够上部透水，下部隔水，保水保墒。添加的堆垫黄土中富含的碳酸钙能够有效防止团聚体的分散，保证了土壤的疏松通透状态，减轻了土壤遇水板结的现象，这些都大大提高了土壤的生产性能。

随着土粪施加量的增多，塿土剖面不断增厚，可以想象，越接近垆土层的早期历史阶段，耕作土壤的结构性越差，上部黄土的堆垫作用不能充分发挥，土壤的耕性就较差。因此，关中的土壤耕作表层在人类活动的影响下，耕作性能逐步提高，堆垫黄土的厚度越大，上部的土层越深厚，为植物根系下扎创造了有利条件，也扩大了土壤水分和养分的储存空间。但现代研究及农业生产实践也发现，覆盖层的无限增厚对土壤耕作层并非有利，若覆盖层过厚，下伏垆土层保水保肥的功效就会消失，这将和没有垆土层的普通黄绵土或者坡底、壕底的白墡土性质相近。因此，在现代塿土上部的覆盖层也并非越厚越好，具体其厚度多少最为适宜，还有待于深入研究。

第二节　古耕层：历史上人类农业生产活动的遗迹

一、古耕层及存在形式

从字面上解释，古耕层即古代的土壤耕作层。在自然土壤的表面进行开垦、耕翻、施肥、灌溉等农业活动会引起自然土壤结构和性质的改变，这一过程被记录在土壤的发生层中并掩埋于现代地表之下。现代土壤系统分类方法正是依靠土壤剖面中独特的剖面特征划分出土壤诊断层，从而划分出人为土这一单独的土纲。年复一年的水稻种植，由于土壤层长期处于淹水、排水交替进行的过程中，形成了明显的水耕氧化还原层；长期的引河淤灌使高泥沙含量的灌溉水携带大量泥沙淤积在土壤表层，形成逐层叠加的灌淤层；由于长期施用由黄土和人畜粪便、秸秆垃圾等拌和而成的土粪，形成深厚的土垫堆积熟化层，这些土壤层位曾经都是人类开展农业生产的活动表层。因此，古耕层一定程度上可指示古代农业生产活动的方式和强度。

关中平原的塿土就是具有明显古代耕作层的一种人为土，自然土层与耕作土层形成的明显的二层堆叠结构是其主要特征。塿土的古耕层即埋藏于现代地表耕作土层之下的古代土壤耕作层位。现代耕作层之下一直到垆土（黏化层所在的层位）的腐殖质层都是古代的土壤耕作层位，包括古熟化层和古耕腐殖质层。

古耕层受长期耕作的影响，土层性状受人为影响剧烈，也是作物根系分布的主要场所，几乎 80%的根系分布在这一层，同时也是土壤小动物及微生物分布的主要场所，因而孔隙较多，质地疏松，黏粒少，有机质含量较高。这一层位和现代耕作层也被通称为熟化层，由于常常被耕翻，土壤的水稳性团粒结构的含量不高。这部分的厚度一般可达 50 cm 左右，且它的厚薄往往与地面坡度、侵蚀状况及土地利用的历史相关。

古耕层曾经都是历史时期的耕作表层，年年季季被耕翻，同时还不断有新的物质添加进来，使耕作表层逐渐上移。耕作表层又随着新增加的物质而逐渐向下层过渡，由于耕犁的深度有限，原来的耕作表层又形成新的下部犁底层。现代耕作层是最为疏松的一层，粒状结构最明显。现代耕作层之下是犁底层，这一层较为密实，由于耕犁挤压和较少翻动而形成，孔隙较少，透水性也较差，同时成土时间也较长，黏化现象较显著。犁底层以下，有时还有一层，过去曾是犁底层，由于后期的犁底层不断向上移动，在生物的作用下，这一层又变得疏松，这一层又被称为古熟化层（也属于古耕层）。该层距离地表也较近，土壤中小动物分布较多，因此该层孔洞也较多，上层淋失下来的白色碳酸盐常聚集在孔洞及裂隙中。再向下则是古耕层，该层在不同区域厚度不等，是古代较新的耕作层位不断上移，较老的耕作层位不断被掩埋形成的深厚土层。

古耕层作为地表土层时，土壤的腐殖质较多，土壤颜色以较深的灰黄色为主，但在后期掩埋状态下，人为扰动作用减弱，腐殖质不断分解，土层颜色会较现代耕作层浅淡。受过去不断耕翻的影响，古耕层结构仍然较为疏松，和上部的古熟化层往往无明显界限，也是剖面中主要的碳酸盐淀积层。

二、关中塿土剖面中古耕层的判别

塿土的古耕层是覆盖在自然土壤褐土之上的，最初的人类耕作也是在自然土壤的表层进行的，因而确定古耕层首先应该区分自然土层与古耕层的界限，找到古耕层开始的位置。就古耕层本身的特性而言，与自然土层存在一定差异。借助于历史文献，结合土壤剖面中的层位特性，可为判别古耕层提供重要的依据。

在秦汉时期关中土地得到大规模开发之前，全新世发育的古土壤层之上并未有黄土层的覆盖，当时的耕作土层正位于古土壤层的表面，这可以作为野外辨别土壤剖面中古耕层的一个依据。在关中的土壤剖面中，全新世古土壤层往往发育较强，能够看到清晰的红褐色古土壤层。古土壤层的剖面特征表现为质地坚硬，垂直裂隙较为发育，外力作用下常可以破碎为瓣状土块，且古土壤层中分布大量白色假菌丝状碳酸钙，越至底部含量越高。周昆叔曾于1991年将分布于黄土高原东南边缘地带发育的含有褐红色或红褐色土层的全新世黄土剖面命名为周原黄土，并指明了周原黄土的土层层位分布与文化层之间的关系。[①]据周原黄土剖面中文化层分布的位置，春秋、战国和秦汉的文化层主要分布在褐色顶层埋藏土中，该层颜色较深、质地坚硬、有少量黏粒胶膜，往往与上部的新近黄土层有较为明显的分界。这也说明春秋至秦汉时期的土壤表层位于全新世中期形成的古土壤层之上，自春秋战国时期以来形成的古耕层自然也位于该层之上。

从结构上来讲，古耕层具有和自然土层不同的结构特征，受耕

① 周昆叔：《周原黄土及其与文化层的关系》，《第四纪研究》1995年第2期。

作过程中腐殖质不断累积的影响，古耕层的颜色会较自然土壤深暗，团粒状结构明显，孔隙较多，且孔隙中常有碳酸钙淀积。土体中包含的炭屑、陶器残片、砖块碎屑等人为侵入体也是鉴别古耕层的重要特征。

周原是关中农业的重要起源地，且凤翔、扶风一带一直是关中主要的人口聚居地之一，从这里的遗址文化层可以间接获取古代土壤耕作层的一些信息。张洲曾对周原一带考古文化层进行过细致的研究。以岐山凤雏村遗址为例，该遗址地层可分为四层：第一层为现代耕作层，厚约 30 cm；第二层为汉代以后的扰动层，厚 28～40 cm，曾出土过宋元瓷片等；第三层为西周文化层，分为两个亚层，第一亚层厚 30～87 cm，灰褐色，层内夹杂有火烧过的土块和少量晚期绳纹瓦片，应该是房屋废弃后的堆积层，第二亚层厚 4～11 cm，为红烧土堆积层，属于房屋倒塌堆积，有夯土墙、墙皮等；第四层为房屋的夯土台基，厚约 130 cm。

扶风齐家东壕附近的青铜器窖藏地层也分为四层。第一层为现代耕作层，厚约 35 cm。第二层为秦汉以来的扰动层，内含有秦汉至唐末的陶瓷碎片，厚 55～80 cm。第三层厚 55～60 cm，黄褐色土层，土质较坚硬，内含草木灰、兽骨、红烧土块和少量西周中晚期绳纹陶片。第四层是厚 15～110 cm 的灰黄色土层，土质较疏松，有大量料姜石、草木灰、兽骨和少量西周中晚期陶片。

对黄堆墓葬的发掘显示其地层分为三层。第一层耕土层，厚 30～40 cm，黄褐色，土质疏松。第二层为扰动层，厚约 60 cm，灰褐色，土质较硬，结构较紧密，含有汉唐以后的布纹瓦片，周代遗物较少。第三层，红褐色，厚 110～160 cm，土质坚硬，内含砾石、粗砂等，属洪积相沉积，西周墓葬开口处就在该层下面。

凤翔县城西南的大辛遗址，发现窖穴 22 座，西周至战国时代的墓葬 9 座，祭祀坑和车马坑各两座。该遗址地层分为第一层，农耕层，厚 21～23 cm。第二层，宋代以后的扰乱层，厚 20～30 cm。第三层，唐宋堆积层，厚 5～85 cm，浅黄色，质地较硬，有灰坑及瓷碗等。第四层，西周晚期至战国堆积层，浅灰色，质地松散，厚 10～140 cm，墓葬、祭祀坑、车马坑都分布在这一层。第五层，龙山文化层，厚 5～85 cm。[①]

这些青铜器窖藏和墓葬遗址地层显示，秦汉以后的扰动层内常含有不同时代的陶瓷碎片及瓦片等，扰动层往往位于现代耕作层之下大约 60 cm 之内，西周的文化层基本位于距地表 1 m 以下。但按照常理，埋葬尸体、埋藏器物时必定是在当时地表之下一定深度，而耕作层却是在当时的地表，由此判断耕作层至少应该在埋藏文化层之上。这说明西周以后的农耕层基本处于 1 m 左右的土层当中。

第三节　关中平原塿土剖面

一、塿土剖面结构

典型的塿土是在原来自然土壤上经过长期农业耕作、施加土粪形成的特殊土壤剖面，如前所述，该剖面重要的特征就是由上下两部分构成。上部也称为塿土的覆盖层，它在自然褐土的腐殖层之上长期耕作熟化，在不断的风尘堆积和施加土粪影响下，覆盖层逐步增厚出现剖面分化，最初的耕作表层变成犁底层，随着犁底层的不

① 张洲：《周原环境与文化》，西安：三秦出版社，2007 年，第 130-146 页。

断上升，原来的犁底层变成古熟化层，上部形成新的犁底层。由此形成包括古耕层、古熟化层、犁底层、耕作层在内的覆盖层厚度不断增加。因此，塿土上部覆盖层一般由耕作层、犁底层、古熟化层及古耕层构成。下部褐土层常分为黏化层、过渡层、钙积层、母质层等，剖面结构如图 3-1 所示。覆盖层整个剖面主要呈灰黄色或棕黄色，疏松，中壤质地，团粒或团块状结构，有较强的石灰反应。垆土层多呈褐色，是土壤中的黏化层，因此质地黏重，坚实，呈棱柱状结构，石灰反应弱。钙积层呈灰黄色，坚实的中壤质地，有强的石灰反应，常伴有石灰结核。

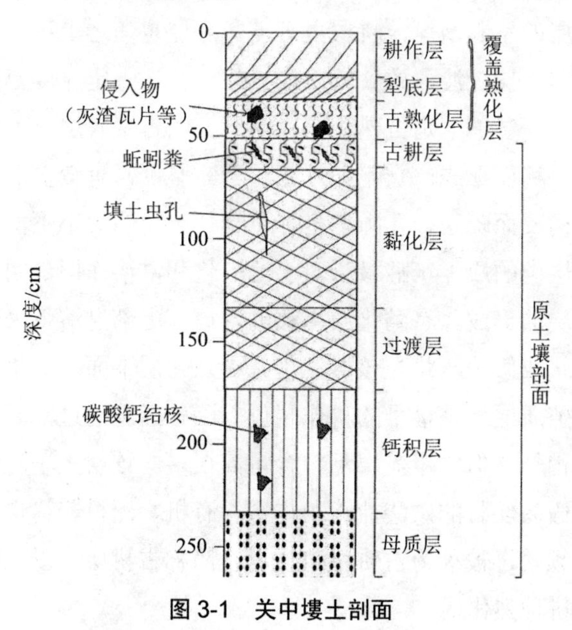

图 3-1　关中塿土剖面

注：该图在朱显谟先生曾经绘制的塿土典型剖面图的基础上，笔者对剖面分层及层位命名进行了调整和改动，参见朱显谟：《塿土》，北京：农业出版社，1964 年，第 12 页。

塿土剖面中各层次的形成时间不同，经历的黏化、淋溶、熟化过程也各异。剖面上部是覆盖层，是在腐殖质层上长期施用土粪形成的。覆盖层的最表面是耕作层，成土年龄最短，它以黄土母质为主，随着土粪的不断增加，覆盖层不断增厚，土壤有机质、无机质动态变化过程相对稳定。由于成土时间短，土壤的风化、淋溶、黏化过程受到影响，土壤颗粒组成与黄土母质相似，并富含石灰质。由于人类长期耕作，土壤熟化程度很高，结构疏松，可耕性强。耕作层以下是犁底层，在耕犁挤压作用下，土壤紧实坚硬，孔隙度小，根系少，透水性较差。因其成土年龄较长，土壤黏化作用较明显。随着覆盖层的不断增厚，耕层上升，犁底层也随之上移，下部土壤性质逐渐向下层过渡，致使犁底层始终保持在一定厚度范围（大约10 cm）。犁底层以下是古熟化层，是曾经的古犁底层，由于耕作层和犁底层上移而形成。它不如犁底层紧实坚硬，有较多的土壤生物活动，结构反而疏松，孔隙增多，色泽和土块的大小不均匀。这一层在覆盖层中的成土年龄最长，土壤风化和淋溶作用最明显，随着新的覆盖层的形成，有黏化层上移的现象，上部淋溶下来的碳酸盐也以霜粉状或假菌丝状在该层淀积。古熟化层下面为原来自然褐土的表土腐殖质层，是最早的耕作层位。因曾经施用过土粪，质地比原生土层稍轻，但比覆盖层黏粒含量高很多。该层土壤孔隙较多，霜粉状或假菌丝状的碳酸盐淀积丰富，有机、无机养料丰富，土壤生物活动频繁，被称为古耕腐殖质层，简称古耕层。以上层位均属于塿土的耕种熟化层。

对于塿土剖面层位的划分，主要依据土壤颜色、结构、理化性质等方面，前人对塿土剖面层位划分及命名已形成多种方案（表3-1）。发生学分类法与系统学分类法对塿土层位的划分近乎相同，仅老耕

表 3-1　关中塿土剖面层位划分方案比较

<table>
<tr><th>郭兆元等[1]
（发生学分类）</th><th>龚子同等[2]
（系统学分类）</th><th>刘东生[3]
（地质学分类）</th><th>朱显谟[4]</th><th>庞奖励等[5]</th></tr>
<tr><td>耕作层（Ap_1）</td><td>耕作层（Aup_1）</td><td rowspan="2">表土（MS）</td><td>耕作层</td><td>耕作层（Ap_1）</td></tr>
<tr><td>犁底层（Ap_2）</td><td>犁底层（Aup_2）</td><td>犁底层</td><td>犁底层（Ap_2）</td></tr>
<tr><td>老耕层（Apb_1）</td><td>老熟化层（Aupb）</td><td>近代黄土（L_0）</td><td>古熟化层</td><td>近代黄土（Bc）</td></tr>
<tr><td>古耕层（Apb_2）</td><td>古耕作层（2A）</td><td rowspan="2">古土壤层（S_0）</td><td>古耕腐殖质层</td><td rowspan="2">古土壤（Bt）</td></tr>
<tr><td>黏化层（Bt）</td><td>黏化层（2Btx）</td><td>黏化层</td></tr>
<tr><td rowspan="2">钙积层（Bk）</td><td rowspan="2">钙积层（2Bk）</td><td rowspan="2">过渡层（Lt）</td><td>过渡层</td><td rowspan="2">淀积层（Bk）</td></tr>
<tr><td>钙积层</td></tr>
<tr><td>母质层（C）</td><td>母质层（2C）</td><td>马兰黄土（L_1）</td><td>母质层</td><td>母质层（C）</td></tr>
</table>

注：参见庞奖励等：《关中地区塿土诊断层的形成过程及意义探讨》一文中对塿土剖面层位划分方案的比对，在此基础上，笔者加入了朱显谟的划分方案。

层与老熟化层和古耕层与古耕作层的名称不同而已，这种划分方式更凸显了人为因素对土壤层的作用。这几种划分方案的主要区别在于近代黄土层和古土壤层上部的划分，按照前述，文献记载与考古文化层指示的人类活动表层都显示秦汉时期的耕作层位于古土壤层上部。随着全新世近 3 100 年以来的气候转为冷干，风尘堆积加速造成近代黄土的沉积速率明显增加，人类活动不仅会影响古土壤层的上部，对逐渐沉积的黄土层也会产生扰动，形成古老的耕作层。只是这层近代黄土层的物质有可能主要来源于自然的粉尘堆积，但是

① 郭兆元、黄自立、冯立孝：《陕西土壤》，北京：科学出版社，1992 年，第 68-110 页。
② 龚子同等：《中国土壤系统分类：理论·方法·实践》，北京：科学出版社，1999 年。
③ 刘东生：《黄土与环境》，北京：科学出版社，1985 年。
④ 朱显谟：《塿土》，北京：农业出版社，1964 年，第 12 页。
⑤ 庞奖励、黄春长、查小春等：《关中地区塿土诊断层的形成过程及意义探讨》，《中国农业科学》2008 年第 4 期。

也参与了人为熟化过程，且越接近下部古土壤层，土壤熟化程度越低，表现出近似马兰黄土的特性，这也说明当时人类耕作技术简单，对土壤的影响强度不是很大。随着粉尘堆积的不断增厚，且农业耕作技术进步，土粪物质投入增多，造成上部的堆垫层熟化程度较高，人为化特征也更明显。

由于关中各地施加土粪的数量不一，而且不同地形条件土壤侵蚀程度各不相同，造成熟化覆盖层的厚度有很大差别，厚的可达 60 cm 以上，薄的甚至直接在垆土层上耕作。因此，在塿土的种类划分中，最后一级的土类变种常以熟化层厚度加以区分，可分为薄层熟化（0～30 cm）、中层熟化（30～60 cm）、厚层熟化（60 cm 以上）。例如，朱显谟划分黑油土为薄皮黑油土、中皮黑油土及厚皮黑油土。[①]

塿土剖面结构中还常常含有文化层，这对剖面形成年代的辨识十分有利。例如，周昆叔在岐山县和扶风县分别选取了典型剖面，剖面特征如下：

1. 耕土层：厚 30～40 cm，粉砂土，富含有机质。

2. 新近黄土：厚 30～40 cm，灰黄色粉砂土，成土作用较低，质地疏松。在岐山县礼村，该层下伏战国秦墓，形成于距今约 2 000 年前。

3. 褐色顶层埋藏土：厚 40～50 cm，褐色黏质粉砂土，呈块状，质地较坚硬。土壤微结构显示微孔中含 $CaCO_3$，黏粒胶膜呈薄层状。在岐山县礼村一带本层下伏西周晚期灰坑，该层含有春秋战国及秦汉文化层。

4. 褐红色（或红褐色）顶层埋藏土：厚 60～150 cm 不等，褐红

① 朱显谟：《塿土》，北京：农业出版社，1964 年，第 22 页。

色（或红褐色）黏质砂壤土，棱柱状结构明显，质地坚实。该层在岐山县礼村周原一带，上部含有西周时期文化层。[①]

另外，在西安市高陵区鹿苑镇古城村的剖面地层中，也发现具有明显汉代文化层的剖面结构（图 3-2）。

a

可见黑线内呈条带状分布的汉代文化层

b

黑线以下为汉代文化层，以上为堆垫覆盖层

图 3-2　古城村墣土剖面中汉代文化层分布

将此剖面文化层结合前述周原上凤翔、扶风一带的考古发掘，不难发现，在墣土剖面地层中，秦汉及其前代的文化层常被保留在土层当中，为我们辨别早期人类的活动地表提供了条件。按照墣土剖面地层与文化层的堆积掩埋规律，文化层也应该在土层剖面中具有很好的层序性。但是自秦汉时期至近代的土层，遗留下的可供辨别的遗迹往往不具有明显的成层特征，这其实正说明人类对土壤层的扰动作用大大加强，已经打破了地层与文化层的层序排列。同时，这也为我们辨别古耕层的形成年代造成了影响。

① 周昆叔：《周原黄土及其与文化层的关系》，《第四纪研究》1995 年第 2 期。

二、塿土剖面的人为化特征

塿土剖面构型中上部覆盖层和下部自然土层的重要分界部分是黑垆土层，从土壤剖面中部的黑垆土腐殖质层开始，其上部的土层都曾经是人类农业生产活动的耕作表层。尽管对于上部覆盖层的物质来源是自然风尘，还是人为施加的土粪，学术界曾有很大争议，但对于土壤耕作层而言，从古耕层至现代耕作层，人类的耕作活动一直影响着土壤的成土过程，并在土壤剖面中保存了众多的人为化特征。从关中地层来看，古土壤（S_0）之上的覆盖层在水平方向上连续存在，且基本不受地形影响，这显示了自然风尘堆积的作用。根据庞奖励等对华县境内渭河二级阶地上老官台剖面的研究，塿土诊断层分为表土（Ap）、近代黄土（B_C）、古耕作土壤（S_{01}）、自然古土壤（S_{02}）。研究表明，从近代黄土到表土，不稳定矿物的数量显著减少，较稳定的石英和长石所占比例增大，性状也由次棱角状向次圆状变化，这指示表土的风化强度增强，颗粒受到较强的磨圆。[①]一般来讲，较为干旱的环境是不利于土壤风化的，不稳定矿物和风积物的特征才能保存下来。黄河中下游的气候大致在距今 3 000 年前后转为相对冷干并持续发展至今，土壤中的不稳定矿物应该残存。但是不稳定矿物的减少甚至消失，及较稳定矿物的磨圆都说明土壤风化作用的增强，很显然，这种增强的作用力主要来自人类的耕作活动。耕具使得土壤颗粒发生频繁的机械运动，促使土壤颗粒的圆化和细化，同时土壤疏松也利于水、气的运移，增强了土壤中矿物的

① 庞奖励、黄春长、张旭：《关中地区古耕作土壤和现代耕作土壤微形态特征及意义》，《中国农业科学》2006 年第 7 期。

风化分解过程。

剖面中的黏土矿物也显示了人为化的特征。庞奖励在老官台剖面中发现，在相对冷干的气候条件下，表土与近代黄土所组成的覆盖层中不应出现大量的次生黏土，但表土（Ap）层却含有大量次生黏土，也说明黏土矿物遭到较强的风化作用，可是大暖期结束后的相对冷干气候并不足以使矿物强烈风化，正由于人类的耕作活动改变了土壤成土过程，风化作用增强使大量铝硅酸盐矿物分解形成次生黏土矿物，而下部的近代黄土（Bc）层的次生黏土矿物含量则明显减少。另外，上部表土层中含有的大量针状方解石微晶也是耕作活动影响的结果。耕作活动使覆盖层的环境不断变化，方解石的结晶中心难以持续而稳定地聚合，仅形成针状方解石微晶或隐晶方解石。但在覆盖层下部接近古土壤层的位置，人类活动扰动作用减弱，土壤环境相对稳定，结晶中心可以长大形成细晶，甚至形成粗晶方解石。垆土层上部古耕层中含有大量的圆形和囊状孔洞也显示了农业耕作使草本植物增加，而垆土层下部自然形成的古土壤层则以粗大的孔道为主，表明了含有木本植物根系的特征。①

以上研究说明，在人类农耕活动的影响下，土壤的矿物组成，颗粒形态都会随着土壤风化作用的强弱发生变化。自然状态下，气候变化是影响土壤风化强度的主要因素，关中土壤耕作层中呈现出的与气候变化主导的风化作用不同的物质形态特征，显然与人类的耕作活动对土壤的扰动作用有关，也说明耕作活动使土壤形成过程发生了显著变化，表现出强烈的人为化特征。

---

① 庞奖励、黄春长、张旭：《关中地区古耕作土壤和现代耕作土壤微形态特征及意义》，《中国农业科学》2006 年第 7 期。

三、农田基本建设与塿土剖面的变化

关中平原的塿土剖面形态特征在不同的区域表现也有所不同，有些区域甚至不见塿土的二层叠加结构，这除和区域内微地貌环境有关外，人为改变也是影响土壤耕作层形态的重要原因。关中平原地形往往大平小不平，降水集中，暴雨强度大，常造成程度不等的水土流失，不平整的地表熟化土壤会随之流失。新中国成立初期，曾大力开展农田基本建设，使关中平原的自然面貌和土壤生产力水平都有了显著变化。例如，1960 年陕西省水利建设运动指挥部办公室号召全省人民夏收后要及时开展平整土地工作。中共陕西省委、陕西省人民委员会也号召全省人民，夏收后结合深耕进行土地平整，全省平整土地任务 1 500 万亩，要求首先在晚秋播种地突击完成 200 万亩。平整工作中还要求："在平整土地的次序上，应先灌区，后旱地，在灌区夏收后，集中力量，先平整要回种秋田的地，特别是先平整过于不平的地块，再结合深翻平整轮歇倒茬的空地。在平地方法上，应因地制宜，起高垫低，平坑改道，裁弯取直，先小平，后大平，逐步平整，以适应灌溉和机耕的需要。"①

我国农村实行集体化以后，土地逐渐连成大片，一些田间地埂、荒沟、塄坎、废坑、老坟地等很多都因为合并地块平整了。在平整土地的过程中，大量的表土层遭到置换或转移。平整土地的方法也在不断改进，开始采用简单的起高垫低、大平大整的方法，在规划好的地块中，将上坡上的土直接填到下坡，但生产后发现起土地方的庄稼都

① 陕西省水利建设运动指挥部办公室：《夏收后要及时开展平整土地工作》，《农田水利》1960 年第 12 期。

长不起来。随后人们改进方法，采用“倒行子”或者“抽明渠”的方法，“倒行子”也叫“抽生留熟法”，把取土地段的生土抽走，而把地表的熟土保留下来。具体步骤为：首先订出标准地面，在挖垫交界处，沿横向或纵向挖一土槽，槽宽 60～100 cm，深度达地面以下 20 cm，将土运走，填垫低处；然后把槽底挖虚，将第二行同一宽度，厚约 20 cm 的耕层土壤移填至第一行槽底，达到标准地面高程。继将第二行的生土挖出，运到需要垫高的地方，使第二行的槽底与第一行的槽底相平；再挖虚槽底，把第三行的耕层熟土倒入第二行槽底，与标准地面垫平，如此依次向前平整。“抽明渠”法也是确定出标准地面后，顺坡降方向，每隔一定距离挖一土槽，土槽宽度和深度依运土工具和平整要求而定，一般槽宽 1.2～1.8 m，槽深 0.3～0.5 m，或者更深一些。把挖出的熟土置于槽梁上，把生土运到需要垫的地方，生土取完后，先用套镢深挖槽底，然后将槽两侧的土梁打碎合拢，尽量将熟土均匀覆盖于新地面的表层。[①]这两种做法的优点是都保留了大部分熟土层，对作物生长有利。对土层剖面来讲，挖土、堆积、填埋的过程已经完全打破了原来土壤耕作层的层位顺序，使得生土反而覆盖于熟土之上，上部塿土覆盖层较薄者，垆土层也会出露地表，或者垆土层之上被其他地区移运来的土壤所覆盖。

为了便于水利灌溉及农业机械化，关中平原大部分地区都进行过农田基本建设，尤其是在各个水利灌区和坡度较大的黄土台塬区，土地平整工作开展得更广泛。土地平整致使大量生土层覆于地表，改变了古耕层和现代耕作层的层序位置，致使野外观察中有些塿土剖面形态不显现。还有百姓生活中也会大量起用地表土壤。如扶风

① 李鸿恩、马承华、杨云莲：《渭惠灌区一个生产大队平整土地的经验》，《中国农业科学》1956 年第 6 期。

县的石家大队在20世纪60年代初期全年用于黄土垫圈、盖房、换炕等生产生活的用土量有23 000多大车。[①]以此开挖的土方量，常在村庄内或周边形成壕沟，有些地方也将良田变成积水地，使历史上堆积的肥沃耕作层被破坏，造成耕作层变浅或消失。

第四节 小 结

关中平原塿土剖面具有上部人为堆垫熟化层与下部自然土层叠加的剖面结构。上部堆垫层是历史时期人类耕作活动的表层土壤逐年叠加并不断向上部增厚的结果。这些曾经的人类耕作层被称为古耕层，根据熟化强度不同，不同区域内厚度不等的古耕层又可分为古熟化层、古耕层、古耕腐殖质层等多层结构。

黄土剖面中夹杂的呈黄色与红褐色条带状分布的土层是冷干与暖湿气候波动的结果，根据地层发育年代及考古地层判断，全新世大暖期结束而减缓发育的古土壤层顶部是先秦至秦汉时期人们耕作的土层，对应于古代文献中的“垆土”。土层逐渐向上部发展，因不断进行的粉尘堆积及耕作层中施加的土粪，耕作表层会渐而脱离坚硬的垆土层，耕作活动开始在黄土层中展开。即使在垆土层广泛出露的时期，由于水热条件差异及河流冲积作用，关中平原也分布着黏化作用不显著，红褐色土层发育不明显的黄土层，这在关中东部河流沿岸冲积作用形成的土层中，或在黄土台塬缓坡地带及低地因侵蚀后的堆积作用形成的土壤剖面中多见。这些以黄土为主的土层也曾是古代的耕作土层，古文献中轻质疏松的“鞆土”便具有这样

① 李鸿恩、马承华、杨云莲：《渭惠灌区一个生产大队平整土地的经验》，《中国农业科学》1956年第6期。

的特征。

随着自然及人为叠加作用的不断进行，上黄下垆、上轻下黏的塿土土体构造逐步发育，这是一种优良的土体构造，其保水保肥的能力均优于古代以垆土层为主的耕作层。在野外剖面的观察中，呈现出现代耕作层、犁底层、古熟化层、古耕层、黏化层、过渡层、钙积层、母质层等逐层堆叠的结构特征。因人类耕作活动的影响，古耕层中的矿物组成、颗粒形态呈现出与气候主导的风化作用不同的变化趋势，表现出较强的人为扰动的特征。

第四章 关中平原耕作技术与土壤环境

土壤耕作是农业生产的基本环节，古代先民十分重视依靠耕作技术改善土壤性状，以达到高产丰产的目的。生产工具的改进，物候气象认知的提升，作物种植的演替等都是促进耕作技术演进的推动力，同时加速了土壤从自然土壤向耕作土壤的熟化过程。关中平原的土壤耕作层具有自然和人为双重属性，自然界原生土壤经过人类长期开垦利用，便具有了人为化特征。这种人为化特征表现在土壤质地、结构、水分、肥力等与自然土壤的差异上，其中，优良的土壤结构又是实现土壤水、肥、气、热协调统一的关键，也是人为改造与利用土壤的主要目的。“土”与“壤”的区别取决于人的主观能动性，“壤”具有柔软和美，轻松疏散的特征，由“土”转变为“壤”的过程正是人类有目的、有意识地利用土、改造土，将土变得和缓、肥沃。关中平原几千年来周而复始的精耕细作是土壤保持这种性状的关键。本章从关中平原耕作技术的要点入手，通过对农业耕作活动过程的梳理，分析其与土壤环境变化之间的关系。

第一节　土地利用技术与土壤性状

中国古代的农业历史，生产方式主要经历了刀耕火种的粗放式生产及精耕细作的细致化生产。一般我们将刀耕火种又分为两个阶段，即刀耕阶段和锄耕阶段。刀耕阶段的生产方式是用石刀、石斧等将树木砍倒，晒干后放火焚烧。这样做不仅为作物生长提供了场地，而且对土壤更重要的影响是产生了草木灰，燃烧植被产生的大量灰烬对培肥地力十分有利，正是这种可能无意识的清理场地的行为使人们发现并熟知草木灰的用途，产生了原始的对土壤肥力的认知。

锄耕阶段开始使用锄或耜翻土、播种、收获，人们逐渐开始过上相对定居的生活，这种生活方式使人们习惯于重复利用土壤资源。但无论刀耕，抑或锄耕，都是一种极其原始的生产方式，土地利用率极低，新开发的农田，很快会杂草丛生，吞没农田，不懂得施肥也致使土壤贫瘠，肥沃的表土也会因地表裸露发生严重的水土流失，这样的土壤不得不抛荒，重新寻找新的土地。这种耕作制也被称为撂荒制，对黄土地带的疏松土壤而言，此方式并不利于表土层的保留，极易引起表土流失。尽管如此，考虑到当时地广人稀的生存状态，仍然有理由相信在农业发展之初，广阔的土地可供不断的农业迁徙，同时，仅一年的生产效力后土壤很快会进入自行修复阶段，若未有表层土壤的流失，实际对土壤生态环境的影响并不大。

直至进入了精耕细作的传统农业时代，土壤资源才开始得到真正意义上的永续利用，当大片的土地变得稀缺时，提高土地的生产能力成为农业生产的重点。一系列耕作技术与方法的应用，目的就在于使土壤产出更多的食粮，而这又需要通过改善土壤性状来实现。农业种植中对耕作时间、耕作工具、耕地方式的选择都是针对一定区域的气候、地形、土壤质地等总结而成的一套经验和方法。对土壤而言，是通过改善土壤结构与性质来实现土壤中气、热、水、肥的流通和协调。

关中农业的大发展时期，大多要从周人居豳，后迁于岐下说起。周人以善于农耕著称，其始祖弃“播时百谷”[①]，在豳地曾“度其隰原，彻田为粮”[②]。为躲避北方游牧部落，古公亶父自豳地南下，止于岐山之南。当时他们的活动范围主要在周原，周原位于关中西部，北接岐山，南临渭河，原上河流众多，主干支流纵横交错。相对于豳地所处的低山丘陵，周原发展农业的地形条件无疑要好很多，令他们发出“周原膴膴，堇荼如饴”[③]的感慨。这也拉开了关中土地大开发的序幕，由此诸多围绕改良土壤结构、保持土壤水分、增加土壤养分的耕作技术相继产生。

一、耕地时节与土壤水、热、气协调

农业耕作是时令性的生产活动，合时宜的劳作可以达到事半功倍的效果。《吕氏春秋》中载：“夫稼，为之者人也，生之者地也，养之者天也。是以人稼之容足，耨之容耨，据之容手，此之谓耕道。是以得时之禾，长稠长穗，大本而茎杀，蔬穖而穗大，其粟圆而薄

① 《尚书正义》卷三《舜典》，《十三经注疏》，北京：中华书局，2009 年影印清嘉庆刊本。
② 周振甫：《诗经译注》，北京：中华书局，2002 年，第 435 页。
③ 周振甫：《诗经译注》，北京：中华书局，2002 年，第 402 页。

糠，其米多沃而食之强，如此者不风。”[①]“天”即是指气候，一种耕作技术的选择是与当地的气候条件密切相关的，适应气候环境的耕作可以改善土壤结构与作物生长的内部环境。关中平原位于暖温带半湿润气候区，属于我国东部季风气候区的一部分。冬季，受蒙古高压控制，寒冷干燥；夏季，受印度低压、北太平洋副热带高压的控制，炎热多雨。年均降水量 600 mm 左右，但年内分配不均对农业生产极为不利。

古代的关中平原，多数作物春种秋收，作物下种前及下种后都需要土壤水分作保障。即便是秋种夏收作物，春季也是作物主要的生长季，同样需要大量的水分供给。这一时节水热不调，是农业致灾的主要原因。根据卜风贤对周秦两汉时期的农业灾害的统计，旱灾合计 139 次，水灾 69 次，蝗灾 63 次，风灾 31 次，雹灾 31 次，雨灾 30 次，其他还有低温、冻害、雪灾等。[②]这一统计表明，旱灾发生次数明显高于水灾。水灾是在一定的地形条件下发生的。关中是一个三面环山，向东敞开的河谷盆地。地貌类型主要有冲积平原、黄土台塬及丘陵山地，沿中部渭河分别向南北分布。黄土台塬分布在渭河冲积平原南北两侧，是高出渭河三级阶地的黄土堆积地形，面积占到关中平原总面积的 40%，且渭河二级、三级阶地地势也较高，也可在一定程度上避免水灾的危害。因此，关中水灾的受灾区域主要集中在地势低平的渭河及其支流的河漫滩及一级阶地上。从

① 许维通：《吕氏春秋集释》卷二六《士容论·审时》，梁运华整理，北京：中华书局，2009 年，第 696 页。

② 卜风贤：《周秦汉晋时期农业灾害和农业减灾方略研究》，北京：中国社会科学出版社，2006 年，第 59 页。该数据虽是针对全国范围内的统计数据，但周秦汉时期主要的农业中心以黄河流域为主，且关中又是全国的政治中心，灾害事件的记录也应较其他地区完整。因此，关中农业灾害种类也应以水、旱、蝗灾为主，这与现代关中主要的农业灾害种类也是相对应的。

这点来看，旱灾是关中平原受灾范围更大，受灾程度更高的灾害类型。

关中地区同我国北方大部分地区一样，年降水量少且年内分配不均，常表现为冬春少雨，夏秋多雨。对作物生长期而言，“春旱、夏涝、秋后旱”都是不利因素。易旱的农业气象特征决定了关中平原在整个历史时期都十分注重土壤的抗旱保墒技术。历史上的关中，大部分地区仍是无法灌溉的区域，尽可能存留土壤水分就成为土壤耕作的中心环节。在耕作的时候，耕犁、下种、耘锄、灌溉、施肥都要视土壤的干湿、肥瘠程度选择合适的时节。“冬至后五旬七日菖始生。菖者，百草之先生者也，于是始耕。”[①]这是我国早期农业判断始耕时节的依据之一。以菖始生为依据，判断耕地的时节，显然这是一种简单易行的判断方式。

西汉时耕地时节的把握更加细致，已经有春耕、夏耕、秋耕适耕期的经验总结，《氾胜之书》载：“春冻解，地气始通，土一和解。夏至，天气始暑，阴气始盛，土复解。夏至后九十日，昼夜分，天地气和。以此时耕，一而当五。名曰膏泽，皆得时功。”[②]初春，土壤开始解冻，地气通达，土壤质地疏松而柔和，正是春耕适宜的时节。夏至，天气转热，此时降雨也增加，土壤水分充足，呈现和解状态，正是夏耕的时节。夏至后九十日，秋分时节，气候和土壤都处于良好状态，适宜秋耕。在这些时节耕田，耕一次能抵得上五次，耕得的田肥沃且湿润，有“膏泽”之称。相反，若耕作不合时宜，又会给土壤带来什么后果，《氾胜之书》中这样记载：

---

① 许维遹：《吕氏春秋集释》卷二六《士容论·任地》，梁运华整理，北京：中华书局，2009年，第687页。

② 石声汉：《氾胜之书今释（初稿）》，北京：科学出版社，1956年，第3页。

春气未通，则土历适不保泽，终岁不宜稼，非粪不解。

慎无旱耕[1]！须草生。至可种时，有雨，即种土相亲，苗独生，草秽烂，皆成良田。此一耕而当五也。

不如此而旱耕，块硬，苗秽同孔出，不可锄治，反为败田。

秋，无雨而耕，绝土气，土坚垎；名曰“腊田”。及盛冬耕，泄阴气，土枯燥；名曰“脯田”。“脯田”与“腊田”皆伤。[2]

初春，如果在土壤未解冻，地气没有通达之前耕地，土壤就会耕起大土块，不能储存水分，这一年庄稼都长不好，非加粪不能解决。而当土壤解冻后，土壤含水量增多，土壤蒸发也开始增强，耕地使土壤结构松散，有助于降雨的及时入渗。就土壤水分和土壤结构来说，立春之后，若土壤“地气未通”，耕翻后，原来地表未完全融化的冰被翻入地下，使土壤温度反而降低。地面上翻下来的土块中含有水分，到夜间还有可能结冰，土壤温度又会急剧下降，对作物和微生物活动均不利。过了清明，天气逐渐变暖，风力增强，大气相对湿度较低，这时耕翻土地，土壤蒸发又会增强，损失土壤水分。

若耕得太早，杂草还未发芽，耕翻后反倒会将有些杂草种子翻入地下，播种作物后，“苗秽同孔出，不可锄治”[3]。现在关中的耕

---

① 石声汉先生释此处“旱耕”为“早耕”，释文是千万不可以早耕！要等杂草发生后再耕……要不早耕过了，土块坚硬，杂草和秧苗从同一个空隙里发芽，不能锄草整地，反而成了坏田。此处的“旱耕”从字面意思也是可以解释的，但《氾胜之书》所记载的耕种方法，专就西北干旱地区的情形立论，和后来的《齐民要术》耕种背景相同，而《齐民要术》中是极其反对“湿耕”的，“宁燥不湿，燥耕虽块，一经得雨，地则粉解；湿则坚垎，数年不佳”，可见在黄河流域，并不反对旱耕。这里应为耕地时节不宜过早。

② 石声汉：《氾胜之书今释（初稿）》，北京：科学出版社，1956年，第6-8页。

③ 万国鼎：《氾胜之书辑释》，北京：农业出版社，1980年，第27页。

作习惯，还会在播种之前十天左右，将土地翻耕一次，主要目的在于除草。这也说明，当时耕地时节的选择已充分考虑到土壤水分、土壤结构、土壤温度及减少杂草等多种因素。

春耕的时节若人为难以判断，则“春候地气始通，椓橛木长尺二寸，埋尺，见其二寸；立春后，土块散，上没橛，陈根可拔。此时二十日以后，和气去，即土刚。以时耕，一而当四，和气去耕，四不当一”[①]。这正是立春后，土块分散成小颗粒，膨胀涌上来将木棒高于地面的二寸盖住，则上年枯死的陈根就可以拔除。立春后二十天，土壤地气逐渐减弱，土就变得刚硬起来。

对于秋耕和冬耕，土壤中的水分和通气状态最为强调。在秋天无雨时耕田，土壤中水分散失，耕起的土块会坚硬干燥，这样的田成为腊田。在冬季耕地，把地气泄漏了，土壤也会干燥，称之为脯田，二者都是耕坏了的土地。

按照现在属于褐土区的关中土壤水分季节变化可分为六个时期：初春土壤“返浆”黑墒期；春季强烈失墒期；初夏严重缺墒期；雨季底墒蓄积期；秋季快速蒸发失墒期；冬季凝集冻结期。[②]如果和现代划分的土壤水分变化季节比较，初春土壤“返浆”黑墒期正是土壤开始解冻的时期，适宜耕作；雨季底墒蓄积期正是夏耕的时节，秋季若有雨，也可以耕田。秋季无雨，则处于快速蒸发失墒期，其与冬季凝集冻结期都不适宜耕作，从保持土壤水分上来说，汉代耕作时节的选择正满足了土壤水分的蓄积。

土壤水分不仅是作物水分的直接来源，而且也是影响土壤结构、土壤元素分解与转化的关键因素。耕作层土壤水分的多寡主要受降

---

① 万国鼎：《氾胜之书辑释》，北京：农业出版社，1980年，第24页。
② 龚振平：《土壤学与农作学》，北京：中国水利水电出版社，2009年，第117页。

水量、土壤水分下渗与土壤水分蒸发的影响。关中早期的耕作层是在全新世古土壤层上部展开的，古土壤较黄土层质地密实，不利于土壤水分的下渗。因此，深耕、多耕可破坏古土壤层致密的结构，尤其在有雨时节耕作，能够减少地表径流，增加土壤水分下渗运移。同时，减少土壤水分蒸发也是保持土壤水分的有效方式，关中地区春季本身降水就稀少，气温回暖又迅速，若耕作不及时，水分常以地表径流和地面蒸发的形式散失，春季少雨期正值作物播种的季节，往往土壤水分不足，不利于作物发芽生长。因此，春耕时节气候条件的把握尤为重要。春季，气温回升快，风力强，土壤水分亏缺较多。选择合适的时节耕好地后，待雨季来临时将作物种子种下，疏松多孔的土壤结构十分有利于水分的深层入渗。《氾胜之书》中多次提到有雨时节下种，如“三月榆荚时，雨，高地强土可种禾”[①]，“先夏至二十日，此时有雨，强土可种黍”[②]，“三月榆荚时，有雨，高田可种大豆”[③]。都是指先将土地耕好，待有雨时下种，改善播种期土壤水分亏缺的状态。

选择合适的时节耕作，不仅可以保持土壤水分，还可以改善土壤空气与热量状况。“农家者有云，冬耕宜早，春耕宜迟。云早其在冬至之前；云迟其在春分之后。冬至前者，地中阳气未生也；春分后者，阳气半于土之上下也。”[④]土里的“阳气”皆来自太阳，故冬耕与春耕的重点还在于土中“阳气”的获取。土壤与空气的接触与流通，若不通达，土壤则难以疏散。“岁久不耕之地，纯阴固结，非

① 万国鼎：《氾胜之书辑释》，北京：农业出版社，1980年，第100页。
② 万国鼎：《氾胜之书辑释》，北京：农业出版社，1980年，第105页。
③ 万国鼎：《氾胜之书辑释》，北京：农业出版社，1980年，第129页。
④（明）马一龙：《农说》，引自王云五主编：《农说 沈氏农书 耒耜经》，上海：商务印书馆，1936年，第2页。

假太阳之力追摄，何以得散？又冬春二时，不见天阳亦犹是耳。今夫图埴之土，为尝生物，正以内不含阳，阴不外固。而火煅之。地藏冰不融者，绝其地脉，而中无阳气来至也。”[①] 图埴之土，应指结构紧密的黏土。

这里要求冬耕要早，春耕要迟都是为了保证土壤的温度。土壤温度的提高可以促进根系的发育，微生物的活动，也促进土壤有机质的分解，提高养分的可溶性，促进酶的活化，这些都直接影响植物的生长。土壤温度对植物生长的影响主要分两个阶段：一是从种植到出苗期间，土壤温度的适宜与否，对植物起到决定性的作用；二是从营养生长到作物成熟期间，植物生长速率主要取决于植物体温对于生物化学反应的影响。此阶段中，土壤温度对于植物根系的活动，根吸收水分和养分的能力具有十分重要的影响。一般而言，地温越低，土壤活性越弱，植物根系的吸水性能就越衰退。

不同的土壤性状，耕地时节也有早晚之分。黄土台塬上的古土壤层较河流阶地发育强，古土壤层深厚坚硬，黏化强烈，黏粒含量高，土壤保水性能较差，降雨后土壤易板结。因此，黄土台塬区的黑垆土在耕作时更注重耕地时节的把握。对于塬区坚硬的黑垆土，总是强调先耕，“凡耕之道，必始于垆”[②]。至汉代，氾胜之还强调黑垆土耕地时节的重要性，当“春地气通，可耕坚硬强地黑垆土，辄平摩其块以生草，草生复耕之，天有小雨复耕和之，勿令有块以待时”[③]。

---

①（明）马一龙：《农说》，引自王云五主编：《农说 沈氏农书 耒耜经》，上海：商务印书馆，1936 年，第 3 页。

②许维通：《吕氏春秋集释》卷二六《士容论・辩土》，梁运华整理，北京：中华书局，2009 年，第 691 页。

③ 石声汉：《氾胜之书今释（初稿）》，北京：科学出版社，1956 年，第 4 页。

崔寔的《四民月令》中也记载到："正月，地气上腾，土长冒橛，陈根可拔，急菑强土黑垆之田。二月，阴冻毕泽，可菑美田缓土及河渚小处。三月，杏华盛，可菑沙白轻土之田。五月、六月，可菑麦田。"[①]这也说到垆土先耕，就地势而言，黄土台塬的垆土层发育最强，水分条件较差，耕性也较差，总是人们优先耕作的土壤。美田缓土及河渚小处应位于地势较低之阶地，土壤水分条件好，即便未赶上早春的降水，也不至于影响播种。沙白轻土即河滩近处，其质地轻的特点使得播种前耕翻即可。

对于不同的作物生长季节，结合土壤水分的盈缺状态，其耕作要求也不尽相同。例如汉代种植小麦，已经提倡多耕，且在合适的时节耕地。"凡麦田，常以五月耕，六月再耕，七月勿耕，谨摩平以待种时。五月耕，一当三。六月耕，一当再。若七月耕，五不当一。"[②]这是为适应气温和降雨特征而为。当播种时，天旱无雨泽时，露水也被提倡充分利用。如"当种麦，若天旱无雨泽，则薄渍麦种以酢浆并蚕矢。夜半渍，向晨速投之，令与白露俱下"。[③]

北魏时期，土壤保墒仍然是北方旱作农业强调的耕作技术之一。除继承了《氾胜之书》中春耕、夏耕、秋耕必须遵循的时宜和地宜以及耕后平摩的保墒技术外，该时期更使用了春耕、夏耕、秋耕、冬耕；初耕、转耕；深耕、浅耕；纵耕、横耕；顺耕、逆耕等多种耕作技术和方法。

对于耕地的时节把握，《齐民要术》这样记载：

---

①（北魏）贾思勰：《齐民要术》卷一《耕田第一》引《四民月令》，文渊阁四库全书本。
② 万国鼎：《氾胜之书辑释》，北京：农业出版社，1980 年，第 27 页。
③ 石声汉：《氾胜之书今释（初稿）》，北京：科学出版社，1956 年，第 6-8 页。

凡耕高下田，不问春秋，必须燥湿得所为佳。若水旱不调，宁燥不湿。燥耕虽块，一经得雨，地则粉解。湿耕坚垎，数年不佳。谚曰："湿耕泽锄，不如归去。"言无益而有损。湿耕者，白背速镉楱之，亦无伤；否则大恶也。春耕寻手劳，古曰"耰"，今曰"劳"。《说文》曰："耰，摩田器。"今人亦名劳曰"摩"，鄙语曰："耕田摩劳"也。秋耕待白背劳。春既多风，若不寻劳，地必虚燥。秋田㙩实，湿劳令地硬。谚曰："耕而不劳，不如作暴。"盖言泽难遇，喜天时故也。桓宽《盐铁论》曰："茂木之下无丰草，大块之间无美苗。"[①]

此段所言耕地不论时节，重要的是看土壤的干湿状况，这显然比氾胜之当时以自然界节气与物候变化为标准判断耕地时节更为切实可行。《氾胜之书》中记载，耕地是在"春冻解，地气始通，土一和解"，"夏至，天气始暑，阴气始盛，土复解"，"夏至后九十日，昼夜分，天地气和"[②]的时节，以及黑垆土宜在"春地气通"，轻土弱土宜在"杏始华荣"[③]时。土壤内部的水热特征虽然与节气变化有直接关系，但因气温、降雨的年际变化不均，微地貌差异等原因，导致因时而耕有时也会造成土壤水分不足。因此，为了土壤获取更多的水分，氾胜之尤其强调在耕后，待有雨时节才可以下种，而《齐民要术》中的作物播种对雨水的依赖程度大大降低，也说明此时对土壤墒情的把握具有更充足的经验。

春天耕地，由于雨水欠缺且风力较大，为防止土壤跑墒，耕过后应迅速耢过；而秋天耕地，雨水过多，土壤下塌紧实，湿的时候

①（北魏）贾思勰：《齐民要术》卷一《耕田第一》，文渊阁四库全书本。
② 万国鼎：《氾胜之书辑释》，北京：农业出版社，1980年，第21页。
③ 万国鼎：《氾胜之书辑释》，北京：农业出版社，1980年，第25页。

耢过，反而会使土壤板结变硬，这就需要等到土壤水分蒸发，待土壤发白时再耢过。谚语所说："耕而不劳，不如作暴"[①]，即指土壤润泽是很难得的机会，耕后如果不耢过，犹如捣乱胡闹。耕地时需要耢盖，苗出垅时，每下一场雨，等土壤表层风干发白时，"辄以铁齿镉榛纵横杷而劳之"[②]，这样做可以使土壤熟软，易锄省力。

此时的耕作已不再单独强调深耕，而是根据耕地时节决定耕地的深度，"凡秋耕欲深，春夏欲浅"[③]，黄河中下游流域秋季常常有阵雨，深耕可以有效蓄积水分，为来年的春播提供好墒情；秋耕深厚，能够将下部生土翻上来，经过冬春的土壤反复冻融，促进阳光、风、雨、雪等对土壤的风化作用，使土壤酥散，结构良好，且深耕可以加深耕作层，有利于深层次的土壤熟化，因此秋耕强调宜深。而春季降水相对较少，且北方春季多风易旱，夏季又进入高温季节，蒸发强烈，如果深耕深翻，土壤深层水分也易流失，因此春夏宜浅。再者，"初耕欲深，转地欲浅"[④]，对于初耕的地要深，再耕的地要浅，这是由于初耕的地耕深了，土壤匀熟，再耕的地如果深耕，就会把下层生土翻上来。耕地方式也是要掌握技巧的，"犁欲廉，劳欲再"[⑤]。犁起来的土条要窄一点，然后耢两遍。犁条窄了，地就耕得细，且牛也省力不疲劳。[⑥]如果秋收之后来不及耕地，或者牛力疲弱，就在收完谷子、黍子、穄子、粱和秫等的根茬下，把弱牛牵来锋地，这样锋过的地可以保持润泽，不至于坚硬。到冬天后，再耕翻、耱

①（北魏）贾思勰：《齐民要术》卷一《耕田第一》，文渊阁四库全书本。
②（北魏）贾思勰：《齐民要术》卷一《种谷第三》，文渊阁四库全书本。
③（北魏）贾思勰：《齐民要术》卷一《耕田第一》，文渊阁四库全书本。
④（北魏）贾思勰：《齐民要术》卷一《耕田第一》，文渊阁四库全书本。
⑤（北魏）贾思勰：《齐民要术》卷一《耕田第一》，文渊阁四库全书本。
⑥ 缪启愉、缪桂龙：《齐民要术译注》，上海：上海古籍出版社，2009 年，第 31 页。

耪时，就不会过于枯燥干硬。

明清时期，全国各地的人口迅速增长，关中地区也不例外，人多地狭现象日益突出，在土地面积难以扩展的情况下，精耕细作、间套复种技术有了进一步发展。明代的《农政全书》中详细整理了前代农书中的耕作技术，也从侧面反映了北方旱地耕作技术的传承。清代，耕作理论及技术也都有发展，如针对不同的土壤，耕地深度不尽相同，“审乎山泽原隰水田之制，察乎气机阴阳深浅之法……凡土皆可田，而约有五等：山坡曰山，水湿不流曰泽，高平曰原，低平曰隰，水种曰水田。五者之气机，各有阴阳不同；而耕耨之深浅，亦宜分别。即如山、原宜种麦、粟、菽、稷，隰田宜种薏米、穄、秫，泽田宜种荸荠、慈菇，水田宜种粳、糯、菱藕、芡实之类。其耕耨又当分其浅深，以顺其阴阳之机，盖阳生为变，阴成为化；变则启其端绪，发其新机，化则脱其本根，易其故形。阳变阴体，阴化阳气，阴阳和，造化成，而品彙繁昌。此耕道之大端也”。[①] 该段所言将阴阳理论加入农学当中，继承了“顺天时、量地利”[②] 的农学三才理论，产生土宜与时宜二论。

土宜与时宜均是对土壤耕作而言，不仅为土壤耕作提供了理论依据，也使不同特性的土壤耕作更加精细化。土宜论指出不同土壤之气机随阴阳各异，耕作时应注意深浅之法，山、原、隰、泽的土壤耕法如下文：

山原土燥而阴少，加重犁以接其地阴；此下言耕田浅深之宜也。

① （清）杨屾：《知本提纲》，收录于王毓瑚辑：《秦晋农言》，北京：中华书局，1957 年，第 8 页。

② （北魏）贾思勰：《齐民要术》卷一《种谷第三》，文渊阁四库全书本。

山、原之田，土燥阴少，而生气钟于其下，耕时必前用双牛大犁，后即加一牛独犁以重之，然后有以下接地阴，而生气始发矣。否则浅启地肤，亢阳过泄，地阴未出而无所收敛。何以生物乎？

隰泽水盛而阴亏，轻锄耪以就其天阳。

耪似锄，所以薅禾者也。隰泽之田，水盛阳亏，而下无生气之钟。耕时惟轻用锄耪，启其地肤，以就天阳，即可生发。否则深加耕耪，必令子粒陷入阴分，而生气微而不振矣。[①]

山、原之田分别指山坡上及高处平坦的田地，隰泽之田指水湿不流及低平的湿地。土壤之“阳”主要来自阳光，而“阴”主要来自水分。山原之田受阳光照射充分，阳气过盛而阴气不足，耕作时需要“接其地阴”；而隰泽之田时常受水分浸润，阴气过盛而阳气不足，耕作时就应该“就其天阳”。简言之，即山原之田应深耕，而隰泽之田应浅耕。《马首农言》中也提到这样的耕作深度，种谷时，“原深二寸，亩用子半升；隰寸余，子半升二三合”，种黑豆，“原，子三半升，犁深三寸；隰，子亦如之，深则二寸”[②]，也是指高田的耕作深度深于低田，耕作深度可达6～10 cm，现代一般畜力的耕作深度可达14～16 cm[③]，当时的土壤耕作层厚度显然较今日之厚度小很多。

对于同一块土地，耕地时节不同，耕作的深度也应有所区别。“初耕宜浅，破皮掩草；次耕渐深，见泥除根。耕之深浅，必循定序，

---

①（清）杨屾：《知本提纲》，收录于王毓瑚辑：《秦晋农言》，北京：中华书局，1957年，第9页。

②（清）祁寯藻：《马首农言》，收录于王毓瑚辑：《秦晋农言》，北京：中华书局，1957年，第110页。

③ 龚振平主编：《土壤学与农作学》，北京：中国水利水电出版社，2009年，第104页。

然后暄照均匀。土性易变，故初耕宜浅，惟犁破地之肤皮，掩埋青草而已。二耕渐深，见泥而除其草根。谚曰：‘头耕打破皮，二耕犁见泥’，盖言其渐深而有序也。”[①]若耕地次数多，还形成浅一深一浅交替的耕作法，“转耕勿动生土，频耖毋留纤草。转耕，返耕也。或地耕三次：初耕浅，次耕深，三耕返而同于初耕。或地耕五次：初次浅，次耕渐深，三耕更深，四耕返而同于二耕，五耕返而同于初耕。故曰‘转耕’。若不如此法，愈耕愈深，将生土翻于地面，凡诸种植皆不畼茂矣”。[②]通过深浅交替的耕作方法，土壤耕层内的颗粒物质不断被扰动，毛管孔隙及非毛管孔隙都不断被阻断，并重新分配，若结合降雨增加水分入渗或减少水分蒸发，必然起到存留土壤耕层水分的作用。

若土壤质地各异，耕深也因土而异，“至于各地浅深，因土之轻重：轻土宜深，重土宜浅。用犁大小，因土之刚柔：刚土宜大，柔土宜小。且其土有用一犁一牛者，有用一犁二牛者，有用三牛、四牛者，有用二犁一牛者，有浅耕数寸者，有深耕尺余者，有甚深至二尺者；当各随其方土，相宜而耕，不可执一而论也”。[③] 书中所言深耕在一尺左右，数寸则为浅耕，根据当时作物播种前的耕地深度，似乎多以浅耕为主，毕竟深耕所需要的畜力增加，一般农户未必都能增加投入。

适时耕作始终是农作的基础，《知本提纲》中不仅强调“土宜”，

①（清）杨屾：《知本提纲》，收录于王毓瑚辑：《秦晋农言》，北京：中华书局，1957年，第10-11页。

②（清）杨屾：《知本提纲》，收录于王毓瑚辑：《秦晋农言》，北京：中华书局，1957年，第11页。

③（清）杨屾：《知本提纲》，收录于王毓瑚辑：《秦晋农言》，北京：中华书局，1957年，第15页。

对“时宜”也有专门论述。“一耕之后，日暄数日，若得雨泽湿润，即纵横劳两次，土块粉解。次日又耕，得雨又如前二劳。如此数次，自必细熟。然此乃复耕也。更有春秋之分，不可不知。春时日阳渐盛，地气上发，随耕随劳，毋使湿耗。如或湿盛，亦可少暴。秋时地多湿润，必待背有白色，方始如劳；否则压成坚块，反难散解。如或秋旱水干，亦可随劳；斟酌用之，务得其宜。要此皆就有四季之地而言之，余可类推也。”[①]耕和耢的时节是根据土壤水分而定，土壤水分过多或过少耢地都不易使土块粉解，影响细熟程度。另外，“避霜敛阳，知秋耕之宜早”[②]，“掩草生和，明春耕之宜迟”[③]，春、秋季耕作时节不仅注重土壤水分，保持土壤温度也很重要，“初秋早耕早劳，将积阳掩入地中，一经霜雪，阳气闭固而不出；次年春种，发生自必鬯茂。若秋月耕迟，使寒霜掩入地中，阴气内凝，次年诸种不昌”[④]；“春日冬寒未尽，一经早耕，翻出内阳，掩入外寒，则诸种亦不蕃育。必待春草生时，方用耕犁，掩覆其草，自生和气，地力愈壮矣”。[⑤]这是土壤保温的过程，土壤温度的保持是通过结构中的大孔隙来完成的，适时通过耕作改变土壤孔隙结构是保持土温和水分的关键。

土壤中的水分状况也称为土壤墒情，土壤墒情是作物根系层的

---

①（清）杨屾：《知本提纲》，收录于王毓瑚辑：《秦晋农言》，北京：中华书局，1957年，第12页。

②（清）杨屾：《知本提纲》，收录于王毓瑚辑：《秦晋农言》，北京：中华书局，1957年，第13页。

③（清）杨屾：《知本提纲》，收录于王毓瑚辑：《秦晋农言》，北京：中华书局，1957年，第14页。

④（清）杨屾：《知本提纲》，收录于王毓瑚辑：《秦晋农言》，北京：中华书局，1957年，第13页。

⑤（清）杨屾：《知本提纲》，收录于王毓瑚辑：《秦晋农言》，北京：中华书局，1957年，第14页。

土壤含水量状况。《农言著实》[①]中已出现土壤“墒”的概念，书中记载的农事活动，挖完苜蓿根，“得雨后就要种秋田禾，不如此，日晒风吹，地不收墒，兼之没挖到处定行不长田禾。牢记，牢记！”[②]“麦后种谷，看墒大小，总以耧耧为主。种子以三合为准。墒大或可以减，墒小不宜。”[③]种谷时，“必须有雨方种……地内些微有黄墒，万不可种，总要干地为妥”[④]，“俟有雨后，先将种荞麦之地用耱收墒，如不收墒，万一天旱无雨，到种底时候，来不及矣。且未收墒之地，总要雨大墒饱，然后种得。或者下而中止，墒仅有一锄半耧，又如何种得！不知荞麦出黄墒，我丁宁先收墒者此也”[⑤]。根据作者的记述，土壤墒情在作物播种时最为重要。按照现代土壤墒情的分类，土壤墒情可分为汪水、黑墒、黄墒、潮干土、干土。黄墒又指含水量比黑墒稍低的土壤，一般壤质土的含水量为田间持水量的 50%～75%，土色发黄，手捏成团，扔在地上约有一半散开，手上稍有湿印和凉感，这种墒情最适于旱地耕种。[⑥]这是现代田间判别土壤墒情的方法，在清代的农民经验中，似乎也已具备判断土壤墒情的方法和技巧，“墒仅有一锄半耧”即是以雨水的下渗深度为依据的判断。对土壤墒情的格外重视，是关中旱塬旱作技术的核心内容，土壤耕

---

①《农言著实》系清时期陕西省三原县杨秀元所著，作者根据自己的切身体会及生产经验，系统记述了关中旱原地上农业经营的生产方式。

②（清）杨秀元：《农言著实》，收录于王毓瑚辑：《秦晋农言》，北京：中华书局，1957年，第86页。

③（清）杨秀元：《农言著实》，收录于王毓瑚辑：《秦晋农言》，北京：中华书局，1957年，第92页。

④（清）杨秀元：《农言著实》，收录于王毓瑚辑：《秦晋农言》，北京：中华书局，1957年，第93页。

⑤（清）杨秀元：《农言著实》，收录于王毓瑚辑：《秦晋农言》，北京：中华书局，1957年，第93页。

⑥ 龚振平主编：《土壤学与农作学》，北京：中国水利水电出版社，2009年，第96页。

作层的水分不足仍是这一时期影响农业生产最为重要的因素。

二、用地技术与土壤环境

在关中平原，地势高低引起的水热条件不同是造成土壤性状差异的重要因素，这会导致在不同地形上的耕作技术也不尽相同。如“上田则被其处、下田则尽其汙”[①]，地势高的土地耕后要用细土覆盖地表，而低湿的土地要将积水排净，“上田”与“下田”的区别主要源于土壤水分的多寡。战国时期的畎亩耕作法便是顺应这一原则，采用垄、沟并作的整地方式，“上田弃亩，下田弃甽”[②]，“亩”是高垄，“甽”是小沟，将田地耕翻成一条条的垄和沟。上田土壤干燥，要将作物种植在甽内，有助于水分汇集；下田土壤低湿，将作物种植于垄上，有助于防涝排水。“亩欲广以平，甽欲小以深，下得阴，上得阳，然后咸生。”[③]具体做法是垄面宽而平，垄沟窄而深。畎亩的耕作还有其配套的农具，“是以六尺之耜，所以成亩也；其博八寸，所以成甽也；耨柄尺，此其度也，其耨六寸，所以间稼也”[④]。这大概是用六尺长的耒耜耕地作垄，八寸宽的博做沟，垄和沟的宽度，都用耨柄作为衡量标准。

据闵宗殿考证，畎亩法中的“亩”即有“垄”之意，《国语·周

---

① 许维通：《吕氏春秋集释》卷二六《士容论·辩土》，梁运华整理，北京：中华书局，2009年，第691页。
② 许维通：《吕氏春秋集释》卷二六《士容论·任地》，梁运华整理，北京：中华书局，2009年，第687页。
③ 许维通：《吕氏春秋集释》卷二六《士容论·辩土》，梁运华整理，北京：中华书局，2009年，第691页。
④ 许维通：《吕氏春秋集释》卷二六《士容论·任地》，梁运华整理，北京：中华书局，2009年，第687页。

语》曰："天所崇之子孙，或在畎亩，由欲乱民也"，韦昭注："下曰畎，高曰亩。亩，垄也"。并且考证《诗经》中多次出现的"亩"即为垄作，如"乃宣乃亩"有开沟起垄之意，"有略其耜，俶载南亩"有用耜筑垄之意，"我疆我理，南东其亩"是将垄筑成南北向和东西向。[①]这都反映出西周时期便已开始实行垄作法，地表起垄实质上可以加深土壤耕层，垄上自然为耕翻过的疏松表层，而下层垆土坚实，正好形成优良的上虚下实的耕作层，这正顺乎"稼欲生于尘，而殖于坚"[②]。

发展到战国时期，随着铁农具及畜力的应用，垄作更是农业生产中一项重要的内容，《荀子·富国》有"掩地表亩，刺草殖穀，多粪肥田，是农夫众庶之事也"[③]，"掩地，谓耕田，使土相掩。表，明也，谓明其经界，使有畔也"[④]，"掩地表亩"即有畎亩相隔，区分经界之意。

实行畎亩法整理田面，主要取决于土壤水分，高地聚水，低地排水。结合当时关中的垆土耕作表层，在坚硬的土质上开沟作垄极耗人力，依靠耒耜等农具很难实现，促使人们借助牛耕犁沟作垄，《国语》中有言："宗庙之牺，为畎亩之勤"[⑤]，宗庙中作为祭祀的牛，也用来拉犁开畎作亩。也可以推测，当时的牛耕并非家家都有，田地里全部实行畎亩必定也有一定难度。而且，先秦时期的垆土层越

① 闵宗殿：《垄作探源》，《中国农史》1983年第1期。
② 许维通：《吕氏春秋集释》卷二六《士容论·辩土》，梁运华整理，北京：中华书局，2009年，第691页。
③（清）王先谦撰：《荀子集解》，沈啸寰、王星贤点校，北京：中华书局，1988年，第175页。
④（清）王先谦撰：《荀子集解》，沈啸寰、王星贤点校，北京：中华书局，1988年，第183页。
⑤《国语·晋语》，引自王云五主编：《丛书集成初编》，上海：商务印书馆景排印本，1936—1939年。

向土壤内部，其黏化作用越显著，土壤耕性越差。若仍然在沟内种植，一方面土质坚硬会增加种植及耕翻土地的难度，另一方面垆土层柱状或棱柱状的土壤结构导致作物的供水供肥能力有所下降。垄上耕作也会遇到关中平原春季多风、夏季多雨导致的垄上作物容易倒伏、土壤水分不足等不利因素。

汉武帝时，搜粟都尉赵过推广代田法。"过能为代田，一亩三甽。岁代处，故曰代田，古法也。后稷始甽田，以二耜为耦，广尺深尺曰甽，长终亩，一亩三甽，一夫三百甽，而播种于甽中。苗生叶以上，稍耨陇草，因隤其土以附，故其《诗》曰：或芸或芓，黍稷拟拟。芸，除草也。芓，附根也，言苗稍壮，每耨辄附根，比盛暑，陇尽而根深，能风与旱，故拟拟而盛也。"[①]这实际上也是继承畎亩法发展而成的，只是隔年轮番利用，让土壤局部休闲起到恢复地力的作用。其做法是，将一亩田分为若干条甽，甽中耕犁起的土壤在甽旁堆积形成约一尺高的垄。种子播种于甽中，其作物生长过程中不断将垄上的土移入甽中苗根部。最终，使垄上的土又全部回到甽内。第二年，又在原来垄的位置开挖新的甽，如此交替耕种。对作物来讲，甽内的整齐分行种植使作物通风良好，且便于除草。对于土壤来讲，不断的壅根实际上增加了耕作层的厚度，且增加的土层结构疏松，这也是早期人为创造的深厚耕作层。

畎亩法、垄作法、代田法都需要挖出深的沟，还要将土壤翻起形成垄状，关中坚硬的土质，若是靠人力挖沟，应比较困难，而犁耕可轻松完成开沟的步骤。赵过对耕犁也进行了改进，"其法：三犁共一牛，一人将之，下种，挽耧，皆取备焉。日种一顷。至今三辅

① （汉）班固：《汉书》卷二四《食货志》，北京：中华书局，1962年。

尤赖其利”。[①]这样的改进将犁耕与播种集于一体，使耕种的过程更加简单。很显然，代田法的技术比畎亩法又提高了一步，收到了很好的成效；“过试以离宫卒田其宫壖地，课得谷皆多其旁田亩一斛以上。令命家田三辅公田，又教边郡及居延城。是后边城、河东、弘农、三辅、太常民皆便代田，用力少而得谷多”。[②]经过在皇宫的离宫周围空地上开创试验田的效果十分理想，赵过后来令大司农组织工巧奴改良工具，向地方官及百姓积极推广。从当时整个社会的消费水平考虑，犁具、牲口是很多农民无力购置的，缺乏耕牛，他还令农民以换工或者付工值的办法组织人力挽犁。无论如何，这比过去用耒耜翻地的效率大大提高，使关中更多的土地得到开垦。

《氾胜之书》提到的区田法，则是一种成套的农业丰产技术，在代田法的基础上更加精细化了。其整地技术“以亩为率，令一亩之地，长十八丈，广四丈八尺。当横分十八丈作十五町，町间分十四道，以通人行。道广一尺五寸；町皆广一丈五寸，长四丈八尺。尺直横凿町作沟，沟一尺，深亦一尺，积壤于沟间，相去亦一尺，尝悉以一尺地积壤，不相受，令弘作二尺地以积壤”[③]。简言之，就是把田地按照一定的长宽比分成长方形的町，町内再横开几条沟。掘出的土置于沟旁，把开沟时上面的熟土填于沟中，町内就形成一道道浅沟，沟间保持一定距离。区田呈条带状的形式，区田深度可达到一尺，换算成今制，大约 23.5 cm[④]，推测当时耕作的土壤熟化层的厚度至少也在 23.5 cm 以上。

---

①（北魏）贾思勰：《齐民要术》卷一《耕田第一》引崔寔《政论》，文渊阁四库全书本。
②（汉）班固：《汉书》卷二四《食货志》，北京：中华书局，1962 年。
③ 万国鼎：《氾胜之书辑释》，北京：农业出版社，1980 年，第 63 页。
④ 西汉后期的一尺大约为今制的 23.5 cm 或 23.75cm，该数据依据天石：《西汉度量衡略说》，《文物》1975 年第 12 期。

区田的面积不是太大，也便于将人力、水和肥集中投入到耕作区，正如《氾胜之书》中所言，“诸山陵近邑高危倾坂及丘城上，皆可为区田”。而且区田可以不先治地，荒地便可。区田的另一种小方形作区方式更可以适应各种地形条件。这种区田又分为上农夫区、中农夫区、下农夫区三种。“上农夫区，方深各六寸，间相去九寸。一亩三千七百区。一日作千区。”“中农夫区，方九寸，深六寸，相去二尺。一亩千二十七区。用种一升。收粟五十一石。一日作三百区。”“下农夫区，方九寸，深六寸，相去三尺。一亩五百六十七区。用种半升。收二十八石。一日作二百区。”[①]可以看出，区的级别越高，区的面积越小，一亩地上区的数量越多，其种植密度就越高。但三种农夫区的区深度都是六寸，合今制大约 14.1 cm。[②]

区田法的治田方式，核心在于在单位面积耕地上集中供应水肥，“汤有旱灾，伊尹作区田，教民粪种，负水浇稼”，“区种，天旱常溉之”，“区田以粪气为美”[③]，与前述畎亩法、代田法相比较，区田法已不局限于利用土壤自身的特性及修复能力，而人为补充土壤中所需的水分与养分，对土壤耕作层而言，这是熟化过程中十分重要的转变，熟化程度会迅速提高。按照区田法的耕作深度，人力对土壤层的扰动深度也在 14～24 cm，土壤耕作层自然也可达到这样的深度，使其具有良好的土壤结构及水肥状况。作区田对地形及土壤没有严格的限制，还要在这样的土壤上达到高产的目的，势必要投入更多的人力、物力。例如种禾黍，其种植过程这样要求：

---

① 万国鼎：《氾胜之书辑释》，北京：农业出版社，1980 年，第 68-71 页。
② 1 尺=10 寸，1 寸相当于 2.35cm。
③ 万国鼎：《氾胜之书辑释》，北京：农业出版社，1980 年，第 62-63 页。

种禾黍于沟间，夹沟为两行。去沟两边各二寸半。中央相去五寸；旁行相去亦五寸。一沟容四十四株。一亩合万五千七百五十株。种禾黍，令上有一寸土。不可令过一寸，亦不可令减一寸。[①]

除此之外，若“区种草生，茇之。区间草以刬刬之，若以锄锄。苗长不能耘之者，以刨镰比地刈其草矣”。[②]能够做到精确种植、除草、灌溉，在当时已代表着精耕细作极高的标准。

依据不同的作物生长习性，耕作细节不尽相同，作物播种的覆土厚度也因之不同。“种禾黍，令上有一寸土。不可令过一寸，亦不可令减一寸。”[③]“区种麦，区大小如上农夫区。禾收，区种。凡种一亩，用子二升。复土厚二寸；以足践之，令种土相亲。”[④]“区种大豆法：坎方深各六寸，相去二尺，一亩得千二百八十坎。其坎成，取美粪一升，合坎中土搅和，以内坎中。临种沃之，坎三升水。坎内豆三粒；覆上土，勿厚；以掌抑之，令种与土相亲。”[⑤]“区种瓜：一亩为二十四科。区方圆三尺，深五寸。一科用一石粪，粪与土合和，令相半。”[⑥]“区种瓠法……先掘地做坑。方圆，深各三尺。用蚕沙与土相和，令中半，著坑中，足蹑令坚。”[⑦]“种芋，区方深皆三尺。取豆萁内区中，足践之，厚尺五寸。取区上湿土与粪和之，内区中萁上，令厚尺二寸，以水浇之，足践令保泽。”[⑧]作物种子上

① 万国鼎：《氾胜之书辑释》，北京：农业出版社，1980年，第66页。
② 万国鼎：《氾胜之书辑释》，北京：农业出版社，1980年，第71页。
③ 万国鼎：《氾胜之书辑释》，北京：农业出版社，1980年，第66页。
④ 万国鼎：《氾胜之书辑释》，北京：农业出版社，1980年，第112-114页。
⑤ 万国鼎：《氾胜之书辑释》，北京：农业出版社，1980年，第130-132页。
⑥ 万国鼎：《氾胜之书辑释》，北京：农业出版社，1980年，第152页。
⑦ 万国鼎：《氾胜之书辑释》，北京：农业出版社，1980年，第157页。
⑧ 万国鼎：《氾胜之书辑释》，北京：农业出版社，1980年，第164页。

的覆土厚度大约在一至二寸，即 2～5 cm。而其余坎中掘出的土会重新和粪混合覆盖其上，区种大豆，“其坎成，取美粪一升，合坎中土搅和，以内坎中”。区种瓜，“一科用一石粪；粪与土合和，令相半”。区种瓠，“用蚕沙与土相和，令中半”。将坎内掘出的土与粪相混合，且土与粪各半，耕作层的水、肥、气、热的流通都能得到人为控制和补充。

区田法精细作区的过程即是深翻熟耨的过程，加之播种、除草、灌溉、施肥各个环节精准到位，这样的耕作方式是土壤耕作层熟化速度快、程度高的最好方式。但若将土地分成小区，也较难再使用畜力或者长辕犁等农具，这就需要消耗劳力采用精心照料的农作方法。同时，耕作中水、肥的充足供应也未必能够保证，这似乎也正是区田法仍难以在较大范围或区域内展开的重要原因。不过，氾胜之的区田法中所包含的精耕细作的合理因素也被后代人们效仿和发展，明清时期还不断有人试验区种。

不同的用地技术及耕作方法可以创造出不同的土壤耕层构造。[①]畎亩法、代田法的耕作方式属于垄作法，区田法也是一种局部做沟或做坑的耕作方式，这些方式被认为作业次数少，动土量少，耕作过程所散失的土壤水分较少。这种方法实际上降低了作物播种部位，可充分有效利用耕层贮水，且创造出“虚实相间”或“虚实并存”的耕层结构，以“虚”的部分大量蓄水，以“实”的部分保证供水，改善农田土壤的水分状况。显然，这种用地技术对整个土壤耕层结构的形成十分有利。汉代之后采用犁耕的翻耕法在翻耕后配合一定的整地环节，如《氾胜之书》中记载的“摩”及北魏时期

① 郭文韬：《中国古代土壤耕作制度的再探讨》，《南京农业大学学报（社会科学版）》2001年第1卷第2期。

的“耙”“耱”的过程，这种方式一方面增加了土壤耕作的作业次数，增大了动土量，加剧了土壤水分的散失；另一方面却能够创造出“上虚下实”的土壤耕层，上层利于贮水，下层利于隔水。

第二节　农具与土壤结构碎化

一、破土工具

土壤耕作层是耕作活动产生的具有疏松结构的土壤表层，人们对土壤耕作层施加的作用力强弱一定程度上取决于其所使用的农业生产工具。以石、木、骨、蚌为材料制成的农具在早期农业文明起源时曾发挥着巨大作用。木棒是自然界极易获取，且制作简单的原始生产工具，由此演化的耒、耜及耒耜自原始社会已经得到广泛使用，直至春秋战国时期，仍然是农业生产中最主要的耕具。《易经》中就载：“神农氏作，斫木为耜，揉木为耒。耒耨之利，以教天下。”[①] 耒的形制是将木棒的末端砍磨成尖状物，主要功能在于播种时在地面戳出小洞，将种子撒入土穴。耜大多采用近似圆形的石片或木片，外侧留有刃口，便于起到挖掘刨土的作用。徐中舒曾经认为：“耜及犁冠作半圆形者，乃其演进中最宜当的形式，最初的耜大概就是木制的圆头叶式农具。圆头取其刺地，平叶取其发土多；到了铜器时代，社会上渐次觉得木制的农具不及金属制的犀利，于是就在平叶前端嵌入半圆形的金属制耜。”[②] 耒和耜逐渐演化，耒成为耒耜的柄，

① （清）沈昌基、（清）盛曾撰：《易经释义四卷》，清四为堂刻李氏成书本。
② 徐中舒：《耒耜考》，《农业考古》1983 年第 2 期。

耜成为耒耜的头。用耒耜掘地，人以手持耒，以足踏耜，刺地而耕。可以想象，这种简单原始的农业生产工具仍难以大范围、深层次地影响土壤层，人们用耒耜仅能将局部土层翻起、刨开，撒入种子。在以木、石为主要材质的农具使用阶段，其坚韧与锋利程度均不足以起到深度破土的效果。

金属的采掘及冶炼技术是人类对土壤的扰动得以向地表下深度延伸的必要条件。青铜冶炼技术的发明与应用，是夏商周时期社会发展的重要标志，但由于各种条件的限制与制约，使用青铜制造农具并未达到社会普及，这一点以各地出土的农具所用材料仍以石、木、骨、蚌为主可做依据。其青铜农具的数量与质量均不足以成为大规模开垦土地，改造土壤结构的有效动力。

春秋战国时期，冶铁技术被广泛应用到农具制造中，《国语》中提道："美金以铸剑戟，试诸狗马；恶金以铸锄夷斤斸，试诸壤土。"① 一般认为，"美金"指铜，"恶金"指铁，明确指出铁的用途主要是用来制造农具。诸如锄、锸、铲、镢、镰等铁质农具，尤其是铁犁的应用，对人们进行土地开垦时破土能力的提升具有划时代的意义，也已初步实现了农业发展从耜耕农业向犁耕农业的转化。正如后人评价犁之功效，"今易耒耜而为犁，不问地之坚强轻弱，莫不任使。欲浅欲深，求之犁箭，箭一而已；欲廉欲猛，取之犁梢，梢一而已。然则犁之为器，岂不简易而利用哉？"② 此时期关中平原的地表土层仍是全新世暖期形成的垆土层，质地坚硬，结构致密，若以耒耜而耕，对土壤表层的扰动估计也仅是浅浅将种子埋入地下而已。有了

① 《国语•齐语》，引自王云五主编：《丛书集成初编》，上海：商务印书馆景排印本，1936—1939 年。

② （元）王祯：《农书・农桑通诀二・垦耕篇》，文渊阁四库全书本。

锋利的犁的使用，就可以深入土壤内部，完成整个起土、翻土、碎土，为播种做准备的过程。

最初的犁有石犁、青铜犁，已出土的石犁短的有 15 cm 左右，长的可达 50 cm[①]，犁的长度也代表着翻土对土壤耕作层的影响深度。早期的铁犁主要是犁冠，多呈“V”形，中间有一定的夹角，且没有犁壁，这种犁只能破土开沟，不能翻土起垄，在战国时期的铁犁中多见。而呈三角形的犁铧，还常与犁壁配合使用，不仅可以破土，还可将土层起垄，使土壤块状结构破坏后土壤颗粒充分混合，失去原生土层的层位特征。汉代及其以后的犁多已具备犁壁，至西汉晚期还出现可调节耕地深浅的犁箭。当犁耕实现了翻土的功能时，耕地的质量就大为改进，不仅耕层深度加深，起土量增加，而且和以前的耒耜相比，犁改变了以往上下运动的间断式作业方式，变成向前推进的连续式作业。最早的土壤表层连续耕层的形成与铁犁的这种推进式作业密不可分，这也是耕地能够得以大面积展开的重要因素。

汉初，铁制生产工具和牛耕技术日渐成熟和普遍。学者钱小康曾根据各地考古调查资料对古代犁农具进行了细致的研究。[②]研究表明，从辽宁、内蒙古到云南、贵州，从广东、福建到甘肃，全国各地都发现了各式各样的古代铁制农具，如铁臿、铁镢、铁锄、铁镰、铁刀等。汉代出土的铁犁铧更是数量多、类型多、分布广，形制也更加完善，尤其以关中地区出土的最为突出。关中从西部到东部，宝鸡、陇县、凤翔、岐山、扶风、礼泉、杨凌、武功、兴平、咸阳、西安、长安、临潼、蓝田、蒲城等地均有汉代的铁犁铧、犁壁出土。

① 胡泽学：《中国犁文化》，北京：学苑出版社，2006 年，第 17 页。
② 钱小康：《犁（续）》，《农业考古》2003 年第 3 期。

有了耕犁，开沟、翻土、深耕等才可以实现，根据不同的耕地要求及土质强弱，所选择的犁铧也各不相同。关中出土的犁铧中，形状有舌形、三角形和近似长方形，且铧的尺寸可以分为大号（边长大于 30 cm）、中号（边长 20～30 cm）、小号（边长小于 20 cm）三种类型。舌形犁铧一般为大号，可用于开垦荒地，开沟及深翻等；三角形犁铧，大号、中号都有，可用于开垦、深耕、复耕及播种；近似长方形的犁铧主要为小号，主要用于熟土翻耕、复耕、播种、中耕除草等，这种犁铧小巧，上、下銎的结构使上銎易于破土，下銎可减少耕地阻力，一牛牵引或人力牵引即可，这种犁多为一般农户所采用。在陕西考古发现出土的铁犁铧中，往往是舌形铧与长方形铧，舌形铧与三角形铧或者三角形铧与长方形铧一起出土，也有地方是三种犁铧同时出土，说明当时人们的耕作已经是根据不同的需要，各种犁铧配合使用。正如钱小康推测的，“汉代多种犁铧的出现是与汉代五种犁型互相配套、互相适应的。如生耕、秋耕、初耕、选用二牛抬杠的犁，并配于舌形铧与三角形铧。复耕、熟耕，选用二牛抬杠的犁，配于三角形铧。播种、中耕、培土，既可选用一牛牵引的单辕犁，又可选用一牛牵引的双辕犁，再配以长方形犁铧或中号的三角形犁铧。当然，这种选配在汉代不是每个地方都具备了这种条件，或许有的地方只具有一种犁型或一种尺寸的铧。至此已说明，汉代在农业经济发达的地方已经具备了这种生产条件，它代表了古代畜力犁与铧可供选择的发展的方向”。[①] 在关中，汉代的犁铧多以两种或三种一起出土，这也是关中汉代农业经济发达的象征，同时也说明铁犁铧的配合使用能够完成开垦、深耕、复耕、播种、除草等多个农业生产环节，已完全能够将坚硬的垆土层破碎，形成

① 钱小康：《犁（续）》，《农业考古》2003 年第 3 期。

疏松的土壤块状结构体。

耕犁在唐代有了明显的改进。唐以前的犁多为笨重的直辕犁，耕地较为费力，唐代创制了新的曲辕犁，短小而轻便，但由于它更多使用在南方，又被称为“江东犁”。但无论直辕犁，还是曲辕犁，牛耕在唐代似乎更为普及，唐诗中有关牛耕的描述就有很多，崔道融《田上》：“雨足高田白，披蓑半夜耕。人牛力俱尽，东方殊未明。”[1]颜仁郁《农家》：“夜半呼儿趁晓耕，羸牛无力渐艰行。”[2]鲍溶《云溪竹园翁》：“因兹千亩业，以代双牛耕。”[3]高适《寄宿田家》：“牛壮日耕十亩地。”[4]唐及后代牛耕的普及可以扩大耕垦面积，提高土地的耕作效率，在土壤耕层中，耕犁的使用也加速了犁底层的形成。犁底层是金属农具在表土层水平式作业产生的必然结果，犁具所能接触的土层被耕垦，其孔隙结构和土壤水分重新布局，为作物种子创造良好的生存环境。但在犁具未能抵达的土层，在碾压作用下，土壤变得致密，一定程度上封锁了深层次土壤水分的蒸发，同时它也成为阻隔土壤水、肥、气、热通道的重要原因。

随着土壤人为覆盖层及耕作表层的不断堆积上移，耕作层下部又不断形成因犁耕产生的致密土层，减小了土壤的孔隙度。若后期深耕的作用未能打破犁底层，便会造成塿土古耕层及古熟化层中有些层位坚硬致密结构的出现。

---

①（清）彭定求等编：《全唐诗》卷七一四，崔道融：《田上》，北京：中华书局，1960年。
②（清）彭定求等编：《全唐诗》卷七六三，颜仁郁：《农家》，北京：中华书局，1960年。
③（清）彭定求等编：《全唐诗》卷四八六，鲍溶：《云溪竹园翁》，北京：中华书局，1960年。
④（清）彭定求等编：《全唐诗》卷二一三，高适：《寄宿田家》，北京：中华书局，1960年。

二、碎土工具

耰是一种形如带长柄的木榔头的农具，可以“平田畴，击块壤”，主要用作深耕后的碎土过程。先秦时期这种农具已经被广为使用，《国语》中载“令夫农，群萃而州处，察其四时，权节其用，耒、耜、枷、芟，及寒，击菒除田，以待时耕。及耕，深耕而疾耰之，以待时雨”[①]。《淮南子》载：“耒耜耰锄”，高诱作注：“耰，椓块椎也”[②]。《管子》中有：“深耕，均种，疾耰。”[③]《孟子·告子》中载：“播种而耰之。”[④]可以看出，耰既可指一种农具，也可指一种耕作环节。被铁犁翻起的土块一般较大，下种后种子易外露，且水分很容易蒸发。用耰将大土块敲碎，人为改变原来的土壤孔隙分布，使土壤内部的空气、水分通道得到重新分配。土壤经过铁犁铧等金属器械的挤压，原来的土壤孔洞也会变得密实，用耰进行敲击，又可使大土块疏散，增加土壤的孔隙度。

魏晋南北朝时期，战乱导致农业生产一度出现严重衰退，经济萧条，但这并未导致农业生产工具及技术停滞不前或倒退。由于冶铁技术的提高和铁的生产规模的扩大，农具的质地更加精良，种类也明显增加。文献记载和考古出土实物可见用于土壤耕作及土地整理的犁、锹、杷、耪、铁齿镉楱、挞等，用于播种的耧、窍瓠、批

① 《国语•齐语》，引自王云五主编：《丛书集成初编》，上海：商务印书馆景排印本，1936—1939 年。

② 何宁撰：《淮南子集释》卷一三《氾论训》，北京：中华书局，2004 年，第 911 页。

③ 黎凤翔撰：《管子校注》卷八《小匡》，梁运华整理，北京：中华书局，2004 年，第 389 页。

④ （清）焦循撰：《孟子正义》卷二二《告子上》，沈文倬点校，北京：中华书局，1987 年。

契等，用于中耕除草的木斫、锄、锋等，农具数量众多。此时，畜力牵引也取得长足的发展，诸如犁、耙、耢等耕垦工具的操作更加便利，也形成了耕—耙—耱一套完整的旱地耕作技术体系。

和前代相比，耕犁后的耙地是该时期出现的重要农作环节。耙是一种翻土碎土工具，形制有长条形和人字形两种，带有钉齿，利于破碎土壤表层以下的土块。耙可以使用畜力牵引，《齐民要术》中就记载了畜力拉耙的过程，“铁齿鎘楱”即是畜力牵拉的人字耙。在畜力拉耙出现之前，土壤虽然也经过摩、耢的过程使表土细碎，但表层以下的土块却不易细碎，土块仍然坚硬，有较多的垂直裂隙发育，容易跑墒。耙地的过程，可以进一步消除土层中的大小土块，使土壤变得细熟，形成上虚下实的土层结构。

耙主要用于在耕翻土地后将大土块耙碎，作物出苗后中耕也可用耙清除苗间杂草。跟耙类似功效的便是耱，是安装在引力装置后的长条形盖压工具，由木板或藤条、荆条等编扎而成。《齐民要术》中称之为“耢”，耢一般在耕、耙后使用，即“耙而劳之”[①]，主要目的还是在于耕地后进一步使土壤细碎平整。耱或耢在使用时要根据土壤的干湿状况决定其上是否需要站立人，多数情况下，其上站人或施压重物以增加压力来压碎土块。但土壤潮湿时，其上则不站人，不施加重物，即所谓“空劳”。比如湿地种麻后，“曳空劳覆土”，如果“劳上加人，则土厚不生”[②]。

还有一种工具称为“挞”，是用树枝、荆条等编扎成的一种扁形农具，其上可以覆压土块、石块等重物，在土壤表层拖拽使其踏实紧密，减小孔隙度，利于保墒。《齐民要术》中就载：“凡春种欲深，

①（北魏）贾思勰：《齐民要术》卷一《种谷第三》，文渊阁四库全书本。
②（北魏）贾思勰：《齐民要术》卷二《胡麻第十三》，文渊阁四库全书本。

宜曳重挞。夏种欲浅，直置自生。”春季气温低，如果不拖挞镇压，根和土壤接触不紧密，出苗后容易死去；而夏天气温高，出苗快，拖挞后若遇雨，土壤容易板结成硬块。如果春天雨水过多时，则不用拖挞，即使要拖挞，也要等到土面发白，土壤较干燥时才可以。关中地区黄土除沙性土之外，还有黏性土，垆土就是黏性土，黏性土的特征是湿的时候黏泞，干的时候坚硬；稍干或半干时遇雨也不好，土壤极难熟化；但晒透后遇雨则容易酥散。因此，这种整地、播种、中耕等农耕技术，对关中湿度较大的黏性土也是适用的。

比较前代的生产工具，在耕犁的基础上，耙的使用将犁地形成的大土块进一步细化，若对于松软的土壤，耙也是直接进行翻地松土的工具，耢及挞都是拖挞镇压土壤的工具，目的是形成细小的土壤颗粒，减小土壤大孔隙，起到土壤保墒的作用。犁耕或耙地促使土壤产生大孔隙，破坏土壤块状结构或板结状态，耕后使用耢或挞是为了减小孔隙，覆盖土层，这些工具在形成土壤细小的团粒状结构体过程中发挥着重要的作用，增强了土壤耕作层熟化的强度。

第三节　耕作技术与土壤细熟保墒

一、深耕、细耨、熟耰

犁和其他铁农具的产生为耕地技术的发展提供了可能，也促使我国从春秋战国时期起进入精耕细作的农业生产阶段，人们已不满足于随意将种子撒在土壤中，开始通过深耕、细耨、熟耰的措施保障种子顺利出芽。《庄子》曰“深其耕而熟耰之，其禾繁以滋”[①]，熟耰即细心耕锄之意。《韩非子》也载：“耕者且深，耨者熟耘也”[②]。《孟子》载：“深耕易耨”[③]。由此也可看出，当时的耕作至少包括“深耕”及“熟耨”两个过程，“耰”与“耨”有近似之意，都是指耕后将土块打碎。耕是生土转化成熟土的第一步，强调深耕可以将板结的土层打破，将更多的生土翻起来进行熟化，为作物种子提供更大的生长空间，另外，深耕使土壤虚活，为土壤中的空气、水分提供更多的存储空间。《吕氏春秋》中载：“其深殖之度，阴土必得。”[④]耕地的深度要到达湿土。按照关中出土的铁犁铧的形制，所能达到的耕深为 10～20 cm。关中平原先秦时期的地表土壤以坚硬的垆土层为主，往往需要犁铧厚，犁面平，能够承受强大的拉力。由于垆土具有较强的黏化作用，孔隙度小致使土体水分、养分不易存留，深耕的环节在这样的土层中则更为重要。深耕之后配合细耨将犁起的大土块打散打细，一方面有利于下种，另一方面细碎的土壤可以覆盖地表，防止土壤水分蒸发，起到抗旱保墒的作用。

对于土壤耕作层的熟化过程，耕、耨、耰等技术的配合，目的在于创造出优良的土壤结构。关中平原的土壤耕作层具有疏松、肥沃的特征，这正与其具有优良的土壤结构体密不可分。土壤结构体一般分为块状或核状结构体、片状结构体、柱状或棱柱状结构体、团粒状结构体。这几种结构体中，块状、核状、片状、柱状或棱柱

①（清）王先谦撰：《庄子集解》卷七《则阳》，沈啸寰点校，北京：中华书局，1987 年，第 225 页。

②（清）王先谦撰：《韩非子集解》卷一一《外储说左上》，钟哲点校，北京：中华书局，1998 年，第 261 页。

③（清）焦循撰：《孟子正义》卷二《梁惠王上》，沈文倬点校，北京：中华书局，1987 年。

④ 许维遹：《吕氏春秋集释》卷二六《士容论・任地》，梁运华整理，北京：中华书局，2009 年，第 687 页。

状结构体都不是优良的土壤结构体。而团粒状结构体最利于农作物生长，其结构以团粒和微团粒为主。在腐殖质和耕作外力作用下，土壤内部形成球形或近似球形的疏松多孔小土团，团粒直径为0.25～10 mm。在关中平原，这种团粒结构也只在耕层中多见，它在一定程度上也标志着土壤的肥力水平。

在这种团粒状结构明显的土壤中，团粒之间排列疏松，接触的面积较小，形成的孔隙也较大。土壤孔隙是土壤空气、水分、肥粪的主要存留场所，孔隙度高可以大大改善土壤的透水通气和保水能力。

结合关中的土壤特征，黄土的常见结构为团块状结构，耕作后多形成疏松的团粒状，这种块状结构体多在黏重且缺乏有机质的表土层中出现。片状结构体在耕作层中的犁底层常出现，雨后或灌溉后的地表也容易板结成片状结构。这种结构的垂直裂隙不发达，不利于通气。关中土壤下层的垆土层为明显的柱状或棱柱状结构体，这种结构体紧实坚硬，内部无效孔隙占优势，通气不良，根系难以深入，且土壤生物活动也弱，在结构体之间又形成大的裂隙，生产中容易漏水漏肥。

一种好的土壤结构往往存在大量的团粒结构，促使土壤养分、土壤水分、土壤空气三者的协调统一，满足作物对水肥等的需要。土壤耕作正是通过外力作用于土壤，改善土壤结构，调整耕作层及地面状况，用以调节土壤水分、空气、温度和养分的平衡，为作物播种、生长提供适宜的土壤环境。

先秦时期已经开展的深耕、细耨、熟耰的生产环节，实际已开始创造土壤的优良结构体，以满足作物高产的需要。从现代农业耕作的理论与经验可知，过硬、过松、过黏的土壤可耕性较差，都不利于作物生长，因此改良土壤质地也是创造优良土壤结构的重要方面。

土壤质地是一定区域内气候、植被、地形综合作用的结果。就关中平原而言，西部的气候湿润程度高于东部，土壤的黏化与淋溶作用也强于东部，土壤裂隙发达，质地黏重，坚硬；而东部气候相对干旱，尤其在渭北旱塬，土壤干燥，结构体相对较好，但东部低阶地地势低，地下水位较高，古时曾有很多低湿之地，地表土壤常受盐碱危害。未受灌溉之利的先秦时期，由于西部自然水热条件较好，关中地区的土地垦殖仍然以西部黄土塬、黄土丘陵为主。至秦汉时期，灌溉改善了东部土壤缺水的状况，且改良了盐碱化土壤，关中内部的土地开发出现逐渐由西部向东部、高地向低地转移的趋势。因此，气候引起的水热条件差异形成了关中土壤质地的重壤、中壤及轻壤的区别。

黄土塬及丘陵地带的地形起伏、微地貌差异会导致上层沉积物来源的多寡及水分聚集程度的差异，进而也会造成土壤质地的强弱差异。这种差异主要由土壤中粉砂和黏粒含量的比例决定。土壤颗粒按照粒径大小又可分为砂粒、粉粒和黏粒，砂粒的直径一般为0.05～1 mm，粉粒直径一般为 0.002～0.05 mm，而黏粒直径多小于0.002 mm。结合现代塿土剖面的土壤颗粒分析，武功、杨凌一带黄土台塬头道塬红油土剖面中老黏化层小于 0.001 mm 粒径的颗粒含量比例明显高于阶地上的黑油土剖面，说明台塬上土壤的黏化作用更强，导致土壤质地也会更黏重。[①]对这种土壤质地的差异，关中先民们也有所认识，他们常常用“强土”与“弱土”区分不同的土壤质地。《氾胜之书》中种禾选择在“三月榆荚时雨，高地强土可种

① 朱显谟：《塿土》，北京：农业出版社，1964 年，第 36 页。

禾”[1]，已提及了地形与土壤质地的对应关系。

二、耕、摩、蔺

春秋战国至秦汉时期，关中平原地表高阶地及黄土台塬上多以垆土为主，在河流低阶地上及关中东部低地也分布有轻质的沙壤土。两类土壤的特性正对应于《吕氏春秋·辩土》篇中记载的“垆土”与“靹土”的土壤质地。垆土的土壤特征表现为黏化作用较强，土质坚硬，易于板结，地表土层含水量往往不高，不利于土壤中水分及养分的传输；靹土则有发育较弱的黏化层，土层中砂的含量及孔隙度较高，又容易漏水漏肥。针对土质过强或过弱的不足，汉代已提出“强土而弱之”及“弱土而强之”的改良方法。《氾胜之书》中“春地气通，可耕坚硬强地黑垆土，辄平摩其块以生草，草生复耕之，天有小雨复耕和之，勿令有块以待时。所谓强土而弱之也”。“摩”为摩平摩碎之意。通过这种耕—摩—复耕的耕作体系将坚硬的土块彻底打碎，形成细小的颗粒，使其质地变得松软。而对质地松散的靹土，又被称为“轻土”或“弱土”，于“杏始华荣，辄耕轻土弱土。望杏花落，复耕。耕辄蔺之。草生，有雨泽，耕重蔺之。土甚轻者，以牛羊践之。如此则土强。此谓弱土而强之也”[2]。“蔺”通“躏”，有“践踏、碾压”之意，通过耕—蔺—复耕—重蔺的耕作体系，且以“牛羊践之”的方法使土壤变得致密紧实。显然，这种过“强”或过“弱”的土壤都不宜作物生长，人们需要改良土壤耕作层的质地和结构，一般自然土壤中有重壤、轻壤及中壤的区别，关中平原

---

① 万国鼎：《氾胜之书辑释》，北京：农业出版社，1980 年，第 100 页。
② 万国鼎：《氾胜之书辑释》，北京：农业出版社，1980 年，第 23-25 页。

油土剖面中，母质层常为轻壤，老黏化层多重壤土，在古耕层、古熟化层及现代耕层中多为中壤土，这正是耕作活动改变了原来的土壤质地，形成了结构疏松，质地良好的耕作层。这同《吕氏春秋》中的“力者欲柔，柔者欲力”的耕作道理是相同的，即刚强的土要把它变得柔软，柔软的土要把它变得刚强。另外，“急者欲缓，缓者欲急”也有此意，“急”者谓强垆刚土也，故欲缓；“缓”者谓沙輭弱土也，故欲急。[①]

“蔺”可使土壤变得紧实，有防止水分蒸发的功效。《氾胜之书》中多次强调在雨雪到来时及时蔺，如“有雨泽，耕重蔺之”，“冬雨雪止，辄以蔺之，掩地雪，勿使从风飞去；后雪复蔺之”。[②]这些措施都强调了“蔺”的环节与降水的关系，在降水少的季节，及时耕地将降水迅速导流收集于土壤内部，不至于形成地表径流而无法利用。耕地完或者冬雨雪止时，再将土壤压实，减少土壤中的水分蒸发。看来，“摩”“蔺”的耕作环节除了能够改良土壤质地，还可有效防止土壤深层水分的蒸发，当有雨时节，适时耕作，使雨水迅速入渗，掩入地下，随后将大土块摩碎摩平覆于上部，或者将上部土层践踏压实，能有效起到土壤保墒的作用。

三、耕、耙、耢

耙是继犁的发明后，采用金属制成的能够破坏土壤大块结构的利器，北魏时期，耙地已是很重要的一个耕作环节。耕后耙地的过程有多种作用，可用于开垦荒地后的整地，“耕荒毕，以铁齿鎘楱再

---

① 夏纬瑛：《吕氏春秋上农等四篇校释》，北京：农业出版社，1956 年，第 34-35 页。
② 万国鼎：《氾胜之书辑释》，北京：农业出版社，1980 年，第 27 页。

遍杷之”。也有用于因湿耕了土地采取的补救措施，“湿耕者，白背速锔榛之，亦无伤；否则大恶也”。[①]还可以使用于作物间苗期的松土除草，“苗既出垅，每一经雨，白背时，辄以铁齿锔榛纵横杷而劳之”[②]。“劳”通“耢”，既可作为整地农具，是一种无齿耙，用荆条、藤条等编成的整地农具，也表示用耢整地的农作过程。“耢”可在耕作后直接进行，“春耕寻手劳，秋耕待白背劳”，指春天耕过的地随手就耢过，秋天耕过的地等到土背发白时再耢过。《齐民要术》中释“劳”：“古曰‘耰’，今曰‘劳’。《说文》曰：‘耰，摩田器。’今人亦名劳曰‘摩’，鄙语曰：‘耕田摩劳’也。”[③]显然，耢也是摩田的过程，同前代的“耰”有类似之功效，只是“耰”是木椎形制，以敲击土块为主，而“耢”则是以拖曳为主，后者通过土块或土壤颗粒的位置移动减少土壤大孔隙，形成土壤团粒结构的效率大大提高。不难想象，如果犁耕起的土块坚硬且体积较大，不经过耙地的过程，直接耢过，其碎土的效果一定不会太好，故要求“犁欲廉，劳欲再”[④]，犁起的土条要窄一些，减小大土块体积，便于耢的过程，且要重复耢过，才能耕得细。“耙”和“耢”整地的过程都是进一步平地和碎土，兼有压土保墒的作用，因此在耕作过程中，也常常将耙和耢的过程结合起来，在作物刚出苗时采用，如上文引用的，“苗既出垅，每一经雨，白背时，辄以铁齿锔榛纵横杷而劳之”。另外，种黍穄的田，“苗生垅平，即宜杷劳。锄三遍为止”[⑤]，“凡种下田，

①（北魏）贾思勰：《齐民要术》卷一《耕田第一》，文渊阁四库全书本。
②（北魏）贾思勰：《齐民要术》卷一《种谷第三》，文渊阁四库全书本。
③（北魏）贾思勰：《齐民要术》卷一《耕田第一》，文渊阁四库全书本。
④（北魏）贾思勰：《齐民要术》卷一《耕田第一》，文渊阁四库全书本。
⑤（北魏）贾思勰：《齐民要术》卷二《黍穄第四》，文渊阁四库全书本。

不问秋夏，候水尽，地白背时，速耕，杷、劳频烦令熟”[①]。

耕后的耙地过程能够将土块耙碎耙细，切断土壤耕层中的毛细管通道，阻断上行水分而保住耕层下部的墒。但是仅依靠耙地还不能完全保墒，耙后虽然切断了蒸发上升的毛管水通道，但松土层中仍然存在大量的非毛管水孔隙，水分会以气态水的形式继续蒸发散失，耢的过程正是通过盖压将上部松土层轻轻压紧，堵塞非毛管水通道，这样就可以改善土壤耕作层中的孔隙结构。因此，耕是起土的过程，耙是碎土的过程，耢是覆土的过程，经过这种耕—耙—耢环节的紧密结合，耕作层的土壤颗粒可以更加细化。

北魏以后，我国北方的耕作技术仍有所发展，耕地技术更加细化。这一时期继承了北魏时期提出的“秋耕欲深，春耕欲浅”，“春耕欲深，转地欲浅”[②]的耕作要领。对于不同的土壤性质，注重采取不同的耕地时间或耕地技巧。“耕地之法，未耕曰‘生’，已耕曰‘熟’，初耕曰‘塌’，再耕曰‘转’。生者欲深而猛，熟者欲浅而廉。此其略也。天气有阴阳寒燠之异，地势有高下燥湿之别，顺天之时，因地之宜，存乎其人。”[③]对于生荒和熟地，荒地宜深耕，熟地宜浅耕。

这时的秋耕同春耕一样受到重视，春耕与秋耕都要根据土壤的水分与热量状况。如下载：

凡地除种麦外，并宜秋耕。

秋耕之地，荒草自少，极省锄功。如牛力不及，不能尽秋耕者，除种粟地外，其余黍、豆等地，春耕亦可。大抵秋耕宜早，春耕宜

---

①（北魏）贾思勰：《齐民要术》卷二《旱稻第十二》，文渊阁四库全书本。
②（北魏）贾思勰：《齐民要术》卷一《耕田第一》，文渊阁四库全书本。
③（元）王祯：《农书·农桑通诀二·垦耕篇》，文渊阁四库全书本。

迟。秋耕宜早者，乘天气未寒时，将阳和之气掩在地中，其苗易荣。过秋天气很冷，有霜时，必待日高，方可耕地，恐掩寒气在内，令地薄不收子粒。春耕宜迟者，亦待春气和暖，日高时耕。[①]

如果有条件，尽可能实行秋耕，且秋耕要耕深，将夏、秋季充分的降水引入深层土壤储备起来。春耕要等天气和暖，秋耕要趁天气未寒之时，都是要保证土壤有适合的温度。正如北方农俗所传："春宜早晚耕，夏宜兼夜耕，秋宜日高耕。"[②]

耕地的次数越多，土壤必定耕得越细，《齐民要术·杂说》中就强调耕地的次数，再耕也称为"转耕"，即第二次耕[③]，"自地亢后，但所耕地，随饷盖之；待一段总转了，即横盖一遍。计正月、二月两个月，又转一遍"。[④]对于上过粪的地，耕五六遍之多。还要每耕一遍，盖两遍，最后盖三遍，且纵横盖之。每种作物根据下种时间不同，耕地次数也随之不同。荞麦地，"五月耕，经二十五日，草烂得转；并种，耕三遍。立秋前后，皆十日内种之"[⑤]。小麦地，"以五月内耕一遍，看干湿转之，耕三遍为度。亦秋社后即种"[⑥]。麻地，"须耕五六遍，倍盖之。以夏至前十日下子"[⑦]。耕地的次数越多，土壤结构越疏松，耕作层的蓄水保墒能力、营养元素的吸收与分解都会提高，也有利于植物根系发育。

---

①（元）王祯：《农书·农桑通诀二·垦耕篇》，文渊阁四库全书本。
②（元）王祯：《农书·农桑通诀二·垦耕篇》，文渊阁四库全书本。
③ 缪启愉先生释"转"是农耕术语，即再耕、第二次耕，"再转"是第三次耕。参见缪启愉、缪桂龙：《齐民要术译注》，上海：上海古籍出版社，2009年，第20页。
④（北魏）贾思勰：《齐民要术·杂说》，文渊阁四库全书本。
⑤（北魏）贾思勰：《齐民要术·杂说》，文渊阁四库全书本。
⑥（北魏）贾思勰：《齐民要术·杂说》，文渊阁四库全书本。
⑦（北魏）贾思勰：《齐民要术·杂说》，文渊阁四库全书本。

耕地时节、耕地深浅、耕地次数被强调都是为创造优良的土壤结构，保障土壤空气、水分、养分的运移。待作物播种出苗后，适时锄地也起到协调土壤水、热、肥的功效，如种黍、粟时，“候黍、粟未与垅齐，即锄一遍。黍经五日，更报锄第二遍。候未蚕老毕，报锄第三遍。如无力，即止；如有余力，秀后更锄第四遍。油麻、大豆，并锄两遍止；亦不厌早锄”[①]。每一遍锄的深度也各不相同，“第一遍锄，未可全深；第二遍，唯深是求；第三遍，较浅于第二遍；第四遍较浅”[②]。对于上过粪的黍地，“至春，锄三遍止”；小麦地，“至春，能锄得两遍最好”；麻地也需要锄两遍。[③]锄地不光是为了除草，也是通过松土使土壤匀熟，“春锄起地，夏锄除草”，春季锄地就是为了起地松土，“故春锄不用触湿，六月以后，虽湿亦无嫌”。[④]

耕地后及时耙耢，在北魏时期颇受重视，至唐宋元时期仍然延续。土壤不但要耙，还强调要细耙多耙。《王祯农书》中引《韩氏直说》[⑤]云：“古农法，犁一耖六，今人只知犁深为功，不知耖熟为全功，耖功不到，土粗不实，下种后，虽见苗，立根在粗土，根土不相着，不耐旱，有悬死、虫咬、干死诸病。耖功到则土细实，立根在细实土中。又碾过，根土相着，自然耐旱，不生诸病。”[⑥]这里的“耖”即是“耙”，细耙就是把大土块变小的过程，尤其在秋耕后，土壤疏松有助于水分下渗。耙的遍数越多，土壤熟化程度越高。又

①（北魏）贾思勰：《齐民要术·杂说》，文渊阁四库全书本。
②（北魏）贾思勰：《齐民要术·杂说》，文渊阁四库全书本。
③（北魏）贾思勰：《齐民要术·杂说》，文渊阁四库全书本。
④（北魏）贾思勰：《齐民要术》卷一《种谷第三》，文渊阁四库全书本。
⑤《韩氏直说》原书已佚。据缪启愉注释，该句所引实则出自《种莳直说》，而后面“又云”内容出自《韩氏直说》，《种莳直说》大约是元灭金后北方人写的书，比《韩氏直说》稍早。
⑥（元）王祯：《农书·农桑通诀二·耙劳篇》，文渊阁四库全书本。

云："凡地除种麦外，并宜秋耕。先以铁齿𨫒纵横𨫒之，然后插犁细耕，随耕随劳。至地大白背时，更𨫒两遍。至来春地气透时，待日高，复𨫒四五遍：其地爽润，上有'油土'四指许，春虽无雨，时至便可下种。"[①]从秋季耕地开始，至来春下种，共计耙地七八遍之多，土壤自不会板结，水、气、热也能够协调，才会有"油土"的感觉。油土一般指土壤经过深度细熟后表层疏松湿润，现在关中西部的高度熟化的肥沃土壤，群众仍称其为油土。可见经过当时的耕、耙、耢的过程，"四指许"厚度的土壤表层熟化程度已经很高。王祯生活的时代也是"今人但耕田毕，破其块垡，而后用劳平磨，乃为得也"。[②]

以此看来，耙耢想必在当时是极力提倡并使用的耕作技术环节。正如王祯所言："凡治田之法，犁耕既毕，则有耙劳。耙有渠疏之义，劳有盖磨之功。今人呼耙曰'渠疏'，劳曰'盖磨'，皆因其用以名之，所以散垡、去芟、平土壤也。桓宽《盐铁论》曰：'茂木之下无丰草，大块之间无美苗'。耙劳之功不至，而望禾稼之秀茂实粟，难矣。"[③]

"劳"即"盖磨"的过程，《齐民要术·杂说》中也多次提及"盖磨"的耕作环节。一般在耕地后，"看干湿，随时盖磨着切。见世人耕了，仰着土块，并待孟春盖，若冬乏水雪，连夏亢阳，徒道秋耕不堪下种！无问耕得多少，皆须旋盖磨如法"。[④]作者描述的现象是他看到一般人秋耕的地，仰着土块暴露，一直到孟春时节才耢盖，若冬天雨雪稀少，又碰上夏季干旱，只能白白埋怨秋耕的地不好播种。按其意，若耕后随手就耢盖，土壤耕层不至于难以下种，这缘

①（元）王祯：《农书·农桑通诀二·耙劳篇》，文渊阁四库全书本。
②（元）王祯：《农书·农桑通诀二·耙劳篇》，文渊阁四库全书本。
③（元）王祯：《农书·农桑通诀二·耙劳篇》，文渊阁四库全书本。
④（北魏）贾思勰：《齐民要术·杂说》，文渊阁四库全书本。

于两方面原因，其一是“盖磨”的过程对保持土壤水分的作用十分重要，其二是对土壤耕作层结构的改良也是有积极作用的。通过镇压虚土，减少土层中的大孔隙，遇雨后，细粒物质容易附着，形成疏松且均匀的粒度组成。若施以同样的水分和养分，这种均匀的土壤结构能将其更充分的渗透到土壤微空间，便于长久储存，留待作物吸收。

中古时期，在耕作过程中多次强调“盖磨”的过程。

如一具牛，两个月秋耕，计得小亩三顷。经冬加料喂。至十二月内，即须排比农具使足。一入正月初，未开阳气上，即更盖所耕得地一遍。

凡田地中有良有薄者，即须加粪粪之。

其踏粪法：凡人家秋收治田后，场上所有穰、谷樴等，并须收贮一处。每日布牛脚下，三寸厚；每平旦收聚堆积之；还依前布之，经宿即堆聚。计经冬一具牛，踏成三十车粪。至十二月、正月之间，即载粪粪地。计小亩亩别用五车，计粪得六亩。匀摊，耕，盖着，未须转起。

自地亢后，但所耕地，随饷盖之；待一段总转了，即横盖一遍。计正月、二月两个月，又转一遍。

然后看地宜纳粟：先种黑地、微带下地，即种糙种；然后种高壤白地。其白地，候寒食后榆荚盛时纳种。以次种大豆、油麻等田。

然后转所粪得地，耕五六遍。每耕一遍，盖两遍，最后盖三遍；还纵横盖之。候昏房、心中，下黍种无问。[1]

---

①（北魏）贾思勰：《齐民要术·杂说》，文渊阁四库全书本。

该段描述中，每耕过一遍的土地，必然要盖过，盖还采用纵横相交的方式，更体现了这一过程的精细化。具体到不同作物的种植，“其所粪种黍地，亦刈黍了，即耕两遍，熟盖，下糠麦。至春，锄三遍止”；“凡种麻地，须耕五六遍，倍盖之。”[①] 依照这种方法进行农作，“除虫灾外，小小旱，不至全损。何者？缘盖磨数多故也。又锄耨以时”[②]。农业收成能够抵御小的干旱，不至于全部受损，道理正在于盖磨的次数多，加之锄草松土及时。

王祯的《农书》也引用并述及《齐民要术》中的耙耢之功，也提到“然耙劳之功，非但施于纳种之前，亦有用于种苗之后者”[③]。“北方又有所谓‘挞’者，与劳相类”[④]，且“劳”即“耢”，也是北方普遍应用的耕作技术，而“南方水田，转毕即耙，耙毕即耖。故不用劳。其耕种陆地者，犁而耙之；欲其土细，再犁再耙后用劳，乃无遗功也”[⑤]。“耢”的耕作方式是拖曳的过程，对过湿的土壤是难以实施的，关中平原的黄土耕后常形成大土块，且土壤孔隙多，土壤容易干燥，应该也十分适宜这种耕—耙—耢相结合的耕作方式。

自《齐民要术》时代建立耕、耙、耱、耢等的耕作体系以来，这种技术体系一直在北方黄河流域沿用。耕的精细化是土壤细碎的第一步，《知本提纲》中提出耕地质量的标准和要求，“耕如象行，细如叠瓦”[⑥]，“象行至正；耕之正，当如象行。瓦叠鳞次至细，耕

①（北魏）贾思勰：《齐民要术·杂说》，文渊阁四库全书本。
②（北魏）贾思勰：《齐民要术·杂说》，文渊阁四库全书本。
③（元）王祯：《农书·农桑通诀二·耙劳篇》，文渊阁四库全书本。
④（元）王祯：《农书·农桑通诀二·耙劳篇》，文渊阁四库全书本。
⑤（元）王祯：《农书·农桑通诀二·耙劳篇》，文渊阁四库全书本。
⑥（清）杨屾：《知本提纲》，收录于王毓瑚辑：《秦晋农言》，北京：中华书局，1957年，第10页。

之细，当如瓦叠”[①]，这是在前代强调耕地时节和耕地次数的基础上，对耕地的质量提出要求。“宁廉勿贪”“宁燥勿湿”[②]也是耕法之一，“廉，谓犁行之窄少也。犁廉，则耕细而牛更不疲。犁若贪多，则隔生不熟而牛亦伤力；且即所余寸土，他日禾根生长，则曲屈不能入，叶虽丛生，终必渐枯。故宜耕犁廉细，翻熟无隔生之土，则种植均茂，自无不毛之患矣”。[③]这里提到“隔生之土”，是土壤耕层中因犁耕产生的大土块未被细碎。要达到翻熟土壤，无隔生之土的疏松土层，选择合适的犁宽很重要。关中平原的黄土属壤土，水分不足易造成土壤坚硬结块，因此耕作时“宁燥勿湿”，“耕燥虽有土块，若得日暄阳亢，一经雨泽，则散漫如粉解，子粒之入，自易发生。若耕湿践踏，积成坚块，生机结滞，数年不畅。倘有不知犯此弊者，即宜重复耖拨，使其干燥，得雨雪透浸，再加频劳，无不开亦”。[④]耕犁是土壤熟化的过程，往往是土壤干燥时多耕、细耕，耕毕等雨下种，既能形成良好的耕层构造，又能提高土壤墒情。

在《农言著实》中，耕的环节也被称为“拖”“揭”“犁”的过程，它们是对耕作深度及强度的区分。“麦后之地，总宜先揭过，后用大犁揭两次。农家云：头遍打破皮，二遍揭出泥，此之谓也。”[⑤]“拖”是将地皮划破，浅耕灭茬。“揭”则指深耕，可见土壤底墒。“打破

①（清）杨屾：《知本提纲》，收录于王毓瑚辑：《秦晋农言》，北京：中华书局，1957年，第10页。

②（清）杨屾：《知本提纲》，收录于王毓瑚辑：《秦晋农言》，北京：中华书局，1957年，第10页。

③（清）杨屾：《知本提纲》，收录于王毓瑚辑：《秦晋农言》，北京：中华书局，1957年，第10页。

④（清）杨屾：《知本提纲》，收录于王毓瑚辑：《秦晋农言》，北京：中华书局，1957年，第10页。

⑤（清）杨秀元：《农言著实》，收录于王毓瑚辑：《秦晋农言》，北京：中华书局，1957年，第92页。

皮”与“揭出泥”的作用是完全不同的，麦后地，必定留有很多麦茬，先行浅耕能很好的将麦茬掩入地下，不仅处理了地里残留的作物秸秆，为下一季种植整理了田地，而且秸秆还田，能够增加土壤腐殖质的积累。后进行深耕，疏松土壤，有待蓄水保墒。这是因为在旱原地上种植庄稼，全靠伏天深耕蓄水，若夏季雨水来临之前，土壤未能做好蓄水的准备，坚硬的土层会产生大量地表径流，影响水分的入渗。菜子、豌豆、扁豆地，也总要大犁揭过两次。

大犁揭过土层可以深层蓄水，同时也可深层失水，故用大犁揭地时也要结合土壤墒情，“每年豌豆扁豆地，总不可以干揭，即有柴锄之可也。如或干揭，则来年定不好矣。若菜子大麦地，即或干揭，还不大于害事。总而言之，无论甚地，只以和墒揭之为是”。“干揭”为干土犁地，必然会导致土壤深层水分的蒸发，形成坚硬的大土块；“和墒揭之”则可以保证土壤水分适宜时耕地，耕后土壤能够呈现松软的状态，不致有泥条或者大土块的出现。[①] 豆类倒是可以省去深耕的环节，“凡耕绿豆及大豆田地，耒耜欲浅，不宜深入，盖豆质根短而苗直，耕土既深，土块曲历，则不生者半矣。深耕二字，不可施之菽类。此先农之所未发者”。[②]

耕后的耙耢之功始终是关中旱地农业的重要环节，正如前文所述，《知本提纲》中言，一耕后，土壤晒上几日，得雨后土壤湿润，纵横劳两次，土块粉解；次日又耕，得雨后又如前劳两次，如此数次，土壤自然细熟。但是土壤耕作层熟化仅有耢的过程还不够，“凡人耕田，惟知深犁多劳为功，不知耩细尤为全功。若耩功不到，虽

① 翟允禔：《从“农言著实”一书看关中旱原地上小麦、谷子、豌豆、苜蓿等作物的一些栽培技术》，《西北农学院学报》1957 年第 1 期。
②（明）宋应星撰：《天工开物》卷一《乃粒》，明崇祯十年（1637 年）刊本。

加磨劳，土终麄硬……夫刚土久经雨水，则成强泥条块，最难攻散；或草木根株结绕，亦难开解。故必先用铁齿大耙纵横疏散。俟条块既开，再用铁齿小耙搂去根株，然后磨劳，土无不细矣。若系钙碱沙土，其性本柔，虽久雨，终不结块，可不用耙。如有草根，用耙搂去，自然湿散也”。[①] 土壤“细熟”“麄硬”“湿散”等皆是耕作层土壤质地不同表现出的状态，耕后耙、耢的过程是加速土壤耕作层形成团粒状结构的主要因素。黄土地带的土壤具有类似的性状特征，耕作层的细熟过程也有相同之处，《马首农言》中也记载，“未种之先，耕一次，耙二次，俗谓‘耕三耙四锄五遍，八米二糠再没变’”；种春麦，“耕毕耙二次，耙不厌多”。[②]

耙、耢的过程在播种后仍需要经常进行，漫种、耧种是清代关中主要的播种方法，“然惟漫、耧二法，人所常用。其既种之后，尤必纵横重耢，土块已碎，再用石磙磙之，务使细密坚实。”[③] 合时宜的耙耱对土壤的熟化作用更是堪比给土壤上粪一样的功效，杨秀元这样概括：

十月耱麦巧上粪，人人知之；而其实巧处，人究不知也。种麦后用耙将麦踉过，俟十月天气有雨后耱地。即无雨也要耱地。彼不踉者何尝不耱？何如我踉过再耱？其功之疏密，不必等来春生发时知其好，目下就穰和多矣。[④]

① （清）杨屾：《知本提纲》，收录于王毓瑚辑：《秦晋农言》，北京：中华书局，1957年，第12-13页。
② （清）祁寯藻：《马首农言》，收录于王毓瑚辑：《秦晋农言》，北京：中华书局，1957年，第110-111页。
③ （清）杨屾：《知本提纲》，收录于王毓瑚辑：《秦晋农言》，北京：中华书局，1957年，第21页。
④ （清）杨秀元：《农言著实》，收录于王毓瑚辑：《秦晋农言》，北京：中华书局，1957年，第97页。

十月天气耱地，前已言明，总要留心记之。且宜一早，因潮气露气而耱；日头一晒，地皮硬矣，即有土墼坨垯，定耱不开。人或说有潮气将麦压住，不知此十月天气非二、三月可比。春天麦正生发，一压则不能出土；此时之耱，正为巧上粪。况地过此以后才冻，冻坚然后一开，麦苗自然生发，何压之有？[①]

上述两段均说明播种以后的首要工作就是耙耱麦田。耙麦起到清除杂草，疏松表土的作用，能够促进麦根周围土壤空气的流通。再者，耙麦具有土壤保墒的作用。“十月耱麦”，即阳历 11 月，关中此时的雨量稀少，又值小麦幼苗分蘖盘根的时期，这时土壤干旱对小麦生长极其不利，故在十月通过耱地的环节使土壤保持温度及水分，提供土壤微生物活动的水热条件，杨秀元将其比作巧上粪是有充分理由的。

播种后田间管理的另一项重要任务就是耘锄。“布种之后，频施耘锄之功”[②]，“锄，助也。去秽助苗长也”[③]。播种及作物出苗后，等待时节耘锄也可使耕层土壤变得肥缓。“雨湿之际，最忌耨草；若或不知误锄，草则复生，地则僵硬，而苗究不发长。必俟雨后晴明，燥湿得宜，始用耘锄之功，土则肥缓，苗则易长，自不至枉用其力也。”[④]“天气如果无雨，就不能揭地。每日叫火计在地内锄草，此

① （清）杨秀元：《农言著实》，收录于王毓瑚辑：《秦晋农言》，北京：中华书局，1957 年，第 98 页。

② （清）杨屾：《知本提纲》，收录于王毓瑚辑：《秦晋农言》，北京：中华书局，1957 年，第 29 页。

③ （东汉）刘熙撰，（清）毕沅疏证，（清）王先谦补：《释名疏证补》，北京：中华书局，2008 年，第 222 页。

④ （清）杨屾：《知本提纲》，收录于王毓瑚辑：《秦晋农言》，北京：中华书局，1957 年，第 29 页。

是要紧之著。盖草锄净，即不揭地，亦如揭地一般。”[①] 锄草有如浅耕对土壤耕层的作用，苏联专家格拉希莫夫曾分析认为，关中旱塬地属于褐色土类，土壤颗粒细，性质黏重，保水能力强。但是在夏季，土壤水分蒸发较快，易于板结坚硬，故进行深耕时必须结合降雨。如果七月无雨，则不得深耕。在此情况下，为了休闲地力，收集雨水，减少杂草对土壤水分的消耗，进行锄草，便具有浅耕的作用。[②]

第四节　作物种植与土壤环境

一、黍、粟、菽种植的土壤环境

每种作物都有其适宜的土壤环境，耕作要求也不尽相同。商周时期，黍粟是北方黄河流域的主要粮食作物，关中平原自不例外。至春秋战国时期，黍的地位有所下降，史籍中多以菽粟并称，如“圣人治天下，使有菽粟如水火”[③]，“工贾不耕田而足菽粟”。[④]黍、粟均为耐旱作物，吸水性强，很适宜种植在较为干旱少雨的地带，且在盐碱化程度不高的土地上也可以生长。黍、粟的生长期也较短，在四月到五月间播种，九月中旬到十月就可以收获，这正好利用了

①（清）杨秀元：《农言著实》，收录于王毓瑚辑：《秦晋农言》，北京：中华书局，1957年，第93页。
② 翟允禔：《从“农言著实”一书看关中旱原地上小麦、谷子、豌豆、苜蓿等作物的一些栽培技术》，《西北农学院学报》1957年第1期。
③（清）焦循撰，沈文倬点校：《孟子正义》卷二六《尽心上》，北京：中华书局，1987年。
④（清）王先谦撰：《荀子集解》，沈啸寰，王星贤点校，北京：中华书局，1988年，第148页。

北方黄河流域夏季降雨较多且温度较高的几个月，光热、水分资源均得到充分利用。故在生产技术相对低下的先秦时期，黍粟的种植最为普遍。

黍、粟这样的耐旱作物，对田土环境的要求不是很高，在较为高亢、干旱的台塬地形以及质地坚硬的土壤上都可以种植，如“种禾无期，因地为时。三月榆荚时雨，高地强土可种禾”[①]；“黍者暑也，种者必待暑。先夏至二十日，此时有雨，强土可种黍”[②]。按照关中平原的地形条件，河谷滩地及川地地势低平，高田自当对应于渭河两岸的黄土台塬，而且黄土台塬正是黑垆土发育最强的地区，黑垆土质地致密，透气、透水性均较差。若要在黑垆土上种植作物，种植前需要破坏其坚硬的土层，对其进行反复耕摩，“春地气通，可耕坚硬强地黑垆土，辄平摩其块以生草，草生复耕之，天有小雨复耕和之，勿令有块以待时”。[③]正是采用这种“强土而弱之”的方法，改良土壤质地，以“平摩”的措施保证土壤没有大土块，起到覆盖土壤表层，使深层水分不致蒸发过快。在下种时还强调必须“有雨”，保证旱地农业下种时的土壤水分充足。

菽（大豆）的种植由于其自身耐旱，易于种植，“大豆保岁易为，宜古之所以备凶年也”[④]，成为秦汉时期广泛种植的作物品种。氾胜之也提倡每人种五亩大豆：“谨计家口数，种大豆，率人五亩，此田之本也。”而且大豆不仅可以备荒当主食，豆叶平时也可食用。《战国策》就曾言：“五谷所生，非麦而豆，民之所食，大抵豆饭藿

① 万国鼎：《氾胜之书辑释》，北京：农业出版社，1980年，第100页。
② 万国鼎：《氾胜之书辑释》，北京：农业出版社，1980年，第105页。
③ 万国鼎：《氾胜之书辑释》，北京：农业出版社，1980年，第23页。
④ 万国鼎：《氾胜之书辑释》，北京：农业出版社，1980年，第129页。

羹”[1]，藿即为豆叶。

大豆的种植与黍、粟稍有所不同，在“三月榆荚时有雨，高田可种大豆。土和无块，亩五升；土不和，则益之”[2]，此处仅强调高田种植，并未像黍粟一样强调可种植于强土中。从作物的生长习性考虑，大豆属于需水较多的作物，尤其从下种到发芽这个阶段需吸收相当于本身重量120%左右的水分才能发芽，此时土壤一定不能缺水，须伴雨而种。从开花到结荚也是大豆需水迫切的时期，但开花期间水分又不宜过多，若土壤排水不良，又会造成植株变黄，甚至枯萎。这就要求土壤含水量不能过低，但又不能位于低处排水不畅的区域。而黑垆土土质坚硬致密，往往成为黄土地层中的隔水层，较低的土壤含水量并不利于大豆生长，同时要求土壤不能处于低湿的环境中。由此分析，氾胜之强调的黍、粟种植于高田强土，而菽则种植于高田，但黄土台塬头道塬上的强土未必适宜。

黄土塬属于关中平原的主要地貌类型之一，占平原面积的 2/5 左右，平坦的黄土塬面及河流川地是农业的首选之地，文献中的“高地”应首先从黄土塬说起，塬面上有适合于黍、粟、菽等作物的生长条件。但黄土塬上的土壤分布随地形也存在一定的差异，会导致土壤质地的差异。即便是平坦的塬区，其上的微地形也有差异，可分为塬心、塬畔、塬坡地，另外还有坳地、壕地和埫地。塬面上往往有明显的分水岭，两个分水岭之间开阔平缓微凹的土地，属于塬面上的坳地和洼地，坳地上邻近分水岭的地带，坡降较大，常呈浅凹状地形，也称为“埫”或“埫地”，这里不利于土壤水分的存储，

① （汉）高诱注，（宋）姚宏续注：《战国策》卷二六《韩一》，文渊阁四库全书本。
② 万国鼎：《氾胜之书辑释》，北京：农业出版社，1980 年，第 129 页。

且秦汉时期正是全新世大暖期古土壤层发育结束的时期，地表覆盖的正是坚硬致密的垆土层。而坳地底部往往属于流水汇集的区域，土壤水分条件较好，松散沉积物常被流水携带至此，使土壤质地不致过强。塬面上若水流过于集中，常被水冲刷形成槽状，也称为“壕”或“水壕”，这里也属于塬上的良田，水分、肥力条件均较好，但又存在土壤侵蚀及排水不畅等问题。平坦的黄土塬面上的微地形差异可以导致土壤水分和质地的差异，可以此来选择作物的适宜种植区域。因此，黍、粟在台塬地区均可以种植，且完全可以选择在黑垆土发育强的地形上，而大豆种植或许可以选择在塬区水分条件相对较好的低平地带，关中黄土塬区的土壤环境也正有这样的差异。

二、关中小麦种植的土壤环境

小麦在关中平原的种植至西汉中期开始渐为普及，汉武帝时受到特别重视，认为其秋播夏熟，有接绝续乏的作用。董仲舒就曾上书武帝：“春秋他谷不书，至于麦禾不成则书之。以此见圣人于五谷最重麦与禾也。今关中俗不好种麦，是岁失春秋之所重，而损生民之具也。愿陛下幸诏大司农，使关中民益种宿麦，令毋后时。”[①]于是，武帝劝种宿麦，关中积极推广种植宿麦。汉成帝时，氾胜之还在“教田三辅”，并“督三辅种麦而关中遂穰”[②]。“关中俗不好种麦”，这与小麦种植要求较高的生长环境与生产技术条件有很大关系。

小麦属于生长期长，消耗水分较多的作物，其抗旱耐瘠的能力

① （汉）班固撰：《汉书》卷二四《食货志》，北京：中华书局，1962 年。
② （唐）房玄龄等撰：《晋书》卷二六《食货志》，北京：中华书局，1974 年。

不如黍、粟。现代在黄淮和华北平原等小麦主产区，小麦生长期间的自然降水也仅能满足总耗水量的 25%～30%，其他需水量必须依靠灌溉来补充。[①] 且小麦根系发育强，扎根深，在北方黄河流域比较适宜在相对地势较低的地方生长，古时也有“高田宜黍稷，下田宜稻麦”[②]。古歌也有云：“高田种小麦，稴穇不成穗。”[③]河南安阳小屯遗址的许多穴窖中常发现有麦、稻泥，即原来的麦稻和水土相伴而成的泥，这也说明古时的小麦生长往往接近于水稻的生长区域。从这点来看，适合小麦生长的地形当以下湿地为主。

按照关中地形，河流滩地及川地上的一级阶地地势低，且土壤水分条件好，这里是适宜小麦种植的区域，且汉武帝时期大力发展的水利灌溉对麦作发展也起到极大的保障作用。但是，在地表常有积水或引水便利的滩地，水稻种植也较为普遍。在关中东部地区，郑国渠渠道以南地势低洼，原为泾、渭、清、浊、洛诸水汇集区域，古时曾是面积广大的湖泊沼泽之地[④]，由于土壤排水不畅，形成“泽卤之地”，不利于农作物生长。渭河流域多为高含沙量之河流，随着该区域得以郑国渠、白渠、六辅渠等的灌溉，渠水中携带的大量泥沙不仅能够淤高地面，降低地下水位，还能冲洗土壤中多余的盐分，“用注填阏之水，溉舄卤之地四万余顷，收皆亩一钟”[⑤]。但是如果长期大水漫灌，田土排水不畅，又会很快导致地下水位上升，土壤出现返盐现象，造成进一步的土壤盐

① 居辉、周殿玺：《不同时期低额灌溉的冬小麦耗水规律研究》，《耕作与栽培》1998 年第 2 期。

②（宋）李昉等：《太平御览》卷三六《地部》，引自郑玄注：《孝经》，文渊阁四库全书本。

③（北魏）贾思勰：《齐民要术》卷二《大小麦第十》，文渊阁四库全书本。

④ 李令福：《关中水利开发与环境》，北京：人民出版社，2004 年，第 19-20 页。

⑤（汉）班固：《汉书》卷二九《沟洫志》，北京：中华书局，1962 年。

渍化。因此，关中平原东部的广大泽卤之地，若无灌排结合，也未必适宜小麦的种植。而黍、粟的耐盐碱性要强于小麦，文献中也有“泾水一石，其泥数斗，且溉且粪，长我禾黍”[①]的记载。由此看来，以小麦适宜的土壤水热条件，其种植也许需要尚好的土地与更多的精力。古代的都城周围自是农业首先发展的地区，都城及陵邑区是关中自然条件最为优越的地区之一，“八水绕长安”的地形及水文条件提供了丰富的农业水资源，使这一带土地的价值也倍增。《汉书·东方朔传》中就曾记载：“汉兴，去三河之地，止霸产以西，都泾渭之南，此所谓天下陆海之地……故丰镐之间号为土膏，其贾亩一金。”[②] 在渭河以北，众多陵邑区分布于渭北台地上，河谷至渭北台地之间的川地地形平坦，地势低，土壤水分富足。而且，都城—陵邑区周围，经济及文化的中心地位也有利于新产品及新技术的传播和推广，这一带富豪聚居，相对也有一定的经济能力来承担小麦生长不良带来的风险。在政府的倡导下，这一地区很有可能首先开创试验田进行小麦种植。因此，小麦很可能首先从渭河两岸的都城—陵邑区逐渐向外扩展，河流两岸阶地及中南部的秦岭北麓洪积扇上都适宜小麦生长，也形成了当时关中的主要稻麦生长区域，如图 4-1 所示。

①（汉）班固：《汉书》卷二九《沟洫志》，北京：中华书局，1962 年。
②（汉）班固：《汉书》卷六五《东方朔传》，北京：中华书局，1962 年。

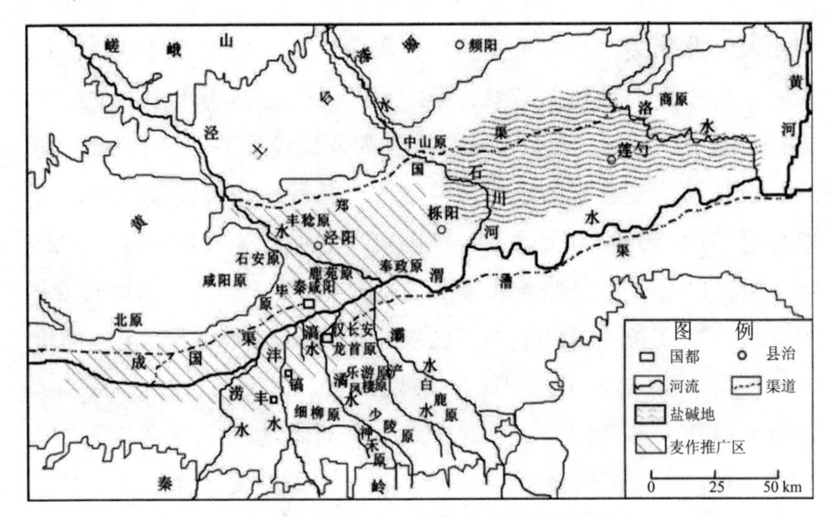

图 4-1　西汉关中平原麦作推广区域示意

在政府的极力推广下，麦的种植受到极大的重视，《氾胜之书》中对于麦的种植方法与技术是所有作物种类中占篇幅最长的。小麦的种植要求较多的土壤水分，抗旱保墒就成为重要的耕作措施。“凡麦田，常以五月耕，六月再耕，七月勿耕，谨摩平以待种时。”[①]五月、六月降雨量不是很多，耕地多能保证疏松多孔的土壤结构，至七月温度逐渐升高，此时耕地会导致土壤深层水分的快速蒸发，仅需将土块摩平等待下种。对小麦下种的时节也有所强调，“种麦得时无不善。夏至后七十日，可种宿麦。早种则虫而有节，晚种则穗小而少实”。到了下种的日子，若天旱无雨，“则薄渍麦种以酢浆并蚕矢，夜半渍，向晨速投之，令与白露俱下。酢浆令麦耐旱，蚕矢令麦忍寒”，白露也可起到增加土壤水分的作用。冬季遇到雨雪，则“以

① 万国鼎：《氾胜之书辑释》，北京：农业出版社，1980 年，第 27 页。

物辄蔺麦上，掩其雪，勿令从风飞去。后雪复如此”[①]，充分利用雪水增加土壤含水量。经过这样的精心管理，若能“得时之和，适地之宜，田虽薄恶，收可亩十石”[②]。

西汉时期小麦在关中地区的推广，大大促进了轮作复种，《氾胜之书》中说到种麦，“禾收，区种”，可能是谷子收获后紧接着种麦。东汉人郑玄注《周礼·地官·稻人》时说：“今时谓禾下麦为荑下麦，言芟刈其禾，于下种麦也。”[③]郑玄注《周礼》中“薙氏”一职时也言：“今俗间谓麦下为夷下，言芟夷其麦以其下种禾豆也。”[④]说明至东汉时期，禾、麦、豆的轮作复种制已经普遍实行，这在提高土地利用率的同时，对土壤的耕作熟化必然有利。就分布区域而言，当时的小麦种植会选择在水热条件较好的平原阶地区，复种制的实行应该也会使这些区域土壤的熟化程度高于一年一熟制的黄土台塬地区。

关中平原的水稻自先秦时期也有种植，低隰之地是稻作的种植区域，发源于秦岭北麓各峪口的溪流带来丰富的水源，洪积扇顶面及河漫滩、低阶地上都可能有水稻田。汉武帝建元三年（前138年）曾游猎长安周围渭水南北，就“驰骛禾稼稻杭之地”[⑤]。且长安周围的物产丰富，“又有粳稻梨栗桑麻竹箭之饶”[⑥]，也说明当时长安周围的低地具备发展稻作的良好条件。

自西汉中期起，关中大兴水利，汉武帝曾主张“左右内史地名

① 万国鼎：《氾胜之书辑释》，北京：农业出版社，1980年，第109-112页。
② 万国鼎：《氾胜之书辑释》，北京：农业出版社，1980年，第27页。
③（汉）郑玄注，（唐）贾公彦疏：《周礼注疏》民国四部备要本，上海：中华书局，1936年，第583页。
④（汉）郑玄注，（唐）贾公彦疏：《周礼注疏》民国四部备要本，上海：中华书局，1936年，第122页。
⑤（汉）班固：《汉书》卷六五《东方朔传》，北京：中华书局，1962年。
⑥（汉）班固：《汉书》卷六五《东方朔传》，北京：中华书局，1962年。

山川原甚众，细民未知其利，故为通沟渎，畜陂泽，所以备旱也。今内史稻田租挈重，不与郡同，其议减”[①]，内史地即三辅之地，以此推断长安周围水稻种植较为普遍。随着白渠、六辅渠、漕渠、龙首渠、灵轵渠、成国渠、漳渠等的修建，与秦时的郑国渠共同构建了关中平原的水利灌溉网。尤其在关中东部，由于地势低洼，原有成片“泽卤之地”，经过淤灌也形成“郑白之沃，衣食之源，提升五万，疆场绮分，沟塍刻镂，原隰龙鳞”[②]的景象，塍则为稻田中的田埂。可见在灌溉渠道可及的地区，农民也可以选择种植水稻。

种植水稻不仅要有充足的水源，对稻田整地、田块大小、土壤肥力也有一定的要求。《氾胜之书》载：“种稻，春冻解，耕反其土。种稻，区不欲大，大则水深浅不适。冬至后一百一十日可种稻，地美，用种亩四升。”对土壤温度也有较高的要求，“始种稻欲温，温者缺其塍，令水道相直。夏至后大热，令水道相错”[③]。水稻刚下种，水温不宜过低，当引水灌溉时，使稻田的进水口与出水口相对直，以保证稻田原有的水温。夏至后气温高，进水口与出水口分别位于稻田两端，使灌溉水斜穿稻田而过，从而降低稻田的水温，达到调节土壤温度的目的。

唐以前北方的主要粮食作物仍然以粟为主，冬小麦并未上升为主粮作物。有学者研究也指出，唐代是冬小麦空间扩展的重要时期，关中的变化尤其明显[④]，有计算得知，大历三年（768 年）京兆麦田

① （汉）班固：《汉书》卷二九《沟洫志》，北京：中华书局，1962 年。

② （梁）萧统编：《文选》卷一《赋甲・京都上》，（唐）吕延济等注，日本东京大学东洋文化研究所藏朝鲜木活字印本。

③ 万国鼎：《氾胜之书辑释》，北京：农业出版社，1980 年，第 121 页。

④ 韩茂莉：《论历史时期冬小麦种植空间扩展的地理基础与社会环境》，《历史地理》第 27 辑，上海：上海人民出版社，2013 年。

占地为 8.3%，开成元年（836 年）就上升为 20%，小麦种植区域的明显扩展有两个重要的推动作用，其一，唐代关中碾硙业的盛行提供了麦类作物的加工条件，其二，小麦的普及推广与关中地少人多的需求相适应，人口与土地的关系始终是提高单位面积土地生产力的主要推动力。这使得以冬小麦为核心的两年三熟制逐渐推行，宋代小麦在各地的种植比例进一步提高，太行山以西地区主要的种植区就集中在自然条件相对较好的关中平原、汾河流域及陇东一带。[①] 土地的耕作频率是土壤耕作层熟化的关键因素，唐代逐渐推行的两年三熟制，对关中地区土壤熟化无疑起到极大的促进作用。唐代形成的两年三熟制多以粟—麦—豆的轮作为主，麦、豆种植比粟需要更多的水分及更肥沃的土壤，这只能更多地依赖水利系统及施肥技术来补偿地力。结合关中地形特征，唐代的水利设施仍然集中在泾、渭、洛河流沿岸的低阶地上，而黄土台塬上仍然难以实现两年三熟制，那么，若从耕作制度引起的土壤耕作频率差异来看，自唐代起，关中平原阶地上的土壤耕作层熟化程度已经高于黄土台塬，这或许也是导致阶地平原上的熟化层更深厚、团粒结构更明显、土质更肥沃的一个重要原因。

土壤的熟化程度与农业耕作活动的频率和强度有密切关系，随着作物复种指数的提高，耕作频率也会提高，土壤的团块状或板状结构也会频繁遭到破坏，致使土壤团粒状结构更为明显。《农言著实》中记录了作者杨秀元一家从事农业经营管理与生产技术的经验，根据他的记述，农户家似乎整年都没有清闲的时候，四季都有农活安排，主要包括以下内容：

春季，挖苜蓿，锄麦、苜蓿、菜子、豌豆、扁豆，割、晒苜蓿，

① 华林甫：《唐代粟、麦生产的地域布局初探（续）》，《中国农史》1990 年第 3 期。

收菜子，得雨可种秋田禾。

夏季，收豌豆、扁豆，收麦，种谷，锄地，麦田上粪（夏闲地），种迟谷，耕夏闲地，锄地（秋田禾）。

秋季，耩地（浅耕，耙，耱收墒），收菜子，收糜谷，种菜子，种麦、豌豆、扁豆。

冬季，麦田管理，地冻后上浮粪。

以上农活安排可以看出，小麦的种植与管理是全年中最重要的农活，且该书一多半都在论述小麦的种植，说明小麦种植已占有突出的地位。除小麦外，豌豆、扁豆、油菜也是越冬作物，这三种作物在关中地区多为冬季栽培。油菜八月播种，第二年六月上旬收获，豌豆、扁豆一般十月播种，第二年六月上旬收获，这三种作物可以做小麦的前作，三种作物收获后，可与小麦实行轮作。这样也就形成以冬小麦为主，菜子、豌豆、扁豆为辅，收获后行夏季休闲的种植制度。菜子、豌豆、扁豆虽也有一定面积的种植，但它们除解决油料和饲料等需求外，更多是为倒茬养地而作。为了更加充分利用土地，有时还插入一季秋杂粮作物。但秋粮作物的种植必须“收麦后先揭地，得雨就要种谷”[①]，“麦后拖地种谷……俟有雨后先将种荞麦之地用耱收墒”[②]，“麦后雨水合宜，笨谷要种，稚谷也要种”[③]，总要等到雨水合宜方可，故种与不种，种何种作物，都需要按当年的具体情况而定。

---

①（清）杨秀元：《农言著实》，收录于王毓瑚辑：《秦晋农言》，北京：中华书局，1957年，第93页。

②（清）杨秀元：《农言著实》，收录于王毓瑚辑：《秦晋农言》，北京：中华书局，1957年，第93页。

③（清）杨秀元：《农言著实》，收录于王毓瑚辑：《秦晋农言》，北京：中华书局，1957年，第92页。

清代，小麦在种植制度中的突出地位已十分明显，《知本提纲》中涉及作物种植的内容也以麦为首，如“旱种甚广，凡山、原、隰、泽之地，麦、粟、麻、菽之类，皆是也”[①]，坚硬的土壤“既以礋破，麦、粟之类无不发生”[②]。另还有两处专门提到“秦中种麦之期，必过秋分，方为合时”[③]，“秦中麦秋在芒种前后，必带青黄即收”[④]。《农言著实》与《知本提纲》中对麦的重视程度都说明小麦已是关中地区最主要的种植作物。自汉代小麦在关中的推广，小麦的种植仍受到地形所引起的土壤水分的限制，以低平下湿之地为主，常与稻作种植的土壤相联系。唐代起，关中麦的种植范围逐渐扩大，至清代，麦的种植已不受地形的限制，黄土台塬与阶地平原皆可种植，“麦熟时节，先收平川，次收原上。咱家中收麦之日，原上车马并火计都要下原才是。但原上风气不比从前，总要去火计或芒工三人，一个喂牲口，两个在麦地内前后左右底巡逻，不可顷刻忽过。偷麦者定知我家今日在平川收麦，原上无人照管，因而肆行无忌”[⑤]。

相较于其他谷类作物，小麦的生长期长，在整个生长季需采用多种耕作技术配合，以保证麦田土壤的熟化。按照杨秀元对麦田的管理，在欲种小麦的土地夏季休闲期间，“总要大犁揭两次”[⑥]，并

①（清）杨屾：《知本提纲》，收录于王毓瑚辑：《秦晋农言》，北京：中华书局，1957年，第21页。

②（清）杨屾：《知本提纲》，收录于王毓瑚辑：《秦晋农言》，北京：中华书局，1957年，第22页。

③（清）杨屾：《知本提纲》，收录于王毓瑚辑：《秦晋农言》，北京：中华书局，1957年，第30页。

④（清）杨屾：《知本提纲》，收录于王毓瑚辑：《秦晋农言》，北京：中华书局，1957年，第31页。

⑤（清）杨秀元：《农言著实》，收录于王毓瑚辑：《秦晋农言》，北京：中华书局，1957年，第88页。

⑥（清）杨秀元：《农言著实》，收录于王毓瑚辑：《秦晋农言》，北京：中华书局，1957年，第92页。

且锄地、上粪、耩地，令麦地深度熟化。下种后，冬日里给麦地上浮粪，二月锄麦；麦收以后，要先浅耕，后用大犁深耕两次。麦收后的地还要上底粪，待七月种麦前后，还需要耩地，将已犁过的地再耙过，耱过，“地也虚活，又无大土墼”[①]。至十月还要“种麦后用耙将麦跟过，俟十月天气有雨后耱地”[②]。以麦作为主的轮作制的普遍采用，使土地休闲的时间大大缩短，仅行夏季短暂休闲或因秋粮种植而无休闲，且农户们非常重视小麦的种植和管理，精细化的耕作方式必然使土壤具有良好的结构特征。并且，麦后种谷仍然要耕、耙、耱、锄等相结合，这能有效防止土壤因水分过多或过少导致的土壤板结变硬现象。但是，复种指数的提高会增加地力的消耗，故在小麦生育期内，不仅上底粪，冬日里还需要追肥，尤其在麦后种谷之地，冬日里上浮粪是重要环节。这在前代大田作物的种植中是不多见的，频繁施加土粪对土壤耕作层的熟化起到积极的促进作用。

三、果蔬类种植的土壤环境

蔬菜种植在历代农户的副业生产中也受到重视，《四时纂要》记载的蔬菜品种有几十种之多。《齐民要术·杂说》[③]中也载：“如去城郭近，务须多种瓜、菜、茄子等，且得供家，有余出卖。只

---

①（清）杨秀元：《农言著实》，收录于王毓瑚辑：《秦晋农言》，北京：中华书局，1957年，第95页。

②（清）杨秀元：《农言著实》，收录于王毓瑚辑：《秦晋农言》，北京：中华书局，1957年，第97页。

③ 学界已普遍认为《齐民要术》中《杂说》篇并非贾思勰原作，根据文内名物和用词，推测其为唐代人所作。故其中之农事也应为唐时之做法。

如十亩之地，灼然良沃者，选得五亩，二亩半种葱，二亩半种诸杂菜；似校平者种瓜、萝卜。其菜每至春二月内，选良沃地二亩熟，种葵、莴笋。作畦，栽蔓菁，收子。至五月、六月，拔诸菜先熟者，并须盛裹，亦收子讫。应空闲地种蔓菁、莴笋、萝卜等，看稀稠锄其科。至七月六日、十四日，如有车牛，尽割卖之；如自无车牛，输与人。即取地种秋菜。”由此看出，蔬菜种植不仅供农家自家食用，还可以出售。蔬菜的种植更需精耕细作，土壤的熟化程度更高，“如拟种瓜四亩，留四月种；并锄十遍。蔓菁、芥子，并锄两遍。葵、萝卜，锄三遍。葱，但培锄四遍”[①]。《四时纂要》中记载如葱、薤的种植则是先种绿豆，至五月掩杀，反复耕耘令田熟，到七月播种。正月里种葵，“葵须畦种，水浇。畦长两步，阔一步，大则水难匀。他畦仿此。深掘，以熟粪和中半，以铁齿杷耧之令熟。足蹑令坚平。下水令微湿渗，下葵子。又取和粪土盖之，厚一寸”。[②]种桑，“熟耕地，畦种如葵法。土不得厚，厚即不生。待高一尺，又上粪土一遍。当四五尺，常耘令净”。[③]种韭，“韭畦欲深，下水加粪，与葵同法。剪之，初岁唯一剪。每剪即加粪。须深其畦，要容粪故也”。[④]种茄，“畦、水如葵法”。[⑤]书中记载的各种蔬菜种植法多采用畦种法，畦种如同区种，也是一种集中供水供肥的精耕细作方式，长期采用此法耕种，必定会形成熟化程度高的肥熟土，在现代城市郊区常分布肥熟土，因长期种植蔬菜，大量水肥供应使土壤尤其肥沃，故也称之为“菜园土”。

---

①（北魏）贾思勰：《齐民要术·杂说》，文渊阁四库全书本。
②（唐）韩鄂：《四时纂要》卷一《正月》，明万历十八年（1590年）朝鲜刻本。
③（唐）韩鄂：《四时纂要》卷一《正月》，明万历十八年（1590年）朝鲜刻本。
④（唐）韩鄂：《四时纂要》卷二《二月》，明万历十八年（1590年）朝鲜刻本。
⑤（唐）韩鄂：《四时纂要》卷二《二月》，明万历十八年（1590年）朝鲜刻本。

以此来看，分布在城镇周边的土壤耕作层更加肥沃，熟化程度更高，自唐代起已经有此趋势。

不仅如此，清代关中豌豆、扁豆、油菜的种植十分普遍，它们与小麦的倒茬轮作对地力培养十分有利，20 世纪 50 年代的经验证明，种一季豌豆之后再种小麦，可以连续丰收小麦二三年，且能增产百分之十以上。[①]另一种重要的养地作物就是苜蓿，从杨秀元的叙述中可以得知，苜蓿的种植极受重视。一年中的农活有不少是关于苜蓿的种植与收获的，正月，“节气若早，苜蓿根可以喂牛，见天日著火计挖苜蓿”[②]，二月，“锄麦……再锄苜蓿”[③]，三月，“苜蓿花开圆，叫人割苜蓿。先将冬月干苜蓿积下，好喂牲口。但割底晒苜蓿，总要留心”[④]。苜蓿在清代主要作为家畜饲料，苜蓿茎叶可以做饲料，苜蓿根还可以喂牛。如果地多，则“年年有种的新苜蓿，年年就有开的陈苜蓿”[⑤]。种植苜蓿除作为饲料外，连续种植后遗留于土壤中的有机质数量相当可观，这对增进地力，改善土壤肥力状况有良好作用。

---

① 翟允禔：《从“农言著实”一书看关中旱原地上小麦、谷子、豌豆、苜蓿等作物的一些栽培技术》，《西北农学院学报》1957 年第 1 期。

②（清）杨秀元：《农言著实》，收录于王毓瑚辑：《秦晋农言》，北京：中华书局，1957 年，第 85 页。

③（清）杨秀元：《农言著实》，收录于王毓瑚辑：《秦晋农言》，北京：中华书局，1957 年，第 86 页。

④（清）杨秀元：《农言著实》，收录于王毓瑚辑：《秦晋农言》，北京：中华书局，1957 年，第 87 页。

⑤（清）杨秀元：《农言著实》，收录于王毓瑚辑：《秦晋农言》，北京：中华书局，1957 年，第 85 页。

第五节　小 结

关中平原的黄土疏松多孔，易于开垦是其自身具有的优良特性，在缺乏金属农具的时代，关中土壤疏松易耕的性质无疑是吸引先民定居于此的重要因素。但就气候条件、古代地表土层性质、土壤肥力状况等综合因素衡量，古代土壤的生产性能仍存在诸多不利因素。今天农民群众口中的“生土”就如同古代耕作之初的土壤一样，具有土体紧实、肥力低、生物活性弱的特征，而经过耕作熟化后的“熟土”的基本特征就是具有优良的结构。通过耕作活动创造优良的土壤结构，促进土壤耕作层中气、热、水、肥的协调是土壤熟化的主要过程。

历史证明，包括选用农业生产工具、作物种类、治田方式、耕作技术在内的耕作行为是改善土壤环境，创造耕作层优良结构的主要作用力。优良的土壤耕作层结构一般表现为土壤结构体以团粒状为主，孔隙度适中，无大孔隙且无板结，土壤水、肥充足等。

农业耕作活动的方式及力度是影响土壤耕作层结构形成与熟化程度的主要途径。通过关中历史时期耕作方式及力度的复原，探究不同历史阶段农耕活动对土壤耕作层的扰动过程是本章探讨的内容。将历史时期耕作技术的实际效果与现代农作学的知识综合起来考察，关中平原每一次农业生产技术与方法的革新都会对土壤耕作的频度或力度起到积极的推进作用。

先秦至两汉时期是原始农业向传统农业演进的重要历史阶段，一系列重大的农业变革使耕作活动变得更为简单。铁犁及牛耕的发明与应用是古耕层形成的第一个关键环节，坚韧而锋利的犁铧足以起到深度破土的效果。该时期关中地表广泛覆盖坚硬的“垆土”，黏性强、质地硬，棱柱状或似棱柱状结构是其主要特征，金属农具的使用能够切断棱柱状结构中的大孔隙，改变土壤孔隙的分布，形成新的块状结构。针对垆土层坚硬致密的结构特征，采用耕—摩—蔺的耕作技术达到“强土而弱之”与“弱土而强之”的目的。

从垄作法、畎亩法到代田法、区田法，都是改善土壤肥力与水分条件的过程，尤其区田法的运用，集中供水供肥的耕作方式能够起到土壤快速熟化的作用。对土壤耕作结构而言，在获得土壤水分和肥力的同时，这些耕作技术也起到加大耕作层厚度的效果。在关中塿土剖面中，埋藏于地表下的垆土层的顶部，常可见棱柱状结构不显现，与上部覆盖层分界不明显的现象，且存在 10～20 cm 厚的过渡层，这很可能与秦汉时期提倡的深耕有很大关系，深耕将下部黏化的垆土层不断与上部逐渐堆垫的覆盖层耕翻混合，使其共同参与到新的成土化过程中。

关中平原自秦汉时期以后，历代虽有一些水利建设，但随着封建王朝的兴衰，时立时废，且水利灌溉所及之区域仍然很小，农业生产大多数“靠天吃饭”。因此，在包括作物布局、耕作方法、中耕管理等环节的农耕活动中，充分利用自然降水，形成以“土宜”与“时宜”为原则的耕作方法始终是关中农业的核心内容。

北魏时期，耕—耙—耢耕作体系的出现使土壤抗旱保墒性能大大提高。耙是继犁耕之后进一步将大土块细碎的过程，耢是用细散土层覆盖土壤表层的过程。从土壤耕层结构的形成来讲，耕犁先将团块状、板状或棱柱状结构破坏，形成大土块；耙地再将大土块研碎，形成小土块；耢地进一步将小土块研磨成团粒状的颗粒物质，这一过程不仅形成团粒状的结构体，也可改变土层中毛管水与非毛管水的孔隙通道，利于水分、空气、养分等的流通与协调。汉代氾胜之所言的“摩”是用耰以手敲打，而“蔺”是用足践踏，这对土壤质地与结构改变的粒度远不及使用耙和耱的过程。

耕—耙—耢耕作体系建立之后，后代基本一直沿用，只是在耕作的“土宜”与“时宜”方面不断产生新的理论与实践。实行春耕、夏耕、秋耕、浅耕、深耕及耕、耙、耱的多次结合都表现出耕作逐渐细化的过程。

影响耕作频繁度与细致度的另一个因素是作物种类与布局。其中，小麦种植在作物布局中的转变是影响关中平原土地利用方式及区域扩展的重要因素。自氾胜之时代起，小麦就在关中被推广，但当时的种植仍要受地形及土壤的限制，未能在关中大面积种植。唐时期，小麦在关中的种植面积明显上升，但黍、稷依然占较大比例，直至明清时期，“四海之内，燕秦晋豫齐鲁诸道，烝民粒食，小麦居半，而黍稷稻粱仅居半”[①]。清代，小麦已经成为关中的主粮作物，也代表着关中大部分地区复种指数的提高，三年四熟制或两年三熟制得以普及。日本学者足立启二曾提出，清代关中谷物的中心是小麦和粟，但小麦是耕作方式中的主轴，小麦和粟仅能实现部分的复种。若只考虑主粮的收获，把同一块田地以几年为单位加以考察的话，平均起来基本上仍是一年一熟。[②]但不管怎样，自唐之后形成的粟、麦、豆或麦、豆、秋杂粮轮作都提高了土地利用率，关键是增加了土壤的耕作频率。且在清代，小麦在关中的种植已大大减少了对地形及土壤的限制，在黄土台塬与阶地平原都可以种植，这对台塬区过去以黍粟为主的作物结构对土壤耕作层的熟化强度应有显著

① （明）宋应星撰：《天工开物》卷一《乃粒》，明崇祯十年（1637年）刊本。
② ［日］足立启二：《清代华北的农业经营与社会构造》，《中国农史》1989年第1期。

提高。小麦与其他作物的轮作，必然消耗更多的土壤水分和养分，生产中除抗旱保墒措施及豆类、油菜、苜蓿等养地作物种植改善土壤水、肥条件以外，大田作物频施土粪在清代之前的耕作环节中也是不多见的，肥力的提高也促使土壤活性增强，虫孔、根孔的增加对形成虚活、肥沃的土壤耕作层极为有利。

总而言之，从关中平原包括作物布局的选择，耕作制度的变化，耕作农具的变革，耕作技术的演进等耕作活动的历史发展过程来看，这些行为致使人们对土壤耕作层扰动的频率及强度呈逐渐增强的趋势，越接近于近代，扰动强度越大，熟化程度越高，对土壤耕层结构特征的影响也越强。在关中平原塿土剖面中，可明显观察到古耕层越接近上部犁底层，其孔隙度越高，团粒状结构越明显。朱显谟在武功县黑油土剖面的实验数据显示，在古耕层距地表的不同深度，20～40 cm、40～60 cm、60～80 cm 深度范围的孔隙度平均值分别为 44%、41.75%、39.33%[①]，另据李玉山对武功红油土剖面的分析，古耕层位于地表下 60 cm 左右，距地表 30～40 cm、40～50 cm、50～60 cm 深度范围的土壤孔隙度分别为 49.3%、48.9%、47%[②]，数据显示，塿土古耕层的孔隙度自下部向上部增加，反映出古耕层的熟化程度由下部向上部有逐渐增强的趋势。这应与距离地表越近，根系分布越密集有很大关系，但也不能忽视随着历史时期土壤覆盖层的逐渐抬升，人们耕作活动频率与强度的逐渐增强对土壤的影响力。

① 朱显谟：《塿土》，北京：农业出版社，1964 年，第 38 页。
② 转引自朱显谟：《塿土》，北京：农业出版社，1964 年，第 76 页。

第五章 关中平原施肥与土壤堆垫过程

汉代《氾胜之书》起篇便言："凡耕之本，在于趣时和土，务粪泽，早锄早获。"[①]元代王祯也曾言："田有良薄，土有肥硗，耕农之事，粪壤为急。粪壤者，所以变薄田为良田，化硗土为肥土也。"[②]施肥是土壤耕作的重要环节，作物的营养皆来自土壤中的有机物质。土壤剖面、土体构型、土壤发生层都是土壤发育的外在特征，而土壤肥力则是土壤内在属性的综合体现。在关中平原悠久的农业历史中，先民们积累了许多土壤培肥的经验，在他们长期施肥的过程中充分利用了黄土资源，以施用土粪的形式为土壤耕作层不断补充新的成土物质和营养元素。与此同时，关中平原也不断接受着来自西北内陆的风尘堆积，它与土粪共同构成了塿土上部覆盖层的物质组成，自然与人为过程的作用方式及强度是关中人为土形成的关键因素。

朱显谟曾经定义塿土为："塿土是在原来的土壤上由于长期耕作

① 万国鼎：《氾胜之书辑释》，北京：农业出版社，1980年，第21页。
②（元）王祯：《农书·农桑通诀三·粪壤篇》，文渊阁四库全书本。

施肥而覆盖层渐渐增厚而形成的土壤。”[①]《陕西农业土壤》一书中也认为“塿土是在自然褐土的基础上，由于长期施加土粪形成了熟土层，其增厚一般为 30～60 cm 左右，使原自然土壤发生了深刻的变化，土壤肥力和生产性能显著提高，成为一种人工创造的崭新的农业土壤类型”。[②]也有认为塿土的形成除了人为施加土粪，更多受到几千年来黄土自然沉降的影响。不可否认，在塿土形成过程的分析中，已基本肯定人为施加土粪的作用，本章通过复原关中平原古代农业生产活动中的土壤培肥措施及土粪的积累、制造及施用过程为塿土耕作层二元结构、肥力条件的形成提供历史学证据。

第一节　古代关中平原的土壤培肥措施

两千多年前，中国人就懂得“地可使肥，亦可使棘”的道理。“粪”本义为废弃物，但在中国农业发展史上却构成了农业文明的基石。先秦时代提出“多粪肥田，是农夫众庶之事也”[③]，积肥与用粪始终是古代中国人农事安排的重要活动。农民们认真对待土地与细心施肥对土壤资源与农业文明的意义举足轻重。美国农业部土壤管理所所长富兰克林·H. 金所言：“东亚民族的农业在几世纪之前就已经能够支撑起高密度的人口。他们自古以来就施行豆科植物与多种植物轮作的方式来保持土壤的肥沃。几乎每一寸土地都被用来种植作物以提供食物、燃料和织物。生物体的排泄物、燃料燃烧之后的灰

① 朱显谟：《塿土》，北京：农业出版社，1964 年，第 9 页。
② 陕西省农业勘察设计院主编：《陕西农业土壤》，西安：陕西科学技术出版社，1982 年，第 45 页。
③（清）王先谦撰：《荀子集解》，沈啸寰、王星贤点校，北京：中华书局，1988 年，第 183 页。

烬以及破损的布料都会回到土里，成为最有效的肥料。如果向全人类推广东亚三国的可持续农业经验，那么各国人民的生活将更加富有。”[①] 德国农学家瓦格勒也说：“在中国人口稠密和千百年来耕种的地带，一直到现在未呈现土地疲敝的现象，这要归功于他们的农民细心施肥这一点。”[②]

在关中平原这块相对狭小的地形单元上，以中央王朝为凝聚力的众多人口曾在这里繁衍生息，这块土地更是将这种永续农业的利用方式发挥得淋漓尽致，土壤资源持续着长达几千年肥沃的程度，在每一阶段土壤耕作层形成过程中，人们总有办法使其变得结构良好和土质肥沃，关中古代的土壤培肥技术正如国外学者所言，是保持土壤永续利用的良好经验。

一、先秦时期的土壤培肥

土壤培肥的方法是人们逐渐积累经验所得，早期的农业生产，土壤培肥的过程或许是人类无意识的行为过程。刀耕火种的时期，生产的重点在于开辟农地，根据早期农业遗址出土的农具推断，人们先用石斧、石刀等工具砍伐森林和荒草，然后焚烧，借助火的力量消灭杂草和树木，开拓空地，后用石铲将从野生植物培育出来的粟、黍等作物种子埋入地下，成熟后用石镰收获。这时人们对土地的改良或许还全然不知，只是依靠不断更换种植地满足作物生长的需要，被抛荒的土地往往要间歇数年后才能继续耕种，导致人类只

---

① ［美］富兰克林·H. 金：《四千年农夫：中国、朝鲜和日本的永续农业》，程存旺、石嫣译，北京：东方出版社，2011 年，第 1 页。

② ［德］瓦格勒：《中国农书》，王建新译，北京：商务印书馆，1936 年版，第 240 页。

能不断迁徙，过着季节性的半定居生活。美国文化人类学家罗杰·M.基辛将此称为"游耕"，他认为："热带的新石器时代民族想出的办法就是游耕。任何家族或亲族不论何时都拥有超出实际所需的土地。在一片地收获时，就得清除出另一片地来种植。然后任原来的地荒芜，在某一最高时点，土地重获的肥沃度和清理新耕地的困难程度之间达到一个均衡点。如果土地足够的话，这一过程约需要十年到二十年之久。"[①]尽管如此，人类也已经摆脱了完全依靠采集、渔猎、狩猎等生存方式，开始进入土地开发的萌芽时期，这也是人类利用土壤资源获取食物的开端，早期的关中地区应该也是如此，通过不断的烧荒达到清理灌丛杂草以便种植作物的目的。

到 5 000～6 000 年前，关中地区的半坡先民在浐河阶地开始过上定居的生活。遗址出土的农业生产工具不仅数量多，而且种类非常齐全，有斧、锛、锄、铲、凿、石刀、陶刀、磨盘、磨棒等，这些工具说明人类已掌握了从开辟耕地、疏松土壤到播种、收获、储存、加工粮食的一整套生产程序。随着锄草和耕翻土地等技术的掌握，连种制开始在居民点周围实施，之所以能连种，休耕、灰肥、草肥等恢复地力的方法想必起到保持地力的积极作用。善于总结经验的先民们一定也会发现焚烧过的土地往往肥力更高，且在倾倒粪便的荒地上植被生长更加茂盛，这些都为后来人们有意识、有目的的培肥土壤的经验总结提供了帮助。

殷商时期的甲骨文中常见"焚"字，《说文》中解释"焚，烧田也"。[②]胡厚宣曾深入讨论过殷代农作施肥问题[③]，他认为，很多学者

① 北晨编译：《当代文化人类学概要》，杭州：浙江人民出版社，1986 年，第 37-38 页。
②（汉）许慎：《说文解字》，北京：中华书局，1963 年，第 209 页。
③ 胡厚宣：《殷代农作施肥说》，《历史研究》1955 年第 1 期；胡厚宣：《殷代农作施肥说补证》，《文物》1963 年第 5 期。

据甲骨文当中的这个“焚”字判断殷代虽然已进入农业时代，但仅具有粗耕雏形，技术极为幼稚，不知道施肥，使用的是烧田耕作法，这个结论仍需要讨论。经考证，胡厚宣得出殷代已开始收集弃灰和人畜粪便等，已知晓这种施肥的方法。若如此，从那时起，人们已经利用废弃物培养土壤地力。

从殷代以后，土壤培肥的记载便多了起来。《诗经》中记载：“其笠伊纠，其镈斯赵。以薅荼蓼，荼蓼朽止。黍稷茂止，获之挃挃。”[①] 耕翻后，田间腐烂的杂草可使黍稷生长茂盛。《礼记》中载：“季夏之月……土润溽暑，大雨行时，烧薙行水，利以杀草，可以粪田畴，可以美土疆。”[②] 把杂草刈除焚烧后，经水浸泡，肥田改土。较为肥沃的土地上一般荒草茂盛，去除杂草一方面可以腾出空地进行农业耕种，另一方面还可以以草作肥，根据荒草的生长季节，“薙氏掌杀草，春始生而萌之，夏日至而夷之，秋绳而芟之，冬日至而耜之，若欲其化也，则以水火变之”[③]。《礼记·月令》中也提到“烧草取灰，或沤草作肥”[④]，火烧则成草木灰、水沤则成腐烂茎叶，回到田中都是极好的肥料。当时的施肥种类虽不多，但施肥显然是农业生活中极为重要的一件事情，为此还设置了专门的官员进行管理，“草人掌土化之法以物地，相其宜而为之种”[⑤]，草人就是专门掌管土壤施肥的职官。

---

① 周振甫：《诗经译注》，北京：中华书局，2002 年，第 522 页。

②（清）孙希旦撰：《礼记集解》卷一五《月令》，沈啸寰、王星贤点校，北京：中华书局，1989 年。

③（清）孙诒让撰：《周礼正义》卷七〇《秋官薙氏》，王文锦、陈玉霞点校，北京：中华书局，2013 年，第 2928 页。

④（清）孙希旦撰：《礼记集解》卷一五《月令》，沈啸寰、王星贤点校，北京：中华书局，1989 年。

⑤（清）孙诒让撰：《周礼正义》卷三〇《地官草人》，王文锦、陈玉霞点校，北京：中华书局，2013 年，第 1181 页。

休耕是另外一种更为简单易行的提高地力的方式。“凡造都鄙，制其地域而封沟之。以其室数制之：不易之地，家百亩；一易之地，家二百亩；再易之地，家三百亩。”[①] 郑玄注：“不易之地，岁种之”，“一易之地，休一岁乃复种”，“再易之地，休二岁乃复种”。[②] 在土地分配制度中，不同休耕年限的土地肥力亦不相同，休耕时间越长，分配的亩数越多，由此也可看出不休耕的土地占少数，大多数土地都是要休耕的。“辨其野之土，上地、中地、下地，以颁田里。上地，夫一廛，田百亩，莱五十亩，余夫亦如之；中地，夫一廛，田百亩，莱百亩，余夫亦如之；下地，夫一廛，田百亩，莱二百亩，余夫亦如之。”[③] 郑玄注：“莱谓休，不耕者”。[④] 古代上、中、下一般代表着土壤肥力的高低，肥力低的土地休耕的亩数也更多。

可见，休耕、掩草烧草的方式是先秦时期主要采用的恢复或提高土壤肥力的方式。春秋战国以后，人们开始熟悉更多施肥的理论和方法，并得知土壤肥力的高低通过人的主观能动性是可以调节的，农业生产活动既可以使土壤变得肥沃，也可能使土壤变得贫瘠，“地可使肥，又可使棘”[⑤]，土壤肥力之高低，是可以由人来决定的，土壤若管理得好，肥力可以不断维持和提高。《荀子·富国》载：“多粪肥田，是农夫众庶之事也。”提高土壤肥力已然成为农田经营中极为重要的事情。

---

①（清）孙诒让撰：《周礼正义》卷一八《地官大司徒》，王文锦、陈玉霞点校，北京：中华书局，2013 年，第 689 页。

②（汉）郑玄注，（唐）贾公彦疏：《周礼注疏》民国四部备要本，上海：中华书局，1936 年，第 368 页。

③（清）孙诒让撰：《周礼正义》卷二九《地官遂人》，王文锦、陈玉霞点校，北京：中华书局，2013 年，第 1121 页。

④（汉）郑玄注，（唐）贾公彦疏：《周礼注疏》民国四部备要本，上海中华书局，第 551 页。

⑤ 许维遹：《吕氏春秋集释》卷二六《士容论·任地》，梁运华整理，北京：中华书局，2009 年，第 687 页。

草肥和休耕无疑是先秦时期土壤保持地力的主要方式，但牲畜粪便也已被广泛使用。有关肥粪的种类，在种肥使用中更多的被提及，《周礼》记载："凡粪种，骍刚用牛，赤堤用羊，坟壤用麋，渴泽用鹿，碱泻用貆，勃壤用狐，埴垆用豕，强檃用蕡，轻爂用犬。"[①]尽管对各种动物粪便的功效我们不得而知，但很有可能是当时的施肥官在不同土壤条件下试验而得的施肥方法。人们那时候并未家养太多的牲畜，应该也没有广泛积粪的经验和习惯，故这里提到的粪的数量很有限，多用作种肥。用于广泛肥田的牲畜粪便，马粪应该属于较早使用的，老子《道德经》第四十六章中载："天下有道，却走马以粪。"《韩非子》也提道："积力于田畴，必且粪灌，故曰：天下有道，却走马以粪也。"[②]尽管"却走马以粪"有很多种解释，但似乎以马粪肥田是最合乎其意的，即为让马停下来肥田。还有以马粪来粪种的，《论衡》中："《神农》《后稷》藏种之方，煮马粪以汁渍种者，令禾不虫。"[③]在山东滕州出土的汉画像石中，画面中两马相对，右边的马在排粪，马后一人右手拿铲，左手拿箕，弯腰捡拾马粪，形象地展示了"走马以粪"的情景。这里已提到使用马粪作为肥料，但具体施入土壤的数量和方法并未记载。

二、汉魏时期的土壤培肥

秦汉时期，中央集权封建制度的确立，农业得以迅速发展，作

①（清）孙诒让撰：《周礼正义》卷三〇《地官草人》，王文锦、陈玉霞点校，北京：中华书局，2013年，第1181页。

②（清）王先谦撰：《韩非子集解》卷六《解老》，钟哲点校，北京：中华书局，1998年，第130页。

③ 黄晖：《论衡校释》卷一六《商虫》，北京：中华书局，1990年，第713页。

为中央王朝所在地的关中地区，为满足快速增加的人口需要，关中地区一方面需要大面积开垦土地，另一方面则要提高单位面积土地的生产力。土壤培肥技术在这一时期已颇为重要，对土壤肥力的认识和探索也日渐深入。汉代氾胜之曰："汤有旱灾，伊尹作为区田，教民粪种，负水浇稼。区田以粪气为美，非必须良田也。"[①] 东汉王充在其《论衡·率性》中描述人力对土壤性状之改变："夫肥沃硗埆，土地之本性也。肥而沃者性美，树稼丰茂。硗而埆者性恶。深耕细锄，厚加粪壤，勉致人功，以助地力，其树稼与彼肥沃者相似类也。"[②]

随着精耕细作农业的产生，土壤连作需要的肥粪数量和质量都会相应提高。《氾胜之书》中记载了多种作物种植时，都需要粪田。"上农夫区，方深各六寸，间相去九寸。一亩三千七百区。一日作千区。区种粟二十粒；美粪一升，合土和之。"[③] 区种大豆："坎方深各六寸，相去二尺，一亩得千二百八十坎。其坎成，取美粪一升，合坎中土搅和，以内坎中。"[④] 种枲："春冻解，耕治其土。春草生，布粪田，复耕，平摩之。"[⑤] 种麻："豫调和田。二月下旬，三月上旬，傍雨种之。麻生布叶，锄之。率九尺一树。树高一尺，以蚕矢粪之，树三升；无蚕矢，以溷中熟粪粪之亦善，树一升。"[⑥] 区种瓜："一科用一石粪，粪与土合和，令相半。"[⑦] 种瓠："区种四实。蚕矢一斗，

① 万国鼎：《氾胜之书辑释》，北京：农业出版社，1980 年，第 27 页。
② 黄晖：《论衡校释》卷二《率性》，北京：中华书局，1990 年，第 68 页。
③ 万国鼎：《氾胜之书辑释》，北京：农业出版社，1980 年，第 68 页。
④ 万国鼎：《氾胜之书辑释》，北京：农业出版社，1980 年，第 130-132 页。
⑤ 万国鼎：《氾胜之书辑释》，北京：农业出版社，1980 年，第 146 页。
⑥ 万国鼎：《氾胜之书辑释》，北京：农业出版社，1980 年，第 149 页。
⑦ 万国鼎：《氾胜之书辑释》，北京：农业出版社，1980 年，第 152 页。

与土粪和。”[1]种芋：“取区上湿土与土粪和，内区中其上，令厚尺二寸，以水浇之，足践令保泽。”[2]记载中提及的有“美粪”“粪”“熟粪”“蚕矢”四种对肥粪的称呼。

蚕桑业在汉代是占据重要地位的，蚕丝的生产已很普遍。[3]蚕矢（“矢”通“屎”）是上好的肥料，据现代实验测得，100 斤（1 斤=500 g）干蚕屎沤腐熟后含氮 13.55%、磷 8.37%、钾 10.15%、钙 1.16%，是一种既可以肥田，又可以疏松土壤的有机肥料。[4]至于粪，应当指人畜粪便，“美粪”“粪”“熟粪”很可能指人畜粪便的不同状态。“溷中熟粪”中的“溷”在汉代多指圈厕相连，各地的汉代遗址中曾出土很多猪圈模型，这些猪圈的重要特点就是与厕所相连，是一种集解手、养猪、沤肥功能为一体的建筑形式。[5]主要将人粪尿、猪粪尿混在一起，共同收集，且人们已经熟悉生粪要经过积制腐熟后才能施入土壤当中。圈厕模型的大量出现也说明汉代家庭养猪业的普及，西汉时期，颍州太守黄霸曾“使邮亭、乡官皆畜鸡、豚”；渤海太守龚遂“劝民务农桑……家二亩彘，五鸡”；东汉不其县令僮种也要求每家必须养一头猪和四只鸡。还有，东汉末河东太守杜畿，“课民畜牸牛、草马，下逮鸡豚，皆有章程，家家丰实”。三国魏文帝时的京兆太守“令整阡陌，树桑果；又课以闲月取材，使得转相教匠作车；又课民无牛者，令畜猪，投贵时卖，以买牛”，刚开始大家还都嫌烦乱，不过一两年的时间，家家都有了好车与壮牛。[6]上述资料也说

① 万国鼎：《氾胜之书辑释》，北京：农业出版社，1980 年，第 155 页。
② 万国鼎：《氾胜之书辑释》，北京：农业出版社，1980 年，第 164 页。
③ 汪云香：《从汉代典籍看桑蚕丝绸服饰文化》，《中国蚕业》2003 年第 4 期。
④ 平南县农业技术推广站：《蚕屎是好肥料》，《广西蚕业》1974 年第 1 期。
⑤ 龚良：《“圂”考释——兼论汉代的积肥与施肥》，《中国农史》1995 年第 14 卷第 1 期。
⑥ 缪启愉、缪桂龙：《齐民要术译注》，上海：上海古籍出版社，2009 年，第 7-10 页。

明，自汉代起，养猪和养鸡被广为提倡，除祭祀、售卖、食肉之外，饲养动物另外的用途也许就在于堆肥制肥。同时汉代也养马和牛，牛马的粪尿应该也会用于制作肥料。

所有人畜粪尿，虽然含有大量的养分，但大多不能直接被作物吸收利用，通过堆肥腐熟，有机物质养分才能释放，发酵过程产生的高温还可以杀死粪便中的寄生虫卵、病原菌等。若直接施入土壤中，微生物分解粪肥中的有机物质时会吸收土壤养分和水分，与作物争水争肥，粪肥发酵还会产生大量的热量，不仅与作物根系争夺氧气，也会引起烧苗现象。因此，圈厕肥必须经过堆制后才可以施用。由这些家畜粪尿、各种垫圈物质以及饲料残屑混合积制的肥料又称为厩肥，土粪就属于以黄土作为垫圈物质的厩肥。[①]用黄土与粪肥混合，可以大大降低生粪因发酵产生的争水争肥、高温烧苗危害。《氾胜之书》中采用的“溷中熟粪”，很可能是指猪圈中已经腐熟过的肥粪。

由于各种畜粪的分解速度、发热量及微生物种类的差异，肥效也会有所不同。一般来讲，猪的食料较为多样化，养分含量也比较丰富，且含有大量的氨化细菌，容易腐熟，能够有效提高土壤的保水保肥性能。牛粪改良有机质含量较少的轻质土壤效果更好，马粪质地较粗，改良黏土效果更好，而羊粪适用于各种土壤的改良。[②]虽然我们不能断定汉代已熟知不同畜肥的土壤改良效果，但《周礼·地官·草人》中的粪种法已列举出九种土壤类型所对应的粪种种类，汉代氾胜之也使用了溲种法，“薄田不能粪者，以原蚕矢杂禾种种之，

① 赵文涛、姜佰文、梁运江主编：《土壤肥料学》，北京：化学化工出版社，2009年，第196-198页。

② 赵文涛、姜佰文、梁运江主编：《土壤肥料学》，北京：化学化工出版社，2009年，第198页。

则禾不虫。又马骨锉一石，以水三石，煮之三沸；漉去滓，以汁渍附子五枚；三四日，去附子，以汁和蚕矢羊矢各等分，挠令洞洞如稠粥”。[①]又“骨汁粪汁溲种。锉马骨牛羊猪麋鹿骨一斗，以雪汁三斗，煮之三沸。以汁渍附子，率汁一斗，附子五枚，渍之五日，去附子。捣麋鹿羊矢等分，置汁中熟挠和之”。[②]由他们所掌握的不同粪肥溲种法判断，对不同动物粪肥的功效，他们是有些经验的。而圈厕中产生的更多的猪粪则可以用来肥田，当“薄田不能粪者”，使用蚕粪、羊粪等溲种，这反映出当时的蚕粪、羊粪的数量可能不及猪粪。仅从肥效来看，猪粪适合于关中平原土壤有机质不是太贫乏，且质地疏松、不致过黏的土性特征，但据此我们也不能推测这是汉代多用猪圈粪的主要原因，这与其他马、牛、羊等畜类的用途、豢养成本都有关系，更为重要的一点，和马、牛、羊等往往要使役或者放牧，相当一部分粪尿难以收集也有关系。

虽然人们用圈厕粪来积攒粪肥，但积肥的数量毕竟有限，提供的肥源仍不可能满足所有的土地，正因如此，《氾胜之书》中记载的施肥活动在区田法种植及蔬菜、瓜果等作物的种植中多被使用。除施肥外，利用腐烂的杂草也是汉代的肥田方式，这也许是大田作物更为普遍的肥田方式。整地时有意让杂草生长，然后耕翻摩压，氾胜之强调“草秽烂，皆成良田”。

北魏时期的《齐民要术》是当时农业生产技术的集大成之作，主要记述北方黄河中下游地区的农业生产，其中很多的耕作及施肥技术在关中地区也是适用的。这一时期，作为很重要的肥田方式，绿肥种植被广为提倡，“凡美田之法，绿豆为上，小豆、胡麻次之。

① 万国鼎：《氾胜之书辑释》，北京：农业出版社，1980年，第45页。
② 万国鼎：《氾胜之书辑释》，北京：农业出版社，1980年，第49页。

悉皆五、六月中穊种，七月、八月犁𥝧杀之，为春谷田，则亩收十石，其美与蚕矢、熟粪同”。[①]绿肥的肥效与汉代常用的蚕矢、熟粪相当，在当时应被大为推广，且在大田作物的种植中多被采用，以解蚕矢、人畜粪尿不足之困。《齐民要术》中记载了“凡谷田，绿豆、小豆底为上，麻、黍、胡麻次之，芜菁、大豆为下”[②]，“凡黍穄田，新开荒为上，大豆底为次，谷底为下”[③]，“春大豆，次稙谷之后”[④]，“小豆，大率用麦底。然恐小晚，有地者，常须兼留去岁谷下拟之”[⑤]。由此可见，谷田是以绿肥种植来培肥土壤的，大豆、小豆也皆于谷田后种植。当粪肥的数量不足时，采用以绿肥代之的方式，如“麻欲得良田，不用故墟。地薄者粪之。粪宜熟。无熟粪者，用小豆底亦得”。[⑥]冬天种葵“若粪不可得者，五、六月中穊种绿豆，至七月、八月犁𥝧杀之，如以粪粪田，则良美与粪不殊，又省功力”。[⑦]很显然，粪肥的数量并不能满足所有作物的肥田，这里多次强调种植绿肥的肥田效果与粪肥的肥田效果相同，绿肥有理由得到很好的推广。

明确指出需要上粪的作物，多以瓜果蔬菜为主，且瓜果蔬菜常以区种法或者畦种法为主。瓜的种植还采用绿肥与施肥相结合的方式，例如“区种瓜法：六月雨后种绿豆，八月中犁𥝧杀之；十月又一转，即十月中种瓜。率两步为一区，坑大如口盆，深五寸。以土壅其畔，如菜畦形。坑底必令平正，以足踏之，令其保泽。以瓜子、

①（北魏）贾思勰：《齐民要术》卷一《耕田第一》，文渊阁四库全书本。
②（北魏）贾思勰：《齐民要术》卷一《种谷第三》，文渊阁四库全书本。
③（北魏）贾思勰：《齐民要术》卷二《黍穄第四》，文渊阁四库全书本。
④（北魏）贾思勰：《齐民要术》卷二《大豆第六》，文渊阁四库全书本。
⑤（北魏）贾思勰：《齐民要术》卷二《小豆第七》，文渊阁四库全书本。
⑥（北魏）贾思勰：《齐民要术》卷二《种麻第八》，文渊阁四库全书本。
⑦（北魏）贾思勰：《齐民要术》卷三《种葵第十七》，文渊阁四库全书本。

大豆各十枚，遍布坑中。以粪五升覆之。又以土一斗，薄散粪上，复以足微蹑之。"[①]种冬瓜法："傍墙阴地作区，圆二尺，深五寸，以熟粪及土相和"。[②]种葵："地不厌良，故墟弥善；薄即粪之，不宜妄种。春必畦种水浇。畦长两步，广一步。深掘，以熟粪对半和土覆其上，令厚一寸，铁齿杷耧之，令熟，足踏令坚平；下水，令彻泽。水尽，下葵子，又以熟粪和土覆其上，令厚一寸余。"[③]种韭："治畦，下水，粪覆，悉与葵同。然畦欲极深。韭，一剪一加粪，又根性上跳，故须深也。"[④]其余，种桃、梨等果树时也需要用熟粪上地。

北魏时期，还有一种新的肥源——陈墙土，种蔓菁"种不求多，唯须良地，故墟新粪坏墙垣乃佳。若无故墟粪者，以灰为粪，令厚一寸"。[⑤]

三、唐至明代的土壤培肥

唐代的关中地区是全国的政治、经济中心，当时的农业经济发展自当不会落后，提高土地生产力的投入应该也不会太少，这从当时出现以粪肥业为主的商业活动便可以略知一二。唐初，商人裴明礼就曾在商业性的农业经营中用粪肥来改良所买之地：

于金光门外，市不毛地，多瓦砾，非善价者。乃于地际竖标，悬以筐，中者辄酬以钱，十百仅一二中，未洽浃，地中瓦砾尽矣。乃舍

①（北魏）贾思勰：《齐民要术》卷二《种瓜第十五》，文渊阁四库全书本。
②（北魏）贾思勰：《齐民要术》卷二《种瓜第十五》，文渊阁四库全书本。
③（北魏）贾思勰：《齐民要术》卷三《种葵第十七》，文渊阁四库全书本。
④（北魏）贾思勰：《齐民要术》卷三《种韭第二十二》，文渊阁四库全书本。
⑤（北魏）贾思勰：《齐民要术》卷三《蔓菁第十八》，文渊阁四库全书本。

诸牧羊者，粪既积，预聚杂果核，具犁牛以耕治，岁余滋茂。连车而鬻，所收复致巨万。乃缮甲第，周院置蜂房，以营蜜。广栽蜀葵杂花果，蜂采花逸而蜜丰矣。营生之妙，触类多奇，不可胜数。[①]

还有长安富民罗会也因收集肥粪而致富：

长安富民罗会以剔粪自业，里中谓之鸡肆，言若肆之积粪而有所得也。会世副其业，家财巨万。尝有士人陆景阳，会邀过所止，馆舍甚丽，内人梳洗，衫衣极鲜，屏风毡褥烹宰，无所不有。景阳问曰："主人即如此快活，何为不罢恶事？"会曰："吾中间停废一二年，奴婢死亡，牛马散失。复业以来，家途稍遂。非情愿也，分合如此。"[②]

罗会在城市因收集粪便而致富，且家财巨万，过着馆舍甚丽，内人梳洗，衫衣极鲜的生活，想必市场上肥料的需要量也非常可观。城市里的粪便自然以人或家畜的粪便为主，另据一则资料："少府监裴匪舒，善营利，奏卖苑中马粪，岁得钱二十万缗。上以问刘仁轨，对曰：'利则厚矣，恐后代称唐家卖马粪，非嘉名也。'乃止。"[③]看来也有卖宫中马粪而致富的。

至于大量的肥粪用于何处，根据唐代的《四时纂要》中记录的施肥活动，在蔬菜瓜果的种植中需要广施肥料。对肥粪的专门记载仍然在韭、葵、瓜及区种的种植中，如治韭畦，"此月上辛日，扫去

①（宋）李昉等：《太平广记》卷二四三《裴明礼》，北京：中华书局，1961年，第1874页。
②（宋）李昉等：《太平广记》卷二四三《罗会》，北京：中华书局，1961年，第1874页。
③（宋）司马光编著：《资治通鉴》卷二〇二《唐纪十八》，（元）胡三省音注，标点资治通鉴小组点校，北京：中华书局，1956年，第6366页。

韭畦中枯叶，下水加粪”[①]；垅瓜地“至正月，耕地，逐场布种之，一步一下粪块，耕而覆之，瓜生则茂而早熟”[②]；种葵，“葵须畦种水浇，畦长两步，阔一步，大则水难匀，他畦仿此，深掘以熟粪和中半，以铁齿耙耧之，令熟，足蹑，令坚平，下水，令微湿渗，下葵子，又取和粪土盖之，厚一寸”[③]；区种大豆，“坎方深各六寸……每亩用种三升，粪十三石五斗”[④]；种芋，“取区上湿土和粪，盖豆其上，厚二寸”[⑤]；种梧桐，“熟粪和土”[⑥]。

这些瓜果蔬菜更多用于城市消费，据《齐民要术·杂说》记载：

如去城郭近，务须多种瓜、菜、茄子等，且得供家，有余出卖。只如十亩之地，灼然良沃者，选得五亩，二亩半种葱，二亩半种诸杂菜；似校平者种瓜、萝卜。其菜每至春二月内，选良沃地二亩熟，种葵、莴笋。作畦，栽蔓菁，收子。至五月、六月，拔诸菜先熟者，并须盛裹，亦收子讫。应空闲地种蔓菁、莴笋、萝卜等，看稀稠锄其科。至七月六日、十四日，如有车牛，尽割卖之；如自无车牛，输与人。即取地种秋菜。[⑦]

郊区之农地格外强调多种瓜果蔬菜，所需的粪肥必然多，根据上述蔬菜等所需之肥粪数量，若农夫仅依靠自家所产之粪肥显然不足以供给，这便可以理解城市产生的以肥粪买卖为营生的商业活动。

① （唐）韩鄂：《四时纂要》卷一《正月》，明万历十八年（1590 年）朝鲜刻本。
② （唐）韩鄂：《四时纂要》卷一《正月》，明万历十八年（1590 年）朝鲜刻本。
③ （唐）韩鄂：《四时纂要》卷一《正月》，明万历十八年（1590 年）朝鲜刻本。
④ （唐）韩鄂：《四时纂要》卷二《二月》，明万历十八年（1590 年）朝鲜刻本。
⑤ （唐）韩鄂：《四时纂要》卷二《二月》，明万历十八年（1590 年）朝鲜刻本。
⑥ （唐）韩鄂：《四时纂要》卷二《二月》，明万历十八年（1590 年）朝鲜刻本。
⑦ （北魏）贾思勰：《齐民要术·杂说》，文渊阁四库全书本。

还有一点也可说明，蔬菜之生长季短，短期内需要吸收大量养分，这需要土壤极其肥沃，农家之肥料更多会供应于这些经济类作物，恐难有多余之肥料供应于谷物类大田作物。

《四时纂要》中只是记载了对于瓜果蔬菜等作物需要施肥，而对谷物类作物更多还是施以绿肥。其中记录的种植绿肥与《齐民要术》几近相同，“绿豆为上，小豆，胡麻为次，皆以次月及六月概种，七月、八月耕杀之。春种谷即，亩收十石，其美与蚕沙、熟粪同矣”[①]。“煞谷地，五六月种美田，绿豆此月杀之，不独肥田，菜地亦同。”[②] 这说明很有可能唐代沿用了北魏时期的肥田措施。

另外，秸秆也可以用作肥料，“其踏粪法：凡人家秋收治田后，场上所有穰、谷檝等，并须收贮一处，每日布牛脚下，三寸厚，每平旦收聚堆积之，还依前布之，经宿即堆聚。计经冬一具牛，踏成三十车粪。至十二月、正月之间，即载粪粪地”。[③]秸秆还田在现代仍然是一种重要的肥田方式，其不需要经过堆积沤制，直接将秸秆翻埋入土中即可。而唐代将秸秆布牛脚下，一方面秸秆可肥田，另一方面可作为畜粪的垫圈物质。

至宋代，形成“地力常新壮”的理论，如《陈旉农书·粪田之宜》指出：“土壤气脉，其类不一，肥沃硗埆，美恶不同，治之各有宜也。且黑壤之地信美矣；然肥沃之过，或苗茂而实不坚，当取生新之土以解利之，即疏爽得宜也。硗埆之土信瘠恶矣，然粪壤滋培，即其苗茂盛而实坚栗也。虽土壤异宜，顾治之如何耳。治之得宜，皆可成就……或谓土弊则草木不长，气衰则生物不遂，凡田土种三

①（唐）韩鄂：《四时纂要》卷三《五月》，明万历十八年（1590年）朝鲜刻本。
②（唐）韩鄂：《四时纂要》卷四《七月》，明万历十八年（1590年）朝鲜刻本。
③（北魏）贾思勰：《齐民要术·杂说》，文渊阁四库全书本。

五年，其力已乏，斯语殆不然也，是未深思也。若能时加新沃之土壤以粪治之，则益精熟肥美，其力常新壮矣，抑何弊何衰之有。”[①]这里举出的是两种肥力矛盾突出的土壤，一种是养分丰富的黑色土壤，虽然肥沃，但养分不平衡，也会导致土壤生产性能不协调；另一种则是瘠薄的土壤，肥力缺乏，也不适宜作物生长。但经过适当的改土、养土措施，土壤的生产性能会维持良好的状态。

元代在种瓜、萝卜、姜等作物时有施肥的记载，如《王祯农书》[②]中载有“凡种瓜……先以水净淘瓜子，以盐拌之。坑深可五寸，口大如斗，纳瓜子四个，大豆三个，以熟粪土覆之……又区种法：两步为一区，口大如盆，以土壅其畔，区中蹑令平。纳瓜子，大豆各十枚，如前法，粪覆之”。[③]萝卜，“每子一升，可种二十畦。择地宜生，耕地宜熟。凡种，先用熟粪匀布畦内，仍用火粪和子令匀，撒种之”。[④]姜，“凡种，宜用沙地，熟耕，或用锹深掘为善。三月，畦种之。畦阔一步，长短任地；横作垄，深可五七寸。垄中一尺一科，以土上覆，厚三寸许，仍以粪培之，益以蚕粪尤佳”。[⑤]

具有选择性的作物施肥会造成肥粪在区域分布上的不均匀性，进而造成土壤耕作层肥力之差异，正如明代徐光启所言：“田附郭多肥饶，以粪多故。村落中民居稠密处亦然。凡通水处，多肥饶，以粪壅便故。”[⑥]

① 万国鼎：《陈旉农书校注》，北京：农业出版社，1965年，第33-34页。
② 王祯的《农书》兼论北方和南方的农业生产技术，许多肥田技术与前代《齐民要术》《四时纂要》有类似之方法，故推测其应为北方农业生产之技术。
③（元）王祯：《农书·百谷谱三·甜瓜》，文渊阁四库全书本。
④（元）王祯：《农书·百谷谱三·萝卜》，文渊阁四库全书本。
⑤（元）王祯：《农书·百谷谱三·姜》，文渊阁四库全书本。
⑥（明）徐光启撰：《农政全书》，石声汉点校，上海：上海古籍出版社，2011年，第137页。

明代《农政全书》之《农事篇》中引用了《王祯农书》的施肥理论：

田有良薄，土有肥硗。耕农之事，粪壤为急。粪壤者，所以变薄田为良田，化硗土为肥土也。古者分田之制，上地，家百亩，岁一耕之；中地，家二百亩，间岁耕其半；下地，家三百亩，岁耕百亩，三岁一周。盖以中下之地，瘠薄硗埆，苟不息其地力，则禾稼不蕃。后世井田之法变，强弱多寡不均。所有之田，岁岁种之，土敝气衰，生物不遂。为农者必储粪朽以粪之，则地力常新壮，而收获不减，《孟子》所谓“百亩之粪，上农夫食九人”也。[①]

此外，还介绍踏粪之法及南方多用之苗粪、草粪、火粪、泥粪等，并未述及其他肥田之法。这也说明，唐至明代的土壤培肥措施大多仍依前代旧法，在区种和畦种时用粪较多，《农政全书》中也说：“凡种蔬蓏，必先燥曝其子，地不厌良，薄即粪之。锄不厌频，旱即灌之。用力既多，收利必倍。大抵蔬宜畦种，蓏宜区种。畦地长丈余，广三尺，先种数日，劚起宿土，杂以蒿草，火燎之，以绝虫类，并得为粪。临种，益以他粪，治畦种之。区种如区田法。区深广可一尺许。临种，以熟粪和土拌匀，纳子粪中，候苗出，料视稀稠去留之。”[②]这也证明农家积累的肥粪在数量有限的情况下，只能优先选择用于经济作物的精细化栽培。

①（元）王祯：《农书·农桑通诀三·粪壤篇》，文渊阁四库全书本。

②（明）徐光启撰：《农政全书》卷六《农事·营治上》，清道光二十三年（1843 年）上海太原氏重刊本。

四、清至民国的土壤培肥

清代的关中虽已远离全国的政治、经济中心，但随着全国人口的迅速激增，关中的土地开发也大规模展开。这一时期，小麦已成为关中农区主要的粮食种植作物，且采取麦与其他谷物轮作的农作制。《农言著实》是清道光年间陕西三原人杨秀元对自己家人所作关于经营田业的训示，其中记载了主要农作物麦、谷、菜子、豌豆、扁豆等的耕作、施肥及日常管理。其书中记载“麦后种谷，看墒大小，总以耧耧为主”；“麦后雨水合宜，笨谷要种，稚谷亦要种”[①]；“麦秋二料，下种时看墒大小”[②]。这些谷物种植顺序也可以反映清代关中的土地轮作制已经很普遍，土地不能得以休闲，对地力的消耗必然很大，培肥土壤就成为农民们的首要任务。

“农家首务，先要粪多”[③]，且注重底粪、浮粪的施用，“麦后上底粪，粪亦不要太大”[④]，小麦收获后，土壤地力会有所下降，在种其他谷物前先上一遍底粪。“地中上浮粪，以地冻为主。随拉随即将粪撒开。地内不许放堆堆子，一则怕地冻撒不开；二则也怕日久不撒，粪堆底下麦苗沾粪气发生，向后撒开，粪底麦苗受症。”[⑤]“前

①（清）杨秀元：《农言著实》，收录于王毓瑚辑：《秦晋农言》，北京：中华书局，1957年，第92页。
②（清）杨秀元：《农言著实》，收录于王毓瑚辑：《秦晋农言》，北京：中华书局，1957年，第96页。
③（清）杨秀元：《农言著实》，收录于王毓瑚辑：《秦晋农言》，北京：中华书局，1957年，第99页。
④（清）杨秀元：《农言著实》，收录于王毓瑚辑：《秦晋农言》，北京：中华书局，1957年，第94页。
⑤（清）杨秀元：《农言著实》，收录于王毓瑚辑：《秦晋农言》，北京：中华书局，1957年，第98页。

言地内上浮粪，可以不必。麦后所有底粪，尽行上了底粪。至于六、七月所积之粪，或种荞麦，或种豌豆，上后，其余当年所积之粪，与第二年所积粪，俟麦后场活清白，都上在靠茬地里，也把稳，也两活。”[①] 小麦既已成为关中地区广为种植的粮食作物，给小麦地或麦后谷地上粪定是需要大量的肥料。《知本提纲》中记载的肥料种类多达十多种，收集肥粪，拉土积肥已成为农家最为重要之事，这也说明，清代的肥料种类及数量已明显增多。而且为达到轮作，一年数收的目的，强调培土之重要性，土壤“产频气衰，生物之性不遂；粪沃肥滋，大地之力常新。此言粪壤之要也。遂，畅也。日阳晒地，膏油渐溢于土面，是谓土之生气，故能发育万物。若接年频产，则膏油不继而生气衰微，生物之性自不能遂。惟沃以粪而滋其肥，斯膏油有助而生气复盛，万物育发，地力常新矣。故粪壤虽属杂体，而功多培土，其益田者如此。瘠薄常无济，自然间岁易亩；补助肯叠施，何妨一载数收”。[②] 土之膏油是土壤肥沃之象征，关中百姓常把平原中西部一带的耕作土壤称为油土，由于其原来耕作熟化层深厚，结构良好，结构体表面常覆褐色胶膜，似带有滑润的光泽，农民称为土壤有油气，或与其所称的土面之膏油有近似之意。

《知本提纲》中把肥田的过程又称为“化土”，“化土，化土之性也。渍，浸也。土有良薄、肥硗、刚柔之殊，所产亦有多寡、坚虚、美恶之别。使不能化硗为肥，何以渍浸其苗，令之发荣滋长乎？故欲耕道克修，不可不先明化土渐渍之法，以蓄其粪壤也。粪壤之类甚多，要皆余气相培。即如人食谷、肉、菜、果，采其五行生气，

---

①（清）杨秀元：《农言著实》，收录于王毓瑚辑：《秦晋农言》，北京：中华书局，1957年，第101页。

②（清）杨屾：《知本提纲》，收录于王毓瑚辑：《秦晋农言》，北京：中华书局，1957年，第36页。

依类添补于身；所有不尽余气，化粪而出，沃之田间，渐渍禾苗，同类相求，仍培禾身，自能强大壮盛。又如鸟兽牲畜之粪，及诸骨、蛤灰、毛羽、肤皮、蹄角等物，一切草木所酿，皆属余气相培，滋养禾苗。又如日晒火熏之土，煎炼土之膏油，结为肥浓之气，亦能培禾长旺。然非人功变和经理，亦安能化土而渐渍乎？人可自余其力而不竭哉？”[1]杨屾以阴阳五行之说辩证地阐发了人畜粪便与草木禾苗之关系，人、畜皆有生长之态势，其粪便及骨骼、皮毛、蹄角等均含有供其生长之营养物质，排出的剩余营养物质即为作者所说之余气。

除此之外，《知本提纲》中详细记录了十种肥粪的积累过程：

一曰人粪，乃觳、肉、果、菜之余气未尽，培苗极肥，为一等粪。法用灰土相和，盦热方熟，粪田无损。每亩可用一车，自成美田。

一曰牲畜粪，谓所畜牛马之粪。法用秋场间所收糠穰碎柴，带土扫积，每日均布牛马槽下，又每日再以干土垫衬；数日一起，盦过打碎，即可肥田。又勤农者于农隙之时，或推车，或挑笼，于各处收取牛马诸粪，盦过亦可肥田。

一曰草粪，凡一切腐叶、败叶、菜根、无子杂草及大蓝渣滓，并田中锄下杂草，俱不可弃。法用合土窖罨，凡有洗器浊水、米泔水及每日所扫积秽恶柴土，并投入其中盦之，月余一起，晒干打碎，亦可肥田。

一曰火粪，凡朽木腐材及有子蔓草，法用合土层叠堆架，引火烧之；冷定用碌轴碾碎，并一切柴草之灰，以粪水田最好。又如炕

① （清）杨屾：《知本提纲》，收录于王毓瑚辑：《秦晋农言》，北京：中华书局，1957年，第35-36页。

土、墙土，久受日火熏炼，膏油外浮，亦可肥田。

一曰泥粪，凡阴沟渠港，并河底青泥，法用铁杴转取，或以竹片夹取，置岸上晒干打碎，即可肥田。

一曰骨蛤灰粪，凡一切禽兽骨及蹄角并蚌蛤诸物，法用火烧黄色，碾细筛过，粪冷水稻秧及水灌菜田，肥盛过于诸粪。

一曰苗粪，凡杂粪不继，苗粪可代。黑豆、绿豆为上，小豆、芝麻、葫芦芭次之。法用将地耕开，稠布诸种，俟苗高七、八寸，犁掩地中，即可肥田。

一曰渣粪，凡一切菜子、芝麻、棉子，取油成渣，法用碾细，最能肥田。

一曰黑豆粪，法将黑豆磨碎，置窖内，投以人溺，盦极臭，合土拌干，粪田更胜油渣。凡麦粟得豆粪则干劲，不畏暴风，兼耐久雨、久旱。如多，不能溺盦，磨碎亦可生用。

一曰皮毛粪，凡一切鸟兽皮毛及汤扫之水，法用同盦一处，再投韭菜一握，数日即腐，沃田极肥。①

可以想象，以上十法，人粪及牲畜粪易获取，制作过程简单易行，应是农田中最为主要的肥料来源。在人粪、牲畜粪、草粪、火粪、黑豆粪的制作过程中，与土拌和及合土盦制是主要方式，这一过程也将大量的外源土带入到耕作土壤当中，这也是耕作层不断增厚上移的重要原因。

作物种植需要因土制宜，施肥同样也需随土壤性质不同有所区别，“土宜者，气脉不一，美恶不同，随土用粪，如因病下药。即如

① （清）杨屾：《知本提纲》，收录于王毓瑚辑：《秦晋农言》，北京：中华书局，1957年，第38-39页。

阴湿之地，宜用火粪，黄壤宜用渣粪，沙土宜用草粪、泥粪，水田宜用皮毛蹄角及骨蛤粪，高燥之处宜用猪粪之类是也。相地历验，自无不宜。又有碱卤之地，不宜用粪，用则多成白晕，诸禾不生。”[①]根据作物的不同，施肥种类也可相应变化，“物宜者，物性不齐，当随其情。即如稻田宜用骨蛤蹄角粪、皮毛粪，麦粟宜用黑豆粪、苗粪，菜蓏宜用人粪、油渣之类是也。”[②]稻田里一般不用土粪，麦粟类大田作物种植面积广，肥粪数量往往不足，可用苗粪及豆科肥粪替代，而菜蓏往往生长速度快，种植少，需采用人粪及油渣等肥力更高的肥粪。

为尽可能发挥地力，达到一年多收的目的，多施肥，施好肥也能起到一定效果，比如，土壤中施入油渣也可一载数收。“若夫勤农，多积粪壤，不惮叠施补助，一载之间，即可数收，而地力新壮，究不少减。夫频粪之利，他方勿论，愚家固常亲验，有三收者。其法：冬月预将白地一亩上油渣一百五、六十斤，治熟。春二月种大蓝。苗长四、五寸，至四月间，套栽小蓝于其空中，再上油渣一百五、六十斤。五月挑去大蓝，又上油渣一百五、六十斤。六月减去小蓝，即种粟穀。秋收之后，犁治极熟，不用上粪，又种小麦。”[③]

鸦片战争后，中国在政治及经济上开始丧失独立自主的地位，几千年来封建自给自足的自然经济遭到猛烈冲击并开始瓦解。在封建主义压迫与帝国主义剥削的双重压力下，农民生活极度贫困。农

①（清）杨屾：《知本提纲》，收录于王毓瑚辑：《秦晋农言》，北京：中华书局，1957年，第40页。

②（清）杨屾：《知本提纲》，收录于王毓瑚辑：《秦晋农言》，北京：中华书局，1957年，第40页。

③（清）杨屾：《知本提纲》，收录于王毓瑚辑：《秦晋农言》，北京：中华书局，1957年，第37页。

业生产所用之种子、农具、畜力、肥料等都难以自给。据 1883 年 8 月 3 日《北华捷报》的记载：

> 农民太穷，除了一头驴、一头牛、或一头猪以外，无力豢养更多的牲畜。有很多农民，连一头牲畜都没有，因此只有很少肥料，或者没有肥料施到地上。土地里所生长的一切都被农民收去，他们把残梗、叶片、和草都一齐收去做燃料，地里连一叶、一茎、一根都不留下。也不可能以草灰作肥料。大部分土地多少都含有不纯的碳酸钠，如果加上一点带碱性的东西，如钾碱之类，对土壤是有损害的。但是，肥料的缺乏可从经常的轮作制得到某种程度的补偿。北方各省，农产种类极多，小麦，小米，高粱，玉蜀黍，豆类，瓜类，芝麻，棉花，大麻，荞麦，以及在灌溉便利地区的稻，生长得都很繁茂。凡是利用这些不同作物轮植的地方，上等土地无须多施肥料，便可得到很好的收获。但是很多的土地都太贫瘠了，或者是碳酸钠过多，或者是砂太多，以致除了高粱豆类以外，别的作物都不能生长；如果不充分施肥，种植就很难得到好处。这种土地在一个贫苦人手里，几乎毫无用处。[①]

北方各省都是如此，关中百姓也难有较多之肥料施入地里，土壤只种不养，耕作层自然处于贫瘠、营养缺失的状态。

民国初年，军阀混战，百姓民不聊生，关中的农业生产也很难有较大发展。1929 年，关中地区又遭遇罕见旱灾，直接导致人口的大量逃亡及社会经济的重创。1928 年，陕西绝大多数地区遭遇旱灾，

---

① 章有义：《中国近代农业史资料》第一辑，北京：生活·读书·新知三联书店，1957 年，第 750 页。

农田里野草尽枯，赤地千里。1929—1930年持续大旱，陕西各地“无处非灾区，除沿渭河各县略见青苗外，余皆满目荒凉，尽是不毛之地，面积广狭，约达五十余万方里。”①关中所有县份秋季作物几乎枯萎殆尽，灾民们常要以树叶、树皮、草根、豆腐渣、油渣、观音土等为食，甚至发展到人相食的地步。旱灾致使大面积土地撂荒，陕西许多县域都留有大量荒地，据天津《大公报》和西安《民意日报》在1931年的调查，陕西的19个县中，每县被弃不耕之田地，平均占总耕地面积的70%。渭河两岸素为灌溉便利、物产丰富之区，但自1927年灾荒之后，直至1933年，尚有16万亩无人耕种之荒地。②1928年10月，西北灾情视察团视察所见，西安郊区及咸阳大半的耕地没有播种，秋季收获不足往年的十分之一。扶风、泾阳一带的秋收只有往年的二成上下。三原县挖地不见水。武功也是一片焦土，“东望四五十里，全无人烟”。③这样的农村生活状况又怎能顾及土壤之肥力？

土地荒芜倒还能满足土壤肥力的自然蓄积恢复，可持续的鸦片种植更加重了土壤肥力的消耗。1905年，中国每年种着三十七万六千担鸦片，等于二万二千吨。④陕西也成为鸦片种植的主要区域，“陕、甘两省气候虽寒，然雨旸时，若农作树艺，无往不宜。惟该地农民，习于安逸，希图近利，种植罂粟，鲜栽禾谷”。⑤各地军阀对鸦片也

①《大公报（影印）》，1929年11月26日刊。北京：人民出版社，1982年。

② 桑润生：《中国近代农业经济史》，北京：农业出版社，1986年，第176页。

③ 赵楠、侯秀秀：《1928—1930年陕西大旱灾及其影响探析》，《宁夏师范学院学报（社会科学）》2012年第33卷第2期。

④ 章有义：《中国近代农业史资料》第二辑，北京：生活·读书·新知三联书店，1957年，第210页。

⑤ 章有义：《中国近代农业史资料》第二辑，北京：生活·读书·新知三联书店，1957年，第214页。

是明禁暗种，经济还要依赖鸦片税收，导致罂粟种植面积急剧上升。陕西每县平均烟田一千四百亩，全省以四十县计之，烟田当有五万六千亩之多。[①] 各县的烟田亩数，最高者占地百分之九十，最低者百分之三十。[②] 关中的鸦片种植还多集中于土壤肥美之处，“秦川八百里，渭水贯于中央，渭南地尤肥饶，近亦遍地罂粟，反仰给于渭北。夫以雍州上上之田，流之新集，户口未甚繁滋，而其力竟不足以自赡”[③]。直至抗战时期，禁种鸦片之工作才取得较大成绩，烟田面积缩小，粮棉等作物种植面积大大提高，1940 年，关中大部分地区才“吸种均已绝迹”[④]。至此罂粟种植对土壤产生的影响才慢慢消失，土壤质地及肥力逐渐恢复。尽管如此，长期抗战使关中农业迟迟未能恢复，在农业生产工具及肥料上仍十分缺乏。当时关中的农业生产概况如下所言：

所用一切之农具，全是因袭数千年前之古式，粗重鲁钝，费力多且收效少。加之农民受着经济的极端压迫，即此旧式器械，亦往往无力购买新的，大多抱残守缺地费死力去干。新式农具当然更谈不到，不仅贫农购置不起，即富有之家亦未见采用。同时耕牛亦不够用，小农往往两家合拴一双犁，甚至还有连一条毛驴都未养的，全凭告借，或以人力换工。如此在人家工作完毕之后，方能轮到自己，因而多次不能依节令下种，无形中便埋下了次年收成不佳的原

① 徐正学：《农村问题》，南京：中国农村复兴研究会，1934 年，第 13-14 页。
② 许涤新：《捐税繁重与农村经济之没落》，《中国农村问题》，上海：中华书局，1935 年，第 60 页。
③《申明栽种罂粟旧禁疏》，出自曾国荃：《曾忠襄公奏议》卷八，第 16-17 页。转引自《陕西近代农业史料辑录（一）》，西安：陕西农牧志编辑委员会编，1987 年，第 161 页。
④ 白附蓝：《扶风县经济调查》，《陕行汇刊》1941 年第 5 卷 3-4 期合刊。

因。至论改良土壤选择种子培制肥料等，因农民知识水准太低，更无人注意。[①]

从以上所述也可以看出，民国时期由于战乱与灾荒的影响，关中的土壤并无太多的培肥措施，处于相对贫瘠的状态。

第二节　“以粪和土”：土粪的积制与施用

人类的生产生活总离不开特定的空间区域，也形成了具有区域特征的人地关系。人们在自己的生存空间内，总是想方设法利用区域内的自然资源，黄土是包括关中平原在内的黄土高原最为“丰富”的自然资源，人们的衣食、居住、日用都未能离开它。农业生产过程更是如此，他们利用黄土自身的特点创造肥沃的耕作层，改变土壤内部运动方式及新陈代谢，进而形成不同的土壤结构和性质。土粪是农民们创造肥沃耕作层的关键物质，也是形成关中塿土所具有的二元剖面结构（土壤剖面下部是自然褐土层，上部是人为堆垫层）的重要因素，它的使用过程可反映关中特殊土壤耕层的形成过程。

汉代《氾胜之书》对粪肥有蚕屎、粪、美粪、熟粪的名称与分类，北魏贾思勰在《齐民要术》中把肥料分为人粪尿、兽骨、蚕屎、厩肥、草木灰、缫蛹汁、旧墙土等及豆类绿肥，王祯在其《农书》中将肥料分为踏粪、草粪、火粪、苗粪、泥粪等，杨屾在《知本提纲》中把肥料分为人粪、牲畜粪、草粪、火粪、泥粪、骨蛤灰粪、苗粪、渣粪、黑豆粪、皮毛粪等十类。由此看来，古代肥料的种类主要是以肥料中营养物质不同来划分的。如今对有机肥料的种类划

① 郭自强：《关中一带的农村概况》，《益世周刊》1936年第28卷第1期。

分，可分为粪尿肥、秸秆肥、绿肥和泥杂肥，同样是按其肥料中营养物质的来源划分。这些分类中并未有专门的“土粪”，因此土粪并非指代肥料的种类，而是强调黄土参与到粪肥的腐熟过程中，是一种积制肥料的方法。20 世纪 50 年代开展了全国性的土壤普查工作，在对关中“塿土”这种农业土壤有了新的认识后，“土粪”一词才得到普遍应用。朱显谟在塿土的调查和研究工作中就曾广泛使用了“土粪”一词。在他的《塿土》一书中这样总结：“对目前的成土过程来说，人为作用是主要的，它不但变更了土壤的天然植被，而且由于长期施用土粪的结果，在原来土壤的顶部覆盖了厚约 50 厘米以上的比较疏松的土层。”[①] 在现代有关“塿土”或以关中平原为主的“土垫旱耕人为土”的土壤研究中，土粪已成为极为寻常的概念。“土粪是各种有机肥、家畜肥、人粪尿、圈肥、土炕以及土墙等各种肥料的通称，同时当地多以黄土垫圈，故其中土体约占 70%以上。”[②]

一、“以粪和土”

虽然土粪的概念出现较晚，但用黄土拌和肥料的过程却很早就已经出现。氾胜之推行的区田法是古代针对干旱环境，注重土壤施肥、供水、除草的精细化生产方式，他记录了一些作物的施肥方式，如区种大豆，“取美粪一升，合坎中土搅和，以内坎中”。种麻，“树高一尺，以蚕矢粪之，树三升；无蚕矢，以溷中熟粪粪之亦善，树一升”。种瓜，“一科用一石粪，粪与土合和，令相半”。种瓠，“蚕

① 朱显谟：《塿土》，北京：农业出版社，1964 年，第 6 页。
② 龚子同等：《中国土壤系统分类：理论·方法·实践》，北京：科学出版社，1999 年，第 139 页。

矢一斗，与土粪和”。种芋，“取区上湿土，与粪和之，内区中其上，令厚尺二寸”①（表5-1）。这些记录显示，在一般性种植及区种方法中施用的粪肥均需要与土拌和，一种是蚕沙与土混合，另一种则是粪与土混合，都避免将粪肥直接施入土壤当中。这样做，一方面可以减弱熟粪对作物的烧杀作用，另一方面也可以充分拌匀施入土壤当中的肥粪，还能起到增加肥料的作用。

表5-1　《氾胜之书》中有关肥田的记录

作物种类	种植方式	施肥方式
麻	一般性种植	树高一尺，以蚕矢粪之，树三升；无蚕矢，以溷中熟粪粪之亦善，树一升
枲	一般性种植	春冻解，耕治其土。春草生布，粪田，复耕，平摩之
瓠	区种	区种四实；蚕矢一斗，与土粪合。浇之，水二升；所干处，复浇之
芋	一般性种植	宜择肥缓土，近水处。和柔，粪之
粟	区种	种粟二十粒；美粪一升，合土和之
大豆	区种	其坎成，取美粪一升，合坎中土搅和，以内坎中……一亩田种一升，用粪十六石八斗
瓜	区种	一亩为二十四科，区方圆三尺，深五寸。一科用一石粪，粪与土合和，令相半
瓠	区种	先掘地作坑。方圆，深，各三尺。用蚕沙与土相和，令中半
芋	区种	取区上湿土，与粪和之，内区中其上，令厚尺二寸

① 万国鼎：《氾胜之书辑释》，北京：农业出版社，1980年，第133、149、152、155、164页。

北魏时期，《齐民要术》中记录的施肥方式仍多为以粪和土（表 5-2），如种冬瓜法：“傍墙阴地作区，圆二尺，深五寸，以熟粪及土相和。”[①] 种葵：“地不厌良，故墟弥善；薄即粪之，不宜妄种。春必畦种水浇。畦长两步，广一步。深掘，以熟粪对半和土覆其上，令厚一寸，铁齿杷耧之，令熟，足踏令坚平；下水，令彻泽。水尽，下葵子，又以熟粪和土覆其上，令厚一寸余。”[②] 唐代《四时纂要》，元代《王祯农书》，明代《农政全书》中都有类似前代以粪和土的施肥方式。如“凡种蔬蓏，必先燥曝其子，地不厌良，薄即粪之……临种，益以他粪，治畦种之。区种如区田法。区深广可一尺许。临种，以熟粪和土拌匀，纳子粪中，候苗出，料视稀稠去留之”。[③]

表 5-2 《齐民要术》中有关肥田的记录

作物种类	种植方式	施肥方式
不明	一般性种植	凡美田之法，绿豆为上，小豆，胡麻次之。悉皆五、六月概种，七月、八月犁稀杀之，为春谷田，则亩收十石，其美与蚕矢、熟粪同
谷田	一般性种植	凡谷田，绿豆、小豆底为上，麻、黍、胡麻次之，芜菁、大豆为下
黍穄	一般性种植	凡黍穄田，新开荒为上，大豆底为次，谷底为下
麻	一般性种植	麻欲得良田，不用故墟。地薄者粪之
瓜	区种	以瓜子、大豆各十枚，遍布坑中。以粪五升覆之。又以土一斗，薄散粪上，复以足微蹑之。又法：……率方一步，下一斗粪，耕土覆之
冬瓜	区种	傍墙阴地作区，圆二尺，深五寸，以熟粪及土相和

① （北魏）贾思勰：《齐民要术》卷二《种瓜第十四》，文渊阁四库全书本。
② （北魏）贾思勰：《齐民要术》卷三《种葵第十七》，文渊阁四库全书本。
③ （明）徐光启撰：《农政全书》卷六《农事·营治上》，清道光二十三年（1843 年）上海太原氏重刊本。

作物种类	种植方式	施肥方式
葵	畦种	地不厌良，故墟弥善；薄即粪之，不宜妄种。春必畦种水浇。畦长两步，广一步。深掘，以熟粪对半和土覆其上，令厚一寸，铁齿杷耧之，令熟，足踏使坚平；下水，令彻泽。水尽，下葵子，又以熟粪和土覆其上，令厚一寸余。又冬种葵法：……若粪不可得者，五月、六月中穊种绿豆，至七月、八月犁稀杀之，如以粪粪田，则良美与粪不殊，又省功力
蔓菁	一般性种植	种不求多，唯须良地，故墟新粪坏墙垣乃佳。若无故墟粪者，以灰为粪，令厚一寸
韭	畦种	治畦，下水，粪覆，悉与葵同。然畦欲极深。韭，一剪一加粪，又根性上跳，故须深也
兰香	畦种	治畦下水，一同葵法。及水散子讫；水尽，簁熟粪，仅得盖子便止
姜	一般性种植	姜宜白沙地，少与粪和
苜蓿	畦种	地宜良熟。七月种之。畦种水浇，一如韭法。亦一剪一上粪，铁耙耧土令起，然后下水
桃	一般性种植	选取好桃数十枚，擘取核，即内牛粪中，头向上；取好烂粪和土，厚覆之，令厚尺余。至春桃始动时，徐徐拨去粪土，皆应生芽，合取核种之，万不失一。其余以熟粪粪之，则益桃味
椒	畦种	四月初，畦种之。方三寸一子，筛土覆之，令厚寸许；复筛熟粪，以盖土上
梧桐	畦种	治畦下水，一如葵法。五寸下一子，少与熟粪和土覆之

清代，《农言著实》中也反复强调农家闲来无事时，就拉土垫圈，将粪与土直接混合后施入土壤。由于土粪中含有较多的黄土，到地里后容易结块，故还需要翻粪环节，“地将冻，再无别事，就丢下拉粪。明年在某地种谷，今冬就在某地上粪。先将打过之粪再翻一遍；

粪细而无大块，不惟不压麦，兼之能多上地”。[1]翻粪还需要尽早，地冻则粪也会冻，翻不成，也拉不成。“地中上浮粪，以地冻为主。随拉随即将粪撒开。地内不许放堆堆子；一则怕地冻撒不开；二则也怕日久不撒，粪堆底下的麦苗沾粪气发生，向后撒开，粪底麦苗受害。又还要看天气，地冻后再上粪也可。”[2]这里所说的冬季给麦田上粪，不仅不伤麦，也为来年其他谷物的种植打基础。除了浮粪的施用，麦收后上底粪也很重要，“前言地内上浮粪，可以不必。麦后所有底粪，尽行上了底粪。至于六、七月所积之粪，或种荞麦，或种蚕豆，上后，其余当年所积之粪，与第二年所积粪，俟麦后场活清白，都上在靠茬地里”。[3]很显然，麦田及其他谷物田施用农家肥已很普遍，积攒肥粪是日积月累的过程，这些黄土垫圈的物质最终都将回到田里。

二、“以土垫圈”与“墙土、炕土”

关中平原自汉代起就有“用土和粪”的传统，自不待言，这些用于“和粪”的土，源于平原内广泛覆盖的黄土地，但是它具体来自何处？产生了怎样的位置移动？这些是考察关中土壤人为覆盖层形成的重要因素。从文献记录分析，区田法中更加广泛细致地描述了粪与土合和的方法，推测其中土的来源有两种可能。一种可能来

①（清）杨秀元：《农言著实》，收录于王毓瑚辑：《秦晋农言》，北京：中华书局，1957年，第97页。
②（清）杨秀元：《农言著实》，收录于王毓瑚辑：《秦晋农言》，北京：中华书局，1957年，第98页。
③（清）杨秀元：《农言著实》，收录于王毓瑚辑：《秦晋农言》，北京：中华书局，1957年，第101页。

自区田内部，据万国鼎考证，区种法是将作物播种在长条形或者方块形的区内，在沟的范围以内，把土掘松到一尺深，掘松的土仍旧堆积在沟内，即氾胜之所说的“积壤于沟间”[①]。但是因为土被掘松，土体体积会增加，如果完全堆积在沟的范围以内，必然会高出地面很多，形成高垄种植，这又同干旱地区需要保墒的要求相抵触，这就需要把掘出来的松土的一部分，堆积到沟旁的土埂上，正如氾胜之所说“尝悉以一尺地积壤，不相受，令弘作二尺地以积壤”。[②]这样，用于和粪的土很有可能用的是堆积于旁边的区内的土，种大豆时就有“取美粪一升，合坎中土搅和，以内坎中”。[③] 种麻“以溷中熟粪粪之亦善；树一升”[④]，种粟“美粪一升”[⑤]，这里的“美粪”与“熟粪”很有可能是水粪，强调与土混合后肥田。另外一种可能，就是拌和肥粪的土来自耕作部位以外的地区，虽然文献中并未记述其他粪与土合和的过程，但在黄土高原地区，黄土是丰富的自然资源，农民们积累的粪有可能不足，但黄土的获取想必还是较容易的。汉代的圈厕相连将人畜粪便混合后，极有可能也是以土垫圈，积制肥料，关中平原现代的“土茅”依然采用这种方式。20 世纪前半期，华北平原制造土粪的工序仍与古代的关中平原类似，一种是畜圈、厕所—粪坑、猪圈—粪堆；另一种是畜圈、厕所—粪堆，其中生土、腐殖土需要投入在每个工序的各个阶段，这种土资源的利用方式对维持卫生、促进粪尿的发酵、改良土壤质量方面都发挥

① 万国鼎：《氾胜之书辑释》，北京：农业出版社，1980 年，第 63 页。
② 万国鼎：《氾胜之书辑释》，北京：农业出版社，1980 年，第 90 页。
③ 万国鼎：《氾胜之书辑释》，北京：农业出版社，1980 年，第 132 页。
④ 万国鼎：《氾胜之书辑释》，北京：农业出版社，1980 年，第 149 页。
⑤ 万国鼎：《氾胜之书辑释》，北京：农业出版社，1980 年，第 68 页。

着作用。[①]

关中平原以黄土垫圈积累土粪在清代已经成为农户的重要任务，垫圈是积累粪肥的主要环节。杨秀元就曾告诫自己的子孙后辈：

> 农家首务，先要粪多。或曰：“多买牲口，则粪亦不忧其少矣。”余曰：“不然，有牲口而不衬圈，与无牲口者何异？即衬矣而不细心，与有牲口而少者何异？”或曰：“是何说也？”余曰：“此事要身亲方能晓得。自家有人经理，不必言矣。若无人，必先与火计定之以日，约之以时，某日一圈。或十日，或十五日。此一定之期，不可改易。又必须于每日早晚两次著工人衬圈。粪要拨开，土要打碎，又要衬平。或早刻用土多少，晚间亦如之。照日查算，遇十日一期，令工人出圈。周而复始，总要亲身临之，则日积月累，自然较旁人多矣。”[②]

上述文字强调衬圈的过程比牲口的多少更为重要，要衬圈多，则拉来的土就多，这是土粪产生的重要过程。家门外拴牲口的地方，自然也有粪，“门外前拴牲口处，见天日有粪。见天日著火计用土车子推回衬圈；不得任意就堆在粪堆上，亦不得任意烧炕。若能天日如此，日积月累，粪自然多矣，岂不多上些地？”[③]由此看出，以土垫圈是土粪的主要来源。

---

①［日］栗山知之：《20 世纪前半期华北旱地农业中的土资源利用》，陕西师范大学西北研究院、日本学习院大学东洋文化研究所合办“黄河流域的历史与环境”青年学术研讨会会议论文，内部资料，2012 年。

②（清）杨秀元：《农言著实》，收录于王毓瑚辑：《秦晋农言》，北京：中华书局，1957 年，第 99-100 页。

③（清）杨秀元：《农言著实》，收录于王毓瑚辑：《秦晋农言》，北京：中华书局，1957 年，第 100 页。

用于垫圈的土是要勤于积累的，在农闲时节，拉土便成为日常工作。

二、三月内实在无活可做，或拉土，或锄草，就者两样事了。但此二事除过麦秋二科，若无活可做，就著做此事。如果草房子宽大，可以积每年底麦秸，何妨遇着闲日子，就教人将草铡底放满。或者无多底房屋，但有工夫，就要铡草。不然天有不测风云，下上几天，牲口没草吃，你看作难不作难？至于土，天日圈内是定要底，有干土可衬，不必言矣；有土房子放土，亦不必言矣。如若无土，又无土房子放土；即或有放土地方，欲不甚多；万一下上几天雨，圈内无土可衬，你看作难不作难？所以此二事，我于二月、三月内言，但无活可做，就著做此事也。嗣后无活底天气，九、十、冬、腊悉照此。[①]

按照杨秀元的农活安排计划，农家人是没有太多的空闲时间的，“粪多力勤者为上农夫”[②]，拉土垫圈成为每天需要完成的工作。今天的关中平原，农业耕作中虽已大量使用化肥，但农民们仍不愿舍弃这种农家肥，在田野间，随处可看到农户积肥、运肥、施肥的场景。

在黄土普遍发育的关中平原，黄土的用处绝不仅限于此，人们的居住环境、居家日用也离不开黄土。正所谓“一方水土养一方人”透露出“靠山吃山，靠水吃水”这种通俗的生活认知。[③]黄土地区的

① （清）杨秀元：《农言著实》，收录于王毓瑚辑：《秦晋农言》，北京：中华书局，1957年，第86页。
② （清）杨秀元：《农言著实》，收录于王毓瑚辑：《秦晋农言》，北京：中华书局，1957年，第100页。
③ 侯甬坚：《一方水土如何养一方人——以渭河流域人民生计为例的尝试》，《社会科学战线》2008年第9期。

人吃饭、穿衣、住宿所需的材料或直接，或间接来源于黄土，不仅生产食物需要黄土，房屋建造、居家生活也离不开它。土窑、土墙、土灶、土炕、储水土壕、储粮土窖等都是对黄土的利用与改造。这里的先民具备了在黄土中创造生活环境的能力与技巧。更加值得赞赏的是，这些使用过，且需要废弃的黄土“结构体”最终会再回到自然中，且是作为另外一种可贵的资源回归土地，这是人们维持关中土地生产能力绵延不绝，永续利用的最为简单的、朴素的、实用的方法。

废旧的土墙、土炕、土灶等都是可以用来施肥的。《齐民要术》中种蔓菁“种不求多，唯须良地，故墟新粪坏墙垣乃佳。若无故墟粪者，以灰为粪，令厚一寸”[①]。“坏墙垣”在关中平原尤其广泛，关中盖房子用的墙体，盘炕、盘灶都需要夯制的土坯。打土坯是关中百姓常做之事，有记载：“冬天无事，或著火计一人打土墼，或叫人打土墼，大约二三千为度，以防来年补修墙垣。再防雨水过多，牲口圈内无土可衬，就将此土墼打底衬。”[②]每年需要打新的土墼，换下来的旧墙垣都是上好的肥料。石声汉研究认为，运用此法有两种可能，都是与土壤中微生物的氮循环有关。一种是非共生性固氮细菌和蓝绿藻，可能在这种长期休闲的土壤里，得到了它们的合适生长条件，因此固定了一些大气氮，成为氮化物。另一种是硝化细菌群，在这样的强土中聚集了一些硝酸盐。现在连微生物带土，以及微生物加工所得氮化物，一并纳入土壤中，便可以提高土壤的肥沃度。[③]民国时期，包括关中平原在内的华北地区普

①（北魏）贾思勰：《齐民要术》卷三《蔓菁第十八》，文渊阁四库全书本。

②（清）杨秀元：《农言著实》，收录于王毓瑚辑：《秦晋农言》，北京：中华书局，1957年，第98-99页。

③ 参见吴存浩：《中国农业史》，北京：警官教育出版社，1996年。

遍缺乏天然肥料，根据对该地区农家肥料的调查，陕西使用炕土及墙土者更为普遍：

> 陕西渭河平原之木材，至感缺乏；当地造屋，大多拆旧屋之木料，以建新屋。虽秦岭山脉中有大好木材，然以运输不便，不能取用。该处并且缺乏煤炭，所以作物之秸秆，都作为燃料之用，农家不能利用之材料；农家肥料以牲口粪为大宗，其他则为人粪、生豆、油饼之类；此外则多施用坑土[①]与墙土者。坑土即常卧坐之砖坯，经二三年后，拆下击碎以之肥田。此种土坯，因经二三年之燃烧，其上附有二三分厚之油黑烟膏；据云：此膏之肥力甚佳，每坑土坯，可粪地一二亩，农民甚宝贵之。凡农民欲得旧坑之土坯，甚愿为坑主另建一新坑，并另外给以小米七八升。若该坑年分悠久，则应给之小米须加增。因该坑土坯之肥力尤佳也。墙土即土墙之土，据云：凡土墙有一二十年之久，即可用之肥田，年代愈久则肥力愈佳。因而该处农民常将残屋败壁錾细后粪地。用坑土肥田，北方农家大都行之，惟陕西农家行之者尤勤；墙土肥田，他处稀有；谅系陕西农家肥料，更形缺乏之故也。[②]

直至现代，关中农村依然存有以土盘炕、以土盘灶的习俗，这些燃烧过的土炕材料最终又以肥料的形式回归于黄土地上，根据农家的经验，这些土炕、土灶材料，其黑烟愈厚者肥力愈大。

---

①“坑”通“炕”，这由“坑土即卧坐之砖坯”可以看出，如今关中平原的农村仍常见这种土炕，冬日里，土炕顶头一侧的中空墙体内还可燃薪取暖。

② 姚归耕：《华北农家肥料之取给与施用》，《农报》1936年第3卷第3期。

第三节　土粪对土壤耕作层的影响

历史文献及近现代关中民间习俗都可以反映出黄土是关中从古至今肥料的重要拌合物或对其改造后直接充当肥料，这一过程不仅改变了地表土层的土体体积、时空分布，而且对土壤的理化性质产生影响。

一、土粪使用与塿土人为堆垫过程的时空差异

关中地区的黄土资源丰富，这是土粪形成的一个重要条件。但值得注意的是，在化肥问世以前，农家肥的积累应该是相当有限的。《氾胜之书》中总共记载了 20 多种作物的种植方法，仅在瓠、粟、大豆、瓜、芋等的区种中提到上粪的过程，当时应该是难以满足众多大田作物的肥田需要。《齐民要术》中对于主要的粮食作物，如麦、禾、黍、水稻等都没有提到施肥，而其他农业栽培技术却很详尽，书中基肥、追肥的方法也基本沿于《氾胜之书》，并没有补充北魏时期的新的经验。这也说明，在肥料欠缺的情况下，大田作物在实际生产过程中基本处于不施土粪，而以绿肥肥田的状态。北魏时期，长期的战乱，耕牛缺乏，人口大量损失且逃散，人畜粪尿都相当有限，这使得仅有的粪肥只能集中施用于小面积经营的蔬菜瓜果的栽培中。北魏孝文帝推行均田制，计口受田，一夫一妇可以受 60 亩大田，最多可受 180 亩大田，桑田 20 亩，麻田 15 亩，外加果树、菜

地等。[1]每家如此多的田地，地多缺肥的现象是必然的，因此，大田作物基本上依靠轮作、种植绿肥、深耕多耕等措施熟化土壤。唐代《四时纂要》至明代《农政全书》中北方的施肥方式也多依《齐民要术》之方法，在蔬菜瓜果的区种和畦种中应用广泛，其他并未有明显的补充。

文献资料显示，土粪虽一直作为关中地区重要的肥料，多种粪源都是与土拌和后施入土壤当中，但这种肥源毕竟有限，很难实现所有作物和土地都能使用。清代之前的文献中几乎未能见到土粪广泛应用于大田作物，这使我们推测，在清代之前的历史阶段，土粪引起的覆盖层堆积速度较为缓慢，很可能自清代起，这种人为堆垫过程进入快速发展时期。若按目前塿土层普遍存在的 50 cm 厚度的堆积层来计算，经历多长时间会有如此之厚度？陕西省农林学校农学专业曾经做过调查，以扶风县石家大队用土和施肥量进行大致测算，“每亩以 4 方计算，2 200 亩耕地共需土 8 800 方。如果平地挖壕以深 2 m 计算，每年就要破坏 6.6 亩耕地。另外，每年把 4 方的土粪施于地表，田面将加高 6 mm。这样堆成与现有覆盖层相当的厚度（如 60 cm）需时也不过 100 年”。[2]但实际上，古代的肥料施用量远不及此，苏联学者 A. H. 罗赞诺夫曾经在黄土高原考察测算，黄土高原的肥料主要为堆肥，由半发酵的厩肥、人粪尿和各种生活垃圾与黄土混合形成，其中黄土占整个堆肥的 70%～80%。施用堆肥的定额为 1 000～2 000 斤/亩，有些地方增加到 4 000～8 000 斤/亩，如果按照每亩 2 000 斤定额来计算，耕作 1 000 年后，耕作层的厚度将增加

---

① （北齐）魏收撰：《魏书》卷一一〇《食货志》，北京：中华书局，1974 年。

② 陕西省农林学校农学专业：《改革“黄土搬家”的积肥、施肥习惯》，《土壤》1978 年第 3 期。

20 cm。[1]很显然，两种测算的结果差异很显著，这主要取决于每亩施入土壤当中的土粪的量的多少。尽管不同区域内的施肥量存在差异，近代以来的资料还能为我们定量估算耕作层堆垫厚度提供可能，而历史上的施肥量却难以定量描述。从苏联学者的推算看，1 000 年土壤耕作层增加的厚度为 20 cm，则 2 000 年左右的时间就可以堆垫 40 cm，但关中塿土剖面人为覆盖层厚度多在 50 cm 以上，其中不排除粉尘的自然沉降也会为土层增厚贡献力量。但是历史文献也显示，越是早期的农业阶段，施肥量可能越少，且仅在重要的经济作物种植中采用，这势必会造成关中平原不同区域内塿土剖面覆盖层厚度的显著差异，或者仅在城镇近郊有明显的深厚的堆垫层。可实际上，这种覆盖层在关中平原是较为连续而广泛分布的，这应该是一定历史阶段内集中施用土粪的结果。若以扶风县石家大队的土方量及施肥量测算，历史时期不断的施加土粪会形成相当厚度的覆盖层，但实际上的覆盖层厚度却也远不及此，这也说明古代不可能大面积施用土粪，且清代至近代以来是关中地区土壤耕作层塿土化过程的重要时期。

要建立起土粪施加和塿土上部堆垫层之间的关系，还需要考虑土粪中土的来源和土粪的运输条件这两个重要的因素。《农言著实》中明确提到农闲时节，农家的主要农活就在于拉土垫圈。据调查，关中地区曾经全年用于积肥、施肥的劳力占总劳力的 50%～70%。由于肥源不足，农民们只好用加大垫土量的办法来增加肥料。关中地区垫圈或压粪用土多来自村内或村周围挖掘土壕的生土，通常每车熟粪要加土三车。人们形象地将这种农业活动称为“黄土搬家”，

① ［苏联］A. H. 罗赞诺夫：《中华人民共和国黄土区古老耕种土》，《土壤学报》1958 年第 6 卷第 4 期。

关中在 1963 年大约有 53%的劳力用于“黄土搬家”。根据当时陕西省土壤肥料所的调查，在集体化之前，由于盲目起土、用土、遗留下来众多的土壕和塄坎。[①]土壕在关中地区十分普遍，实际上是人们堆制土粪取土垫圈的遗迹，它的体积也可间接指示施加土粪的数量。刘鹏生曾经在张家岗大约 5 平方华里[②]的范围内调查估算，区内土壕的总土方量大约为 467 524.5 m^3。若按照塿土覆盖层平均厚度 50 cm 计算，总土方量为 50 万 m^3，二者相差甚微。[③]调查还表明，距离村庄越近，土壤熟化度越高，覆盖层也越厚。[④]似可说明取土土壕的体积与塿土堆垫层的土体体积显著相关，且近距离运输的便利条件是形成塿土堆垫层厚度空间差异的重要因素。

同时，土粪的肥源不足也会促使农户只能在种植面积较小，生长速度较快，收益较大的作物中优先使用。一般来讲，瓜果蔬菜的种植较大田作物更加精细化，人们会选择就近种植，一方面便于经营管理，另一方面也便于运送水肥，因此，村庄周围或者城镇郊区是菜园地的主要分布区域，这也是导致村庄周围的塿土人为堆垫层厚度往往大于距离村庄较远地区的原因之一。

关中平原土壤耕作层上部堆积的厚约 50 cm 以上的覆盖层正是“黄土搬家”的结果，形成的“黄盖垆”[⑤]土壤剖面构造在土壤上部形成蓄水层，下部形成隔水层，这对旱作农业蓄水保墒曾起到积极

---

① 陕西省农林学校农学专业：《改革“黄土搬家”的积肥、施肥习惯》，《土壤》1978 年第 3 期。

② 1 平方华里=0.25 km^2。

③ 张淑光：《武功土壤》，西安：陕西科学技术出版社，1987 年，转引自王金贵：《人为生产活动与农田土壤主要性质空间变异性关系》，硕士学位论文，咸阳：西北农林科技大学，2009 年。

④ 刘鹏生：《关中塿土的土体构造及其肥力》，《西北农学院学报》1980 年第 1 期。

⑤ “黄盖垆”是一种土壤剖面形态的简称，特指土壤剖面由上部黄土层与下部垆土层叠加而成的土壤剖面形态。

的作用。但塿土上部的覆盖层也并非越厚越好，一般以覆盖层的厚度 30～60 cm 为宜，超过这个厚度，也会使下部黏化层距地面过深，产生漏水漏肥现象，形成类似于黄土高原另一种土类——黄墡土或白墡土的结构。因此，在人们逐渐认识到塿土土壤性状的同时，又促使关中平原改变这种施加土粪的方式，改黄土垫圈为秸秆垫圈，改土多粪少为纯粪堆沤。这样一来，关中土壤耕作层的人为堆垫作用会逐渐减弱，形成相对稳定的“黄盖垆”剖面特征，同时，化肥的广泛使用，农家积肥也逐渐减少，“黄土搬家”的现象逐渐消失。

二、土粪对塿土人为堆垫层性质的影响

土粪施加的多少除改变塿土人为堆垫层厚度变化以外，也会改变土壤耕作层的有机质养分含量。土壤中的有机质分解快，容易被作物吸收利用，古代耕作层的营养物质含量，我们已无法从现代的土壤剖面中获得实验数据，但根据今日的施肥试验，仍然可以推断古代之土壤养分含量的变化。

搬运土壕内的土进行垫圈，也就是将生土混入粪肥中进行积制，混入黄土数量的多少直接影响土粪的质量。在古代的施肥环节中，也十分注意土与粪混合的比例。氾胜之的和粪方法，种瓜“粪与土合和，令相半”，种瓠“用蚕沙与土相和，令中半”，“相半”与“中半”似乎都说明了土与粪和蚕沙的比例各占 50%。《齐民要术》中也有土与粪混合数量的说明，如种葵“以熟粪对半和土覆其上，令厚一寸”。这对土壤的深度熟化是十分有利的，但往往在粪肥欠缺的情况下，百姓为了多上粪，而增加垫土的数量，以期多积攒肥料，新中国成立初期，黄土可以占到整个堆肥的 70%～80%。土粪中黄土

的比例升高，加入耕作层中的生土越多，人为堆垫作用就越显著。因此，在关中平原的农业历史中，越至近现代，土壤耕作层的堆垫作用越显著，堆积速度越快。但对土壤耕作层的熟化来讲，近现代的土壤熟化程度可能并不及古代。据扶风县农科所 1981 年的试验，土粪中土的比例越高，施肥量越高，但作物增产效果越低，若将土以草替换，其增产效果会提高。[①] 这就促使人们控制土粪积制过程中加入土的比例，减弱了黄土的堆垫作用。

土粪多以肥粪和黄土拌和而成，大量黄土的添加一方面阻缓了原来土壤的黏化和淋溶过程，另一方面也使耕作土层受到黄土母质性质的影响。黄土是富含碳酸盐的成土母质，原生自然土壤碳酸盐的淋溶程度一般分为三种，一种是表土中碳酸盐没有完全淋失，新生体以白色菌丝状为主，钙积层中碳酸盐聚集也较少；一种是表土中的碳酸盐几乎完全淋失，有明显的钙积层和黏化层的分界，碳酸盐新生体仍然以菌丝状为主，但有较多的结核；一种是碳酸盐充分淋溶，钙积层有时已不存在或在很深的层位出现。但是随着含有黄土母质的土粪的施加，一般表层耕作土都会具有强烈的碳酸盐反应，整个塿土剖面中往往也多有呈菌丝状的碳酸盐淋溶淀积现象。

由于加入黄土的作用，土粪中一般均含有碳酸钙，随着堆垫层的加厚，原有土壤中已淋溶的碳酸钙会增加，这使得塿土剖面的碳酸钙含量会呈现上高下低的状态。从形态上看，老、古耕层受水热运动的影响有碳酸钙菌丝、菌膜等附着在结构体表面，而下垫土壤的钙积层不仅有碳酸钙菌丝和菌膜，还常有碳酸钙结核。这就改变了原生土壤剖面中淋溶层和淀积层的碳酸钙运移规律，使土壤耕作层中富含碳酸钙。

① 卢增兰：《改土粪为粪草堆肥的研究》，《土壤》1986 年第 4 期。

现代判断土壤肥力的指标往往是有机质、全氮、碱解氮、速效磷、速效钾等的含量，黄土本身的有机质及氮素含量较为贫乏，现代通过施入化肥及各种营养素，可以显著提高氮、磷、钾等含量，但其有机质含量仍然难以提高，但施用包括土粪在内的有机肥料却可以显著提高土壤的有机质。而且，使用有机肥数量越多，土壤的熟化程度越高，土壤有机质增加越多。有实验表明，在轻度熟化的土壤上每亩施用有机肥 1 万斤，10～30 cm 深度耕作层的有机质含量为 0.42%，而每亩施用有机肥 20 万斤，土壤熟化程度增加，10～30 cm 深度耕作层的有机质含量提高到 1.21%，且有机质的提高幅度在 0～10 cm 土壤耕作表层中表现更为明显。[①]古代没有化肥，长期施用土粪类的有机肥能够显著提高耕作层的有机质含量，推测在历史阶段，长期施用土粪的古代土壤耕作表层有机质含量很可能较今日的有机质含量高，对泾惠渠灌区的土壤调查也表明，整个灌区的土壤有机质含量很低，作物吸收、分解后，未能在土壤中大量累积。这跟区域内土壤施用的有机肥量少，有机质分解快有很大关系。该区域正通过推广翻压玉米秸秆还田技术及提高土粪质量来提高土壤有机质。[②]土壤中氮元素的积累主要也来自腐殖质及动植物和微生物残体的有机状态积累。土粪中含有大量的动植物及各种微生物残体，土壤中的氮素含量也会随着土粪的施入显著提高。

土壤有机质不足会造成土壤的物理性状不良，土壤团粒结构含量不高，耕层紧实，容易板结，降低了土壤的保水保肥能力。大量施用土粪，腐殖质积累会加强，生物活动会提高，可起到疏松土壤

① 黄福珍、白志坚、张与真等：《黄土区生土的特性及熟化中肥力变化的研究》，《中国农业科学》1980 年第 1 期。

② 易秀、吕洁、谷晓静：《陕西省泾惠渠灌区土壤肥力质量变化趋势研究》，《灌溉排水学报》2011 年第 30 卷第 3 期。

的作用。同时，土壤中氨化菌、放线菌、真菌、硝化菌、固氮菌等微生物数量也会明显增多，加速土壤中养分的分解和转化。因此，土粪的施用除了增加土壤营养元素，还改善了土壤耕作层的结构状况。

三、有关塿土覆盖层“自然堆积”和“人为堆垫”的讨论

对关中地区塿土的性质和成土过程，也曾经历了较长时间的调查和讨论。一些学者，如周昌云、梭颇、王文魁、陆发熹等都曾经认为关中地区的土壤为栗钙土和埋藏栗钙土，认为塿土上部覆盖层为风和水的新近沉积物。[①]但随后学术界很快又否定了这种看法，朱显谟在《塿土》一书中明确提出，对塿土的成土过程来说，人为作用是主要的，它改变了土壤的原生植被，而且由于长期施用土粪，在原来土壤的顶部覆盖了厚约 50 cm 以上的较为疏松的土层。龚子同也曾肯定塿土覆盖层的堆积作用，在其著作中这样描述：

根据野外观察，从塿土上覆盖层中含有的人类活动遗迹（煤渣、炭屑以及砖瓦、陶瓷碎片等）来看，塿土覆盖层主要是人类活动的产物。当然，与此同时也必然伴随各种自然作用，问题是自然作用过程和人类活动哪一个在塿土形成过程中占主导的地位。黄土的洪积、坡积以及尘暴的堆积作用，在整个黄土高原地区都存在，但为何独在关中地区才形成较深厚的覆盖土层？而且，离村庄越近，土垫表层越厚，远则薄。这显然与关中地区农民长期施用土粪（堆肥）的习惯有关。关中地区随处可见的土壕，就是当地农民堆制土粪的

① 朱显谟：《塿土》，北京：农业出版社，1964 年，第 5 页。

遗迹。所以，可以说，塿土上覆盖层的形成，看来主要是人类长期施用土粪堆垫并进行耕作熟化的结果。当然不排除降尘的影响。[①]

这也在后来关中农耕土壤的研究中取得了一致意见。笔者也认为，塿土覆盖层的形成是自然风尘堆积和施加土粪的综合作用。在全新世大暖期，气候相对温湿，属于黄土堆积相对减弱的时期，可这一时期，人们生活的地表面也有向上移动的过程。根据黄春长等曾经在岐山、扶风一带的调查研究[②]，岐山、扶风一带的黄土台塬在整个全新世有两个明显的文化繁荣期，即新石器时代和先周时期。周原上的剖面显示在全新世古土壤 S_{02} 中是新石器时代的文化层，有红色陶片和木炭屑，大致发育的时间段为距今 8 500～6 000 年。而先周和西周文化层多位于上层的古土壤 S_{01} 与上部黄土的界面上，上层古土壤发育的时间段为距今 5 000～3 100 年，当时的农业生产耕作利用正处于古土壤层顶面。此后当地农业生产的耕作层位都位于上部沉积的黄土层中。这种全新世古土壤层分为两个亚层的现象在关中其他地区也有出现，S_{01} 和 S_{02} 中间有厚 20～80 cm 不等的黄土层。[③] 新石器时代的文化层和先周—西周文化层分别位于 S_0 的顶端和底端，中间也有一定厚度的黄土层相隔，说明了周原黄土的自然沉降作用。

新石器时代的关中以渔猎及刀耕火种并存的食物获取方式为

① 龚子同等：《中国土壤系统分类：理论·方法·实践》，北京：科学出版社，1999 年，第 139 页。

② 黄春长、庞奖励、陈宝群等：《扶风黄土台塬全新世多周期土壤研究》，《西北大学学报（自然科学版）》2001 年第 6 期。

③ 黄春长、延军平、马进福等：《渭河阶地全新世成壤过程及人类因素研究》，《陕西师范大学学报（自然科学版）》1997 年第 25 卷第 2 期；赵景波：《淀积理论与黄土高原环境演变》，北京：科学出版社，2002 年，第 152-153 页。

主，即使有农业耕种地，也是以点状形式存在，且劳作简单，随时迁徙的生活方式也很难对土壤造成较为深刻的影响。在这种仍然以地表植被原始生存状态为主的作用力影响下，人们活动的地表层依然上移，且古土壤发育的时期还是全新世的温暖湿润期，风尘堆积作用在这一时期也大大减弱。地表耕作层的上移显示了在自然状态下，关中地表土壤也在不断接受新的黄土状物质的堆积，并迅速进入了新的成土化过程。

周昆叔研究周原黄土与文化层的关系时也发现，文化层在黄土剖面中的分布，从古土壤的底部向上，依次出现裴李岗、仰韶、龙山、夏商周及春秋、战国、秦汉文化层，直至古土壤的顶面与新近黄土相接，每一时期的文化层之间都有一定厚度的土层相隔，且时代越晚，文化层分布层位越向上部靠近。在前期人类扰动作用很弱的原始农业时期，关中平原的土壤堆积作用仍在持续。

全新世大暖期结束以后，气候进入相对冷干期，冷干期黄土的堆积作用增强，在侵蚀微弱、地形平坦的关中平原，黄土厚度自然也会不断增加。

从前述对关中平原土壤培肥的文献梳理与研究发现，施用土粪并非在历史时期整个关中平原均匀化发展，也表现出明显的时空特征，这从平原内土壤剖面上也能反映出来。关中平原的土壤剖面中，虽然古土壤顶部大多都有深厚的覆盖层，且厚度常常能达到 50 cm 以上，但是不同区域的覆盖层厚度的差异也是很明显的。例如，关中西部塿土覆盖层就表现出较大的差异，如图 5-1 所示。

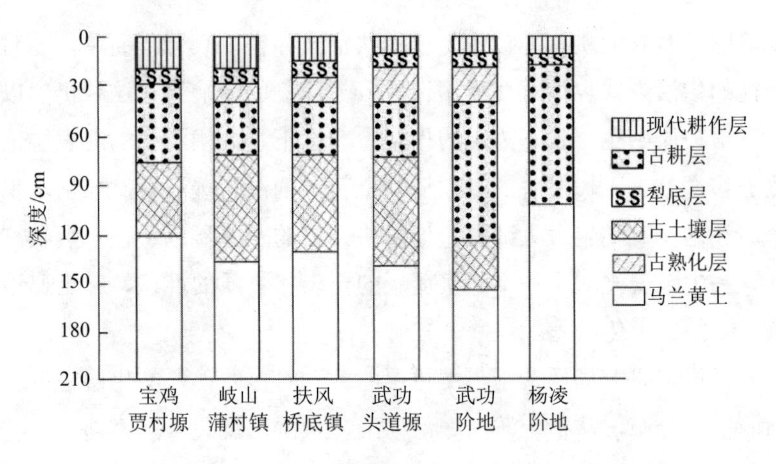

图 5-1　关中西部塿土覆盖层厚度对比

通过笔者野外工作中对塿土剖面的观察，在水平方向上，上部覆盖层与下部古土壤的分界线大多是连续分布的，几乎不受地形的影响，这是风尘堆积的显著特征（图 5-2）。在全新世暖期结束时，气候变得冷干，风尘开始加速堆积。直至距今 2 200 多年前的秦汉时期，文献中所记录的关中农耕活动仍主要集中在坚硬的垆土层的表面，这也说明秦汉时期古土壤层顶部还未覆盖相当厚度的黄土，现代的耕作层一般为 15～20 cm，当时的农耕技术仍比较低下，扰动深度应该会小于 15～20 cm，若上部覆盖已经超过当时耕作扰动厚度，也就不会存在当时的关中生产过程中对垆土层的深刻认识。可见，秦汉时期的耕作层仍然以垆土层为主。

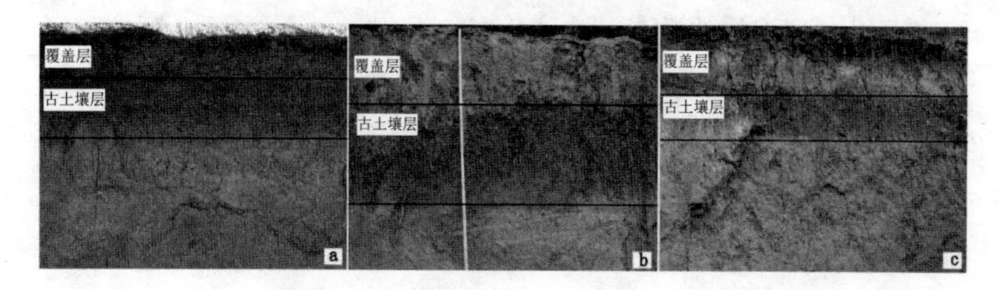

图 5-2　关中塿土剖面全新世土层

（a 长安少陵塬剖面；b 武功贞元镇剖面；c 武功苏坊镇剖面）

随着风尘的不断堆积，上部覆盖层也会逐渐增厚，人们的耕作层位也会不断向上发展。虽然土粪的施用历史自秦汉时期已经开始，但受到地貌形态、运输水平难以送达、土粪数量不足等因素的限制，土粪造成的覆盖层堆垫作用仍然是相当有限的。故此，塿土上部覆盖层的物质来源应该也具有较强的时空特征。

在秦汉时期开始的大规模农业生产中，风尘堆积并未停止，如果施加土粪的地域及数量有限，风尘的自然沉降就构成了塿土覆盖层的主要物质来源。在某些地区，如瓜果蔬菜种植区、近郊农耕区、村庄周围等，不排除土粪已经开始参与堆垫成土过程，且频繁的耕作扰动会使古土壤层顶面的土壤与上部新近沉积的黄土充分混合，造成二者分层界限不清晰，存在的水平连续分布状态被打破的现象，事实上，我们在野外也看到有些剖面覆盖层与古土壤层的分界线并不明显，这很有可能是人为耕作活动造成的层序混乱。但是，大部分地区古土壤层与上部覆盖层有连续的较为清晰的分界线，也说明了当时的堆垫作用仍然以风尘堆积为主。

直至唐宋时期，关中农业生产的历史记录中也并未有大田作物广泛施加土粪的记载，而至清代以后，有文献记载大田作物施加土粪的过程，且施加的数量相当大，这时堆垫成土的物质来源掺入了大量的土粪，剖面中也表现出覆盖层上部熟化程度明显高于下部的特征。有研究也表明，覆盖层下部的土壤特征接近于马兰黄土，表现出自然土壤的很多特征，这应该是农业技术水平有限，人类影响土壤程度较轻所导致的。

自距今 3 100 年以来，气候都处于相对冷干的时期，黄土高原的风尘堆积也在持续，若干次尘暴携带的大量粉尘一直是塿土覆盖层的组成要素，随着农业发展水平和粮食产量要求的提高以及人口的迅速增长，土粪的施用量逐渐增大，风尘堆积和土粪共同构成了覆盖层的物质来源，只是越至历史阶段后期，土粪所占的比例越高，清至民国时期的文献中已经能够说明施用土粪的日益广泛。按照前述扶风县石家大队曾经开挖的土方量与施肥量估算出用土粪在田面上堆积 60 cm 左右的堆垫层需时不过 100 年，若能长时间持续性地进行这种程度的堆积，那么清代以来进入土粪快速堆积期，覆盖层厚度达到 50 cm 左右也是完全有可能的。这也就能够解释，在塿土的一些剖面中，覆盖层可以超过 1 m 的厚度。因此，关中土壤耕作层的厚度主要受到人类施加土粪频率和数量的影响。

对土壤耕作层而言，作为“垆土”层的古土壤层已经是人类的耕作层位，自古土壤层顶面至现代地表，自然粉尘沉降与土粪都参与了耕作层的熟化过程，只是前期自然因素在成土过程中占主导地位，越至后期，人为因素作用越强，土粪构成土壤耕作层形成的主要外源物质，它的不断堆积直接形成了塿土的深厚耕作层，也形成明显的上部人为堆垫熟化层和下部原生土层叠加的二元结构，同时，施入土壤中土粪的数量与质量成为决定塿土表面覆盖层厚度和熟化程度的主要因素。

第四节　小 结

关中塿土上部覆盖层的物质来源是土壤学界十分关注的问题，历史上大量土粪的施入是上部覆盖层不断增厚的重要原因。土粪随农业生产中施肥的环节加入土壤，本章通过复原关中历史时期施肥的过程，探讨土壤耕作层的人为堆垫熟化作用。

总体上，关中平原古代的土壤培肥主要采用过休耕、草肥、蚕屎、人畜粪尿、旧墙土、绿肥种植、油渣等多种方式。研究认为，汉代已经开始强调用黄土与肥粪拌和，且后代农业生产中一直延续这样的施肥方式，其原因一是可避免腐熟的粪肥直接施入土壤对作物的烧伤作用；二是加入黄土，可以增加肥粪的数量；三是用黄土作为垫圈物质对家畜有利。施加土粪的多少是覆盖层形成的关键，文献记录显示，汉代仅在区田法中有施加土粪的环节，区田法是极耗人力、地力且集中供水供肥的生产方式，对于大面积的作物种植恐难开展。在北魏至明代的农书中，土粪的施用仍仅见于区田法或畦种法，而且两种方法主要用于种植蔬菜瓜果类作物，豆科作物种植是大田作物主要的肥田方式。

据此，我们可以做出推论，古代肥源不足应是时常出现的状况，在生长期短、种植面积小、经济价值高的蔬菜瓜果类种植中优先使用不够充足的肥粪是理所应当的，且蔬菜类种植也是极耗地力的，适时补充地力也很必要。蔬菜瓜果的种植精细，且要便于水肥运输及采摘、售卖，其分布更多在居住地周围或城镇周边。这就形成以城镇或村庄周边为主的土壤“高度肥沃地带”，这与今日城市周边的肥熟“菜园土”类似。关中塿土分布也体现出这一规律，距离村庄越近，土壤覆盖层越厚，这必然与历史时期频繁施加土粪有关。若是肥粪充足，农民们也会给肥力较低或需要连作的土壤施肥。

唐代，商品经济的发展进一步促进了蔬菜瓜果类经济作物的种植，且以粟—麦—豆为主的连作制加大了土壤对肥粪的需求量，促使这一时期出现了以肥粪为经营对象的商品经济，也在一定程度上反映出土壤施肥数量的增多，土粪的堆垫作用也会加快。至清代，在牲口圈内垫土形成土粪仍然是关中主要的积肥方式，且拉土垫圈、积累肥粪已成为关中农家一年四季时常进行的农活，尤其农闲时节都会用来拉土，“每日早晚两次衬圈”，并“遇十日一期，令工人出圈”，以此效率日积月累，施入土壤中的土粪自然增多。这一时期施肥过程还存在的一个显著现象是在小麦、杂粮等大田作物的种植中也广泛施加土粪，这在前代的农业生产记录中是不多见的，这使我们推测，清代农家积肥受到的重视程度大为增加，土粪的人为堆垫作用快速增强。延续至近代，土粪的堆积更为普遍，甚至现代，农户家院门口积攒土粪的粪堆仍是关中极具特色的农业景观。这种农业景观不仅存在于关中平原，日本学者栗山知之研究认为，以土粪为主的土资源利用在 20 世纪前半期是华北农业景观重要的构成因素，也是干燥气候条件下现代化生活中土的代替物普及之前维持农业发展的最合理的方式。[①]

另外，关中平原丰富的黄土资源令人们在生活起居中也尽可能地使用它，房屋墙垣、床榻、火炉等都可以用黄土制造，废弃的“坏墙垣”“土炕”“土灶”，最终都以肥粪的形式重新进入到土壤耕作层

① [日] 栗山知之：《20 世纪前半期华北旱地农业中的土资源利用》，陕西师范大学西北研究院、日本学习院大学东洋文化研究所合办“黄河流域的历史与环境”青年学术研讨会会议论文，内部资料，2012 年。

的形成过程中，这些黄土的取土地往往分布在村庄内部或周围，过去形成的土壕或涝池就曾是村民们的主要取土地。这也致使关中平原内部土壤的总量变化不大，而以土粪为媒介发生了土壤在水平或垂直方向上的位置移动，长期施加的以黄土为主的土粪物质经过作物吸收和耕作熟化，构成了现代土壤耕作层的主要成土物质。

第六章 关中平原的水利灌溉与土壤改良

土是农业生产的立根之本，水是农业生产的命脉所在，我国自古重视农业生产中的水问题。自然界的物质循环使水分及营养元素流通于大气、河湖、土壤、生物中。土壤水分与土壤空气一同存在于土壤孔隙中，水分含量多少及其存在形式对土壤形成与发育、肥力高低、自净能力都有重要影响。土壤水分不仅能够直接供给作物生长，同时随着土壤水分的不断运动，土壤中的有机质和无机质才能在土壤剖面中不断迁移转化，被植物吸收利用。

农业土壤的水分主要来源于大气降水和人工灌溉。古代的关中平原大部分区域属于旱作农业区，通过适时耕地、耙耱结合等耕作技术提高并保持土壤水分含量是该地区古代农业生产实践中经验总结最为丰富的。同时，关中平原所具有的地形与水文特征又为水利灌溉提供了便利。

关中的水利灌溉起源很早，周代始祖公刘就有引泉灌溉之行为。《吕氏春秋》中也有灌溉农田之记载，至战国末期秦开郑国渠始，水利灌溉对土壤的改良作用已显成效，使关中东部原本不宜开发的“舄卤之地”变为“收皆亩一钟”[①]的良田沃壤。秦汉时期，关中水利建设已颇具规模，后代又累废累兴，不断延续着关中土壤的改良与农业的发展。

第一节　关中主要水利灌区的地貌及土壤

一、泾洛灌区

古代关中平原的水利灌溉集中于泾水、洛水、渭水之流域，渭水自西向东流经形成的平坦阶地渐为开阔。关中西部黄土台塬为主的地形，致使大型水利设施难以展开，引渭河灌溉也只能分布于渭河沿岸的狭窄平原阶地上。关中中部至东部，阶地平原向渭河以北纵深，较为开阔的地形是发展大型水利灌溉的优势之一。平坦的平原自西北向东南形成一定的地势落差，古代的水利灌溉往往依靠自流引水才能实现，这就成为发展大型水利灌溉的优势之二。若以泾河为分界线，关中东部渭河以北的泾河至黄河之间，地形宽阔平坦，已进入下游流域的泾、洛河流速减缓，这是淤灌改良土壤的重要水文条件。若水流流速过快，水势过猛，不仅无法起到淤积成壤的作用，还会造成地表土壤侵蚀的加剧。

关中水利灌溉的引水水源大多来自渭河水系。渭河北岸的支流主要有汧河、漳河、漆水河、泾河、浊峪河、清峪河、石川河、洛河等，其中泾河和洛河是渭河的第一和第二大支流，也是关中水利的主要水源。关中大尺度地貌类型属于盆地，中尺度地貌类型有渭、

① （汉）司马迁：《史记》卷二九《河渠书》，北京：中华书局，1959年。

泾、洛河冲积平原、黄土台塬及山麓洪积倾斜台塬或洪积扇裙。受地形地貌的限制，水利工程多集中于中东部地区的阶地平原区，西部地区河谷或泉源处仅有小型水利设施。胡渭在《禹贡锥指》中注《关中诸渠图第四十二》时云："自秦汉以来，渭北有郑国渠、白渠、六辅渠、成国渠、漳渠、蒙茏渠、龙首渠，渭南有灵轵渠、昆明渠、漕渠，皆凿引诸川之水为之。"

其中，郑国渠、白渠、六辅渠引泾水灌溉，形成引泾灌区；龙首渠引洛水灌溉，形成引洛灌区；成国渠、蒙茏渠、漕渠引渭水灌溉；漳渠引漳水灌溉；灵轵渠则引秦岭北麓峪口之河水灌溉周至一带的土地。

泾河是渭河的最大支流，发源于宁夏六盘山东麓，经长武、彬州、永寿、淳化等县在泾阳县张家山界进入关中平原，并在高陵陈家滩附近汇入渭河。泾河上游谷深山陡，水势湍急，但自张家山至陈家滩的关中冲积平原区，地势平坦，水流平稳，古代关中也是最先在这一区域实施灌溉，至今仍是关中主要的水利系统。洛河发源自白于山，自西北向东南，经过陕北黄土高原的志丹、富县、洛川、黄陵等县，在关中平原主要流经蒲城、大荔，至三河口汇入渭河。自白水县至三河口是洛河的下游河段，引洛灌溉也集中在这个区域。

一般而言，在河流冲积平原地区，沿河床的河漫滩及超河漫滩，分布潮土；低阶地或中阶地是灌淤土分布的主要地区；外侧高阶地及山前平原，多为当地的地带性土壤。[①]关中平原土壤分布也遵循这一分布规律，泾、洛灌区是关中平原最大的两个水利灌区，引泾灌区延续的时间最长。在早期农业未兴起之前，这里的土壤应以阶地上发育的自然褐土，低洼地带发育的沼泽土、草甸土为主，经过长

① 王吉智、马玉兰、金国柱编著：《中国灌淤土》，北京：科学出版社，1996年，第9页。

期的灌溉，目前这些区域已被塿土和灌淤土等农业土壤所覆盖，灌淤土尤以关中东部一级及二级阶地上分布最为广泛。泾阳县、三原县、高陵区、临潼区、阎良区等是古代关中水利灌溉发达的县区。泾阳县中部平原区的泾干、姚坊、永乐、崇文、三渠、雪河、燕王、中张八个乡镇的全部，云阳、王桥、桥底三个镇的部分地区，地表土壤均以灌淤土为主，这些区域正是引泾灌区的主要覆盖区域。偏北部的以云阳镇为中心，包括云阳、桥底、扫宋、龙泉、蒋路六个乡镇灌淤土发育稍弱，主要以黏底灌淤土、黄土型灌淤土为主。泾阳县平川地的土壤耕作层均受到长期引水灌溉的影响，其发育的强弱和灌溉渠道的分布及灌淤时间是有密切关系的。

1980 年高陵县的全县土壤普查数据显示，淤土广泛分布于县境北部的川平地区和河流沿岸，是该县面积最大的土壤类型，占全县总土地面积的 59.97%。在该县的湾子、鹿苑、通远、药惠、姬家、榆楚、崇皇、张卜八个乡均分布着灌淤土，灌淤层一般厚 40～80 cm，更厚的还有超过 1 m 的，发育了较好的团粒状结构。除灌淤土外，塿土占全县总面积的 22.37%，主要分布在鹿苑塬、奉正塬的各级塬面，有红油土和黑油土之分。[①]三原县灌淤土也是该县分布面积最大的土壤类型，占到土地总面积的 43.55%，其次是塿土和黄土，分别占 25.03%和 18.91%，灌淤土主要分布在三原县的南部平原地带。[②]

从泾阳、三原、高陵等地的土壤分布来看，灌淤土都是区域内主要的土壤类型，现在也是关中重要的农业土壤资源，它的形成与历史上的灌淤过程紧密相连。

先秦至秦汉时期，关中农业发展由西向东逐渐扩展，东部泾洛

① 高陵县地方志编纂委员会：《高陵县志》，西安：西安出版社，2000 年，第 81 页。
② 三原县志编纂委员会：《三原县志》，西安：陕西人民出版社，2000 年，第 118-119 页。

流域是关中地区农业开发相对较晚的区域，一方面，东部地区降水量较少，渭北旱塬上的农业生产条件不及中西部地区；另一方面，东部地区地势较低，地下水位浅，极易形成的盐碱化土壤也是农业生产的不利因素。

郑国渠、白渠、六辅渠引泾水为水源，龙首渠引洛水为水源。郑国渠灌溉的区域是从泾水到石川水，再到洛水的区域，汉白渠主要灌溉郑渠以南，泾水至石川水的区域，而龙首渠灌溉洛水以东地区。郑国渠明确提出“溉舄卤之地”[①]，龙首渠也是“溉重泉以东万余顷故卤地”[②]，这说明当时郑国渠和龙首渠流经区域还有大面积的盐碱土。

在关中平原，盐碱化通常不会在完全干燥的地方发生，而多出现在原来地下水位较高的区域，随着地表水分干涸，盐碱类物质随地下水上升。史书中有关灌溉的记载也体现出这一点，郑国渠“溉泽卤之地四万余顷”[③]，成国渠筑临晋陂，“引汧、洛溉舄卤之地三千余顷”[④]。“泽”和“舄”都有近水之意。表明这些地区的土壤并不缺水，而是土壤中的水分含量及其运行方式对作物生长不利。

泾河与洛河之间还有清峪河、冶峪河、浊峪河、石川河等发源于北山的河流，其中石川河流量较大，古也称沮水。沮水得名似有沮洳沼泽之意，辛树帜在考察泾阳、三原、富平相交之地时谈道：“推想在古代农事未兴，这里是可以成沮洳沼泽的（这里沮水之得名或因此）；战国时郑国造渠事，也可作我们对当时这里地形的推测。据《史记·河渠书》载：‘韩闻秦之好兴事，欲罢之，毋令东伐，乃使

①（汉）班固：《汉书》卷二九《沟洫志》，北京：中华书局，1962年。
②（汉）司马迁：《史记》卷二九《河渠书》，北京：中华书局，1959年。
③（汉）司马迁：《史记》卷二九《河渠书》，北京：中华书局，1959年。
④（唐）房玄龄等撰：《晋书》卷二六《食货志》，北京：中华书局，1974年。

水工郑国间说秦，令凿泾水自中山西邸瓠口为渠，并北山东注洛三百余里，欲以溉田。……渠就，用注填阏之水，溉舄卤之地四万余顷，收皆亩一钟。于是关中为沃野，无凶年，秦以富强，卒并诸侯，因命曰郑国渠’。由此可见在郑国渠未开之前，漆沮所经之地可能是沼泽纵横，草木丛生，麇鹿成群，是最佳的猎场。”[①]在这些河流出山口以下往往以洪积扇群为主，洪积扇上地下水位较高形成沮洳沼泽，这种时常有水流覆盖的区域应以沼泽土、草甸土等为主。

结合关中东部的地貌特征，冲积平原和黄土台塬上散布着一些长条形的侵蚀构造洼地，平原上的洼地底部还常形成湖泊或沼泽，这些洼地系古三门湖的遗迹。土壤的盐碱化常发生于这些低湿洼地。构造洼地主要分布在石川河至洛水、洛水至黄河之间的区域，富平至蒲城南部的卤泊滩，大荔县的盐池洼至今仍是关中主要的盐碱土分布区域。在富平县薛镇以南、蒲城县南部也有大面积的盐碱滩地，渭南固市一带还有侵蚀洼地存在。

但是，并非所有的低洼地都存在盐碱化土壤，日本学者村松弘一曾复原郑国渠、白渠、龙首渠三个水利工程灌溉区域的环境变化，列举了泾水至石川水、石川水至洛水、洛水至黄河的历代陂池。位于泾水至石川水之间的泾阳县、高陵区见于记载的有焦获泽、蒲池水、龙泉陂、流金泊、涵碧池、莲池等陂池，这些均为淡水池，仅临潼区有一处煮盐泽为盐池。位于石川水至洛水之间的蒲城县、富平县有晋王滩、东卤池、西卤池、卤泊滩、碱村滩，都是盐池，仅一处漫浴池是淡水池。位于洛水至黄河之间的大荔县有通陂、小盐池两个盐池，沙苑地区也有七处陂池，但都属于淡水池。村松弘一对于三个灌区淡水池及盐池的复原和现代的构造洼地是相符的，也

① 辛树帜：《禹贡新解》，北京：农业出版社，1964 年，第 146 页。

说明历史上该地区的盐碱化土壤广布于石川水至洛水之间的蒲城县、富平县和洛水至黄河之间的大荔县。

在这些自然形成的洼地上分布着盐碱土，而泾阳、高陵、临潼等县域也有很多低湿的淡水池洼地，这里往往有潮土、沼泽土等。周边的高仰之地应该以自然形成的普通褐土为主。西周时期，人们虽已懂得利用农田沟洫系统排走地表多余的水分，但对大面积的低湿地，他们可能仍然无力治理。直至汉代，大规模兴修水利工程之时，这里的土地被渐次开发。随着人类活动引起地表土壤水分的运移及土壤熟化程度的提高，沼泽土、潮土等也可以发展成水稻土、潮塿土等。分布较广的普通褐土在耕作、灌溉、施肥的作用下，内部水分、矿物、碳酸盐等物质重新分配，形成塿土。但若利用不当，则土壤就会向盐渍化方向发展。

二、引渭灌区

渭河南岸支流众多，皆发源于秦岭北坡，但河流均短小水急，主要有黑河、田峪河、涝河、沣河、滈河、灞河、浐河等，这些河流水流清澈，水质较好，泥沙含量低，常被纳入都城的供水系统。由于渭河南岸水源丰富，环境优美，古时帝王将相也常游猎于此。

渭水自西向东贯穿关中中部，受两岸山地及台塬地形所限，关中中西部的渭河阶地狭长分布于河流两岸。因此，渭河沿岸的水利工程措施也局限于两岸低阶地上。成国渠是渭河沿岸最著名的引水渠道，汉武帝时开凿，“成国渠首受渭，东北至上林入蒙茏渠”[1]，它自眉县东北经过上林苑，与蒙茏渠相接。渠线经过了今天的眉县东部、杨凌、武功、兴平、咸阳等。

曹魏时期，《晋书·食货志》记载：“青龙元年（233年），开成国渠自陈仓至槐里；筑临晋陂。引汧、洛溉舄卤之地三千余顷，国以充实焉。”[2]另外，《水经注》载：“渭水又东会成国故渠，魏尚书左仆射卫臻征蜀所开也，号成国渠，引以溉田。其渎上承汧水于陈仓东，东迳郿及武功、槐里县北。”[3]两则文献都反映了成国渠以新引进汗河水溉田。新的渠首比原来的眉县东地势高，在虢镇西北引汧水，经过土家崖、冯家咀、李家崖、刘家崖村，又北至贾家崖，顺着周原脚下向东延伸。

唐代咸通年间，咸阳县民请奏修治成国渠六门堰，“京兆府奏修六门堰毕，其渠合韦川、莫谷、香谷、武安四水，溉武功、兴平、咸阳、高陵等县田二万余顷，俗号渭白渠，言其利与泾白相上下，又曰成国渠”[4]。其效果能与泾白渠相上下，灌溉成效自然显著。后代对成国渠虽也有修复，但灌溉的效益相当微弱。虽然历史上引渭灌溉时有维持，但持续时间都未能太长，且灌溉面积也不大，故在灌区内武功、兴平、咸阳等地的耕作土壤形成过程中，并未表现出强烈的淤积成土作用。20世纪80—90年代对该地区进行的土壤调查显示，武功、杨凌、兴平等地的淤土仅分布在渭河及其支流的新滩地或老河滩古道地区，且分布面积很小。[5]这类淤土与关中东部引泾

①（汉）班固：《汉书》卷二八《地理志》，北京：中华书局，1962年。

②（唐）房玄龄等撰：《晋书》卷二六《食货志》，北京：中华书局，1974年。

③（北魏）郦道元撰：《水经注·渭水》，（清）王先谦校，清光绪十八年（1892年）长沙王氏思贤讲舍刊本。

④（宋）宋敏求：《长安志》卷一四《县四·兴平》，文渊阁四库全书本。

⑤ 武功县志编纂委员会：《武功县志》，西安：陕西人民出版社，2001年，第94-98页；杨陵区地方志编纂委员会：《杨陵区志》，西安：西安地图出版社，2003年，第77-80页；兴平县地方志编纂委员会：《兴平县志》，西安：陕西人民出版社，1994年，第109-112页。

灌区形成的灌淤土完全不同，它们是发育在河流新近沉积物上的土壤，且时常会受洪水泛滥的影响，在成土过程中并未有长期持续性的灌溉淤积。咸阳虽有一定的灌淤土分布，面积约占总土地面积的5.4%，但灌淤土主要分布在引泾河、冶峪河、清峪河等河流灌溉的区域。[①]塿土是这些区域内主要的土壤类型，但受历史上渭水灌溉的影响，在塿土形成过程中，成土物质必然有一部分来自灌溉淤泥，这在渭惠渠灌区表现得就很明显。因此，在引渭灌区，灌淤作用对古耕层形成的影响远不及东部的泾洛灌区。

第二节 “泽卤之地”盐碱土的改良

渭水、泾水、洛水都属于高泥沙含量的河流，只要引水灌溉，就会有浑水落淤。这些河流上修建的引水灌溉工程实质上都具有淤灌性质。严格地讲，关中地区的淤灌对土壤的作用及影响是可以分两层含义的，一是增加土壤水分，二是改良土壤质地。但实际上泾、渭、洛灌区的灌溉兼具这两种功效，很难将二者截然分开，对于土壤耕作层的形成而言，有着解决土壤旱情与改良土壤质地及盐碱化的双重功效。

通常意义上，水利灌溉是通过工程设施将外源水（河水、泉水、湖水等）引入土壤中，增加土壤的水分含量，并使作物通过土壤吸收到生长所必需的水分，同时，土壤中深层的营养物质通过土壤毛管水通道也可以上升到表层供农作物吸收。这是水利灌溉的最基本作用，但在关中地区，渭河北岸的支流上游多系黄土高原地区，河流泥沙含量大是重要的水文特征，致使灌溉活动对关中土壤耕作层

① 咸阳市地方志编纂委员会：《咸阳市志》，西安：陕西人民出版社，1996年，第319-325页。

的形成具有多方面的作用，主要表现出增加耕作层含水量，淤积上移耕作表层，提高耕作层肥力，改变成土物质组成，改良盐碱土等多种功效。

一、淤积造田

在大型水利工程产生之前，人们对河流的淤灌性质的认识，应该源于每次洪水过后的土壤表层总能淤积随河水而来的砂土物质及肥沃的营养物质。善于观察的古代先民一定会注意到冲淤层所带来的生产效益，不仅当年，甚至随后几年的农业丰产都能得以保障。在关中地区山麓地带洪积扇上，这种冲淤层是十分优良的土壤。先秦时期就有富平的赵老峪洪淤漫地，这是引顺阳河上游赵老峪的浑水淤灌薛镇、底店和雷古坊一带的土地，秦始皇当年还将此作为“美田宅”赐予大将王翦。平原地带的河流泛滥同样可以起到这种肥田的功效。泾河以东的关中东部地区，泾河、清峪河、冶峪河、浊峪河、洛河等流经的区域都会因洪水泛滥形成落淤层，古代及现代的事实均证明，这是泥沙淤积所创造的肥沃土层。

汉代之前，关中东部尚有大片的土地未被利用，土地开发相对迟缓，这与东部的地理环境有很大关系，东部地区地势低洼，尤其在郑国渠渠道以南，原为泾、渭、清、浊、洛诸水汇集的区域，至战国中期仍存在很多湖泊沼泽。[①] 由于土壤排水不畅，形成“泽卤之地”，不利于农作物生长。

战国末年，秦在韩国水工郑国主持下修建的郑国渠，“凿泾水自中山西邸瓠口为渠，并北山东注洛三百余里，欲以溉田。中作而觉，

① 李令福：《关中水利开发与环境》，北京：人民出版社，2004 年，第 19-20 页。

秦欲杀郑国。郑国曰：'始臣为间，然渠成亦秦之利也。'秦以为然，卒使就渠。渠就，用注填阏之水，溉泽卤之地四万余顷，收皆亩一钟"。[①]文献中分别提到"欲以溉田"及"溉泽卤之地"，"欲以溉田"说明该区域本身已存在农业用地，否则何有"溉田"之说？"泽卤之地"能够"收皆亩一钟"，说明灌溉所起到的改良土壤的作用是显而易见的。正如李令福认为的，诸如漳水渠、郑国渠、河东渠、龙首渠是以放淤荒碱地，营造田地为主，而非浇灌庄稼。淤灌是构成中国传统农田水利的第一个重要发展阶段。[②]

《水经注·沮水》中记载的郑国渠渠系路线为"渠首上承泾水于中山西邸瓠口……渠渎东迳宜秋城北，又东迳中山南……郑渠又东迳舍车宫南，绝冶谷水，郑渠故渎又东迳嶻嶭山南，池阳县故城北，又东绝清水，又东迳北原下，浊水注焉……又东历原，迳曲梁城北，又东迳太上陵南原下，北屈，经原东出，与沮水合……沮循郑渠，东迳当道城南……又东迳莲勺县故城北……又东迳汉光武故城北。又东迳粟邑县故城北……其水又东北流，注于洛水也"。关于郑国渠的渠系路线，学界是存有争议的，李令福曾对郑国渠渠系路线进行过详细的比对。[③]在沮水至洛水之间的渠系路线，杨守敬与后来学者的复原路线相差甚远，前段泾水至清水的渠系路线尽管南北摆动幅度不易确定，但按照《水经注》的记载，宜秋城北、舍车宫南、池阳县故城北、曲梁城北、太上陵南原、当道城南、莲勺县故城北等都是确定的郑国渠经过的区域。它们大致经过如今泾阳县的王桥镇、桥底镇、云阳镇等，三原县的鲁桥镇等，结合这些区域的地形，均

①（汉）司马迁：《史记》卷二九《河渠书》，北京：中华书局，1959年。

② 李令福：《论淤灌是中国农田水利发展史上的第一个重要阶段》，《中国农史》2006年第2期。

③ 李令福：《关中水利开发与环境》，北京：人民出版社，2004年，第37-42页。

位于渭北平原二级阶地的最高线上，地势自西北向东南倾斜。只要水源充足，便可以实现最大限度地灌溉。

郑国渠的渠系路线从泾水过石川水至洛水，所流经的区域地形及土壤是有差别的。这一地带古时就有“沮洳沼泽”的描述，历史文献中还有诸如焦获泽、蒲池水、流金泊、涵碧池等水域的记载，但这些池子是在海拔 400 m 以上的山间河谷地带由泉水汇集而成的淡水池。[①]它们主要分布在泾水至石川水之间的区域。石川水至洛水之间，还分布有很多盐池，富平县和蒲城县交界地带的卤泊滩现今仍是关中主要的盐碱土分布区。从当时的地貌特征及水域分布推测，在泾水至石川水之间，土壤是以沼泽土或草甸土为主的潮土土壤类型，而石川水至洛水之间则广泛分布盐碱土。无论是沼泽土、草甸土，还是盐碱土，在战国至秦汉时期都是难以开发利用的土壤。

秦献公二年（公元前 383 年），秦都城自雍城迁至栎阳，随着都城的迁移，泾洛之间可以利用的土地渐次被开发，或许仅剩诸如沼泽土、盐碱土等作物难以生长的土地无法利用。即便后来都城迁至咸阳，栎阳一带仍是重要的军事据点。《史记・秦本纪》载：“十二年（公元前 350 年），作为咸阳，筑冀阙，秦徙都之。并诸小乡聚，集为大县，县一令，四十一县。为田开阡陌。东地渡洛。”[②]可见，泾洛之间当时已实行县制，人口的聚集会使这一带成为农业发展的中心区域，这也成为推进土壤改良的重要因素。

这样看来，在郑国渠浇灌的区域范围内，“泽卤之地”是可以代表低湿之地的两种土壤类型，一种是沼泽土，另一种是盐碱土。这

① ［日］村松弘一：《中国古代关中平原的水利开发与环境认识：从郑国渠到白渠、龙首渠》，台北：“中央研究院”、联经出版事业股份有限公司，2008 年，第 202 页。

②（汉）司马迁：《史记》卷五《秦本纪》，北京：中华书局，1959 年。

两种土壤都不是缺水，而是土壤质地不利于作物生长。元代李好文的《长安志图》中记载："泾水出安定郡岍头山西，自平凉界来经邠州新平、淳化二县，入乾州永寿县界，千有余里，皆在高地，东至仲山谷口，乃趋平壤，是以于此可以疏凿，以溉五县之地，夫五县当未凿渠之前，皆斥卤硗埆不可以稼，自被浸濯，遂为沃野，至今千余年，民赖其利。"[①]郑国渠流经区域的泾水至石川水之间是广泛分布有沼泽土的，但一定也有部分盐碱土分布，石川水至洛水之间是主要的盐碱土分布区域。从土壤性质判断，淤灌在郑国渠前段主要起到放淤造田的效果，而后段则起到灌水洗盐和放淤压盐的功效。对于农业发展的土壤耕作层来说，二者都是通过高含沙量河水中的泥沙，覆盖原来土壤表层，形成新的土壤耕作层。《汉书·地理志》中记载："始皇之初，郑国穿渠，引泾水溉田，沃野千里，民以富饶。"[②]这也说明郑国渠淤灌改良土壤性质的作用是十分显著的。

二、放淤压盐

盐碱土是土体中受盐碱作用形成的盐土、碱土及其他不同程度盐化和碱化的各种土壤的通称，也称为盐渍土[③]。

为治理及防止土壤盐碱化，一般可以通过水利工程措施、农艺生物措施和化学治理措施。水利工程措施是最早应用于关中盐碱土改良的方法，最普遍的改良方式是引浑放淤、洗盐压碱及排水导盐，

① （元）李好文：《长安志图》卷下《泾渠总论》，文渊阁四库全书本。
② （汉）班固：《汉书》卷二八《地理志》，北京：中华书局，1962年。
③ 赵其国、史学正等：《土壤资源概论》，北京：科学出版社，2007年，第339页。

农业生产过程中的种稻、施肥、耕作都可以起到改良的效果。[①]

关中平原最广泛使用的改良措施就是引浑放淤。如前所述，郑国渠渠道以南地势低洼，原为泾、渭、清、浊、洛诸水汇集区域，古时曾是面积广大的湖泊沼泽之地。在这些地区，由于土壤排水不畅，形成“舄卤之地”，不利于农作物生长。郑国渠正是通过浑水灌溉淤高地面，降低地下水位，冲洗土壤中多余的盐碱成分，说明当时人们对利用高泥沙含量的水流对盐碱土壤的淤积压盐作用已经熟知。

对于当时实施的淤灌改良土壤，其效果在一定程度上是十分有效的。《汉书》中云：“通渠有三利，不通有三害。民常罢于救水，半失作业；水行地上，凑润上彻，民则病湿气，木皆立枯，卤不生谷；决溢有败，为鱼鳖食；此三害也。若有渠溉，则盐卤下湿，填淤加肥；故种禾麦，更为粳稻，高田五倍，下田十倍；转漕舟船之便；此三利也。”[②]其中，“盐卤下湿，填淤加肥”即是放淤压盐，并提高土壤肥力的过程。从郑国渠“用填阏之水，溉泽卤之地四万余顷，收皆亩一钟。于是关中为沃野，无凶年，秦以富强”[③]的简单描述来判断，这样的高含沙量河水对盐碱土的淤积作用在当时是卓有成效的。若从词义的表达分析，《汉书·沟洫志》中的“盐卤下湿”很可能有两层含义，即“盐卤”之地与“下湿”之地，《史记·河渠书》中的“泽卤之地”，《释名·释地》中释：“下而有水曰泽，言润泽也。地不生物曰卤。”这极有可能代表着“泽”地与“卤”地两种土壤类型，进而造成郑国渠前段（泾水至石川水）以改良“泽”地为主，而后段（石川水至洛水）才是以改良“卤”地为主。因此，

① 易秀、杨胜科、胡安焱：《土壤化学与环境》，北京：化学工业出版社，2008 年，第 147 页。
②（汉）班固：《汉书》卷二九《沟洫志》，北京：中华书局，1962 年。
③（汉）司马迁：《史记》卷二九《河渠书》，北京：中华书局，1959 年。

对于郑国渠的淤灌效果到底如何，是不能一概而论的，以下湿地为主的沼泽土、潮土等在气候干旱条件下也会发生盐碱化，但这种盐碱化程度不高，或许能够起到放淤造田的效果。但对盐碱化严重的卤地，放淤的效果不能不使人产生怀疑。对此，日本学者滨川荣也有过这样的判断，“关于郑国渠最大问题是，和在干燥、半干燥地区的灌溉渠共同的土壤的盐化、碱化问题。不带排水设备的灌溉不能避免地下水位的抬升而造成的土壤的盐化、碱化，终于使土地变成不能耕作。郑国渠灌溉的地区原来就是‘泽卤之地’，并且既然想到郑国渠没有排水设备，迅速的盐类集积应该是不可避免的。如果能期望用‘填阏之水’暂时去掉地表盐分和换土的效果，很难想象其效果持续很久”。[①]

郑国渠干渠分布在渭北平原二级阶地最高线上，干渠自西向东，利用了关中地形的自然坡降，自流引水灌溉，从而获得尽可能大的灌溉面积。至于郑国渠过石川水后的东段，正穿过富平南部及蒲城南部的卤泊滩，这是灌区内土壤盐碱化最为严重的区域。若土壤的盐碱化程度较高，灌水洗盐或放淤压盐都必须将过多的盐分排走才能维持淤灌效果，但史籍中却未见郑国渠排水的只言片语，故推测郑国渠未必有发达的排水系统，对于石川河以东的区域，淤灌后的土壤很可能种植几年后会立刻出现返盐现象，这使郑国渠东段的淤灌也就难以再维持下去，这或许也是郑国渠存续时间不长的一个重要原因。

洛水沿岸也有低洼地带分布，洛水自西北向东南穿过大荔县，在其北岸有面积较大的盐碱低洼地，主要位于临晋县（今朝邑镇）

① [日] 滨川荣：《关于郑国渠的灌溉效果及其评价问题》，刊于 1999 年《中国历史地理论丛》增刊《汉唐长安与关中平原》，第 179-185 页。

以北，盐池大体呈东北—西南走向。东、西各有一个盐池，东边的盐池较大，即唐代所称的通灵陂；西边的盐池面积较小，现在统一称为盐池洼。

西汉的龙首渠也是以改良盐碱地为目的的水利设施。汉武帝元狩年间（公元前 122 年—公元前 117 年），“其后庄熊罴言：‘临晋民愿穿洛以溉重泉以东万余顷故卤地。诚得水，可令亩十石’。于是为发卒万余人穿渠，自澄引洛水至商颜山下。岸善崩，乃凿井，深者四十余丈。往往为井，井下相通行水。水颓以绝商颜，东至山岭十余里间。井渠之生自此始。穿渠得龙骨，故名曰龙首渠。作之十余岁，渠颇通，犹未得其饶”[①]。在汉代重泉县（位于今渭南市蒲城县钤铒乡）以东依次分布有卤泊滩、东卤地、贺家洼、张家洼等低洼地形，也应该是未经利用的盐碱地。

自先秦至西汉时期，关中平原建立的大型水利设施中，郑国渠、龙首渠是明确提出具有改良盐碱地的功效的。它们的改良方式都是通过放淤压盐及引水洗盐来实现土壤耕作层脱盐。至于淤灌后形成的耕作层利用之效果，文献记载中也只有零星描述，郑国渠“收皆亩一钟”，龙首渠却“未得其饶”。[②] 引浑水淤灌改良盐碱地，其效果是比较明显的。20 世纪 60—70 年代，曾大量引洛水放淤改良盐碱地，据 1964 年大荔县长家坡盐改农场试验测定，淤灌后土壤脱盐率可达 16.8%～40.7%，其中危害作物最严重的氯离子脱除率达 51.2%～81.5%。另外，北平原大队于 1974 年在北平原南段、中段、北段放淤地的土壤脱盐率分别也达到 28.3%、34.9%、8.7%。[③] 数据

① （汉）司马迁：《史记》卷二九《河渠书》，北京：中华书局，1959 年。
② （汉）司马迁：《史记》卷二九《河渠书》，北京：中华书局，1959 年。
③ 陕西省人民引洛渠管理局：《人民引洛高含沙量浑水淤灌小结》，《陕西水利科技》1975 年第 4 期。

显示，淤灌当年的土壤脱盐率还是很高的。

淤灌后的土壤亩产量也有显著提高，根据在大荔县许庄公社、汉村公社、婆合公社盐碱地放淤效果的调查，作物亩产均得到显著提高（表 6-1）。

表 6-1　大荔县引洪放淤效果调查

放淤地点	淤灌年月	淤层厚度/cm	作物	面积/亩	产量/（斤/亩）	
					淤前	淤后
北平原大队北一队	1968	40	小麦	70	0	500
汉村公社四汉一队	1968	30	小麦	30	庄基	500
农十四师三团四连	1970.8	30	小麦	72	178.5	732.3
许庄公社上吕曲八队	1971.7	35	小麦	40	无收	250
许庄公社叶家一队	1965.8	130	棉花	100	无收	125
许庄公社叶家三队	1965.8	50	棉花	50	50	107
汉村公社四渠头三队	1971.8	50	小麦	55	200	600

资料来源：陕西省人民引洛渠管理局：《人民引洛高含沙量浑水淤灌小结》,《陕西水利科技》1975 年第 4 期。

对比以上淤灌效果，若郑国渠在淤灌当年或者连续淤灌几年后，其土壤脱盐率理论上也是可以达到这样的效果，“亩收一钟”[①]的产量也是完全有可能的。

龙首渠淤灌的效果则没有郑国渠好，受商颜山的阻挡，通过井渠之法穿过商颜山引水入平原，不仅开挖穿渠困难，且容易塌方。即便渠通引水，也未能“得其饶”。此时的洛水以东盐碱地并未得到改良。之后的几百年间，龙首渠之灌溉或修复之事宜几乎未见记载。

① “一钟”折合今重量，学界仍有分歧。《中国水利史稿》中折合二百五十斤，《秦汉度量衡亩考》中折合六百斤。

直至北周时期，同州又开龙首渠，以广灌溉。“（同）州东有龙首渠，宇文周保定初所凿，盖导洛河以资灌溉处。”[①] 唐武德七年（624 年），同州还“自龙门引黄河，溉田六千余顷”[②]，黄河水量大，泥沙含量高，引黄溉田能达到这样的效果实属不易。开元七年（719 年），姜师度又修复了古通灵陂，引洛水和黄河水灌田，发展稻作，规模达到二千余顷。灌溉颇有成效，出现了“原田弥望，畎浍连属，繇由来榛棘之所，遍为粳稻之川，仓庾有京坻之饶，关辅致珠金之润”[③]的景象。后代虽对引洛河灌渠也有修复，但灌田面积都不大，且维持时间不长。龙首渠自康熙时疏浚后使用了六七十年，至雍正初期遂湮塞，而且后来的龙首渠除灌田外，主要还用于灌注城壕。

从龙首渠初建到后来的屡次修复，灌田得以持续的时间都不长，且后来的龙首渠也是以灌田为主，并未再提及改良卤地之功效。土壤在淤灌压盐、引水洗盐的过程中，对土壤脱盐的作用立见成效，但同时也会提高地下水位。据大荔县婆合公社北平原大队 1974 年放淤地的测定，北平原大队南段、中段、北段灌淤前的地下水深分别为 1.55 m、1.40 m、1.30 m，灌淤后地下水深分别提升到 0.98 m、1.0 m、1.05 m。仅一年的放淤，地下水位就上升 30～50 cm。在这块土地上，1972 年在无排水条件的情况下已经放淤过，放淤前表层就有地表盐结皮，淤灌两年后，1974 年土壤返盐严重，地表又聚集了 1 cm 左右厚度的盐结皮，土地再次成为弃耕荒碱地。结合现代的放淤情况，放淤改良盐碱土，必须具备排水条件。

洛水以东区域本身就是关中东部的低洼汇水区，穿越商颜山引

①（清）顾祖禹撰：《读史方舆纪要》卷五四《陕西三・西安府下》，贺次君、施和金点校，北京：中华书局，2005 年。

②（宋）王溥撰：《唐会要》卷八九《疏凿利人》，北京：中华书局，1960 年。

③（清）董诰等编：《全唐文》卷二八《褒姜师度诏》，北京：中华书局，1983 年。

水困难固然是龙首渠“未得其饶”的重要原因，但之后多次的引洛或堰黄灌溉也均未能发挥像引泾灌溉那样持久的效益，这应与洛水以东土壤盐碱化程度较高，且地势低洼，缺少排水系统导致土壤返盐严重，农业收成难以保证有密切关系。大荔县盐池洼一带在唐代依然“纵广二十余里，大抵斥卤，不生黍稷，产有蓬蒿”[①]。明代正德年间，“朝邑县东北故有盐滩万余亩，近年河水淤漫，颇堪耕种，当同常田征税”[②]，遂有提议将税率提高为普通田税率，这一提议遭到征税巡按御史王廷相的反对，“朝邑盐田虽暂堪耕种，难保将来，若便同常田征税，将贻祸无穷”[③]。正如其言，至正德末年，“盐田果不可耕”[④]。这也说明，至少于明代，洛水以东、以北，朝邑附近的盐碱土的改良效果仍难以见成效。

洛水以西至石川河之间也有汇水区，“冯翊郡下邽县，有金氏陂”[⑤]，汉武帝时因功奖与金日磾，赐其地因名。金氏陂位于今日渭南市临渭区故市、交斜、孝义、信义一带，当时也应该是水草丰美之地，才会赐予金日磾。“唐武德二年（619 年）引白渠入陂，复曰金氏陂。贞观三年（629 年）陂侧置金监，十二年（638 年）此监废，其田赐王公。古云：此陂水满，即关内丰熟。西又有金氏陂，俗号曰东陂，南有月陂，形似月也，亦名金氏陂。”[⑥]

---

① 万历《续朝邑县志》卷一《地形志》，《中国地方志集成·陕西府县志辑》，南京：凤凰出版社，2007 年影印本。
② 正德《朝邑县志》卷二《杂记》，《中国地方志集成·陕西府县志辑》，南京：凤凰出版社，2007 年影印本。
③ 正德《朝邑县志》卷二《杂记》，《中国地方志集成·陕西府县志辑》，南京：凤凰出版社，2007 年影印本。
④ 正德《朝邑县志》卷二《杂记》，《中国地方志集成·陕西府县志辑》，南京：凤凰出版社，2007 年影印本。
⑤（唐）魏征等撰：《隋书》卷《地理志》，北京：中华书局，1973 年。
⑥（宋）乐史撰：《太平寰宇记》卷二八《关西道四》，王文楚等点校，北京：中华书局，2007 年，第 553 页。

《长安志图》中也载："五县之地，本皆斥卤，与他郡绝异，必须常溉，禾稼乃茂。如失疏灌，虽甘泽数降，终亦不成。是以泾渠之利，一日而不可废也。"①元时，引泾灌区五县之地仍然存在盐碱土，疏于灌溉，最终也是难以成为良田。

要论淤灌对土壤改良的作用及效果，除受灌溉程度及持续性的影响外，更重要的还在于区域内自然土质的演变方式。在盐碱土广泛分布的地区，其土壤含盐量不同，盐碱化程度也有差异。例如，介于蒲城、富平、渭南三县、市交界的卤泊滩是关中平原典型的盐碱地，地貌上属于石川河、洛河三角洲与渭北台塬交界地带，在距今二三百万年前还是很大的三门湖区，沉积层以细颗粒亚砂土及黏性土为主。在湖泊逐渐萎缩的情形下，湖盆洼地内，越靠近湖泊中心地带，沉积层中的盐分聚集含量越高。因此，在整个湖盆洼地内，又可分为轻度盐碱土区、中度盐碱土区和重度盐碱土区。一般在轻度盐碱土区，在保障排水通畅条件下，采取引河淤灌的措施可以改良土壤，但在中度盐碱土区，一般来说不适宜作为农耕地，多被用于种植牧草或其他经济作物，至于重度盐碱土区常生产芒硝及食盐等。②郑国渠曾经"亩收一钟"的淤灌效果，应该也是在低洼带的轻度盐碱土区。

未经改良的盐碱土在人们最初的认知中都是不具备生产性能的，文献中常有的表达有"地不生物曰卤"③，"地无毛则为舄土……舄土无五谷"④，除土壤中的盐碱会对作物产生危害以外，其肥力也

① （元）李好文：《长安志图》卷下《用水则例》，文渊阁四库全书本。

② 阎永定：《陕西省卤泊滩地区盐碱土成因及其改良利用》，《土壤通报》1988年第2期。

③ （东汉）刘熙撰，（清）毕沅疏证，（清）王先谦补：《释名疏证补》，北京：中华书局，2008年，第24页。

④ 黄晖：《论衡校释》卷二八《书解》，北京：中华书局，1990年，第1149页。

是十分欠缺的，《管子·地员》篇中将舄土与桀土两种盐碱土列为肥力最下等的土壤类型。淤灌所用的浑水中的泥沙多来自流域内表层土壤侵蚀，泥沙中含有大量的有机质，为盐碱土起到很好的增肥效果。另外，前章所述及的关中百姓大量施加土粪的农耕措施在关中东部同样也会采用。在耕作过程中，培肥熟化表土，可以有效抑制土壤返盐。有研究表明，在土壤熟化程度较高的情况下，地表返盐程度较轻，甚至不返盐；而熟化程度低的表土，返盐速度和强度都很大。[①]

土壤中有机质的作用非常大，除了一般的改良土壤结构、增加肥力，其对盐碱土更为关键的作用在于有机质可以改善土壤的物理性状，促进土壤水稳性团聚体的形成，增加土壤的非毛管孔隙，使土壤变得疏松绵软，向下淋盐的通道增加，而经毛细管上升积盐的通道相对减少，当土壤含水量充足时，有利于盐分下淋；土壤水分缺乏时，又能阻止盐分向上层移动。同时，有机质可以增强微生物活动，产生不同的有机酸，可中和土壤碱性成分，且有机质本身具有的吸附能力也能起到使土壤耕作层脱盐的效果。

因此，淤积压盐实质是给土壤提供沙土物质，将原来表层盐分掩埋于地表之下，相当于创造了新的土壤耕作层。如表 6-1 所列，20 世纪 60—70 年代大荔县土地经过淤灌，形成 30～50 cm，甚至更厚的淤积层。在新的耕作层上，粪田改土、因土施肥、培肥改土不仅会抑制土壤盐分上升，还使土壤耕层变得肥沃。这种在盐碱土上创造出来的新的耕作层曾被称为“淡化肥沃层”。[②]

---

① 王遵亲：《中国盐渍土》，北京：科学出版社，1993 年，第 423-463 页。

② 田昌玉、李志杰、林治安等：《影响盐碱土持续利用主要环境因子演变》，《农业环境与发展》1998 年第 2 期。

随着逐年灌淤，淤积层厚度增加，深厚的熟化层也可以抑制土壤返盐。东汉光和五年（182 年），京兆尹樊陵在泾水尾闾引水，“清流浸润，泥潦浮游，曩之卤田，化为甘壤”[①]，灌溉阳陵以东的泽卤之地。能够化卤田为甘壤，需要有一定的地形条件做基础。咸阳阳陵以东系渭河台塬边缘，地势较高有助于分散汇水，降低土壤含水量，进而逐年耕作才有可能形成深厚熟化的耕作层。前秦建元七年（371 年），苻坚“开泾水上源，凿山起堤，通渠引渎，以溉冈卤之田”[②]。“冈卤之田”就有地势较高之盐碱地之意，这里的土壤返盐化较轻，是土壤可持续利用的重要条件，在这种土壤上深耕熟化更利于创造性质优良的土壤耕作层。有研究发现，盐碱土改良需要的熟化层至少 10 cm，最好是 20 cm 以上，熟化层越厚其消除盐害的作用越显著。在引泾灌区，淤灌后的表土层可达 20～30 cm，甚至更厚，这极其符合创造深厚的熟化层的条件。自魏晋南北朝时期，深耕技术已经在黄河流域广泛应用，经过西汉以来几百年的断续淤灌，地表也已淤积一定厚度的淤土层，关中精耕细作生产技术的运用有利于盐碱土向非盐碱化转变。

三、引水洗盐

通过水利工程措施改良盐碱土，其基本的原理是改变土壤中的水盐运行规律，“水行地上，凑润上彻，民则病湿气，木皆立枯，卤不生谷”[③]，这是盐分随着土壤水分从深层向表层运移的过程。既然

①《全后汉文》卷七四，蔡邕：《京兆樊惠渠颂》，（清）严可均编：《全上古三代秦汉三国六朝文》，北京：中华书局，1958 年。
②（唐）房玄龄等撰：《晋书》卷一一三《载记第十三 • 苻坚上》，北京：中华书局，1974 年。
③（汉）班固：《汉书》卷二九《沟洫志》，北京：中华书局，1962 年。

土壤的盐碱化是由于水分运动引起的，那必然可以通过改变水分运行方式使土壤脱盐，正如春秋战国时期《吕氏春秋》中提到的“子能使吾土靖而甽浴土乎？”[①] 甽，即沟之意；浴，则有洗浴之意，是利用田间排水沟渠洗盐改土的经验，该句意为你能够使我们的土壤干净，而用沟甽来洗土吗？灌溉可以使土壤中的盐分溶解于水中，通过土壤毛细管，自上而下把表土层中的可溶性盐碱淋洗出去，相反，土壤表层过多的盐分聚积也是在蒸发作用下，自土壤底部向表层移动的过程。既然战国时期已经通晓这种灌溉洗盐的技术，那么，郑国渠在灌溉工程的设计中考虑到排水洗盐的功效是完全有可能的。

引水洗盐是给土壤提供足够多的水，使盐分脱离土壤耕作层。引水洗盐必须将淋洗过土壤的水分排出去，这在关中与水利相关的史籍文献中并未见详细的记载，这也许和关中古代并未形成发达的灌排系统水利设施有关。但事实上，泾水、洛水在行经这些盐碱土之上时，势必会带走地表的盐碱类物质，只是这一过程不能以使土壤的地下水位升高为前提，否则，反而会加剧土壤的盐碱化。这种方法后来广泛用于滨海地带的盐碱地，“尝闻闽浙人言，大凡濒海之地多咸卤，必得河水以荡涤之，然后可以成田。故为海田者，必筑堤岸以拦咸水之入。疏沟渠以导淡水之来，然后田可耕也”。[②]

水利工程渠道可以引来河水洗土，但淋洗的盐碱需要通过排水沟排走，才能达到盐分脱离土壤的目的。关中自西周起建立起来的农田沟洫系统，就可以通过甽、浍、沟、洫等田间渠道排走多余的

① 许维通：《吕氏春秋集释》卷二六《士容论·任地》，梁运华整理，北京：中华书局，2009年，第687页。

②（明）陈子龙等辑：《明经世文编》卷七二《丘文莊公集二·屯营之田》，北京：中华书局，1962年。

土壤水分，从技术上讲，秦至西汉时期通过水利工程改良盐碱地是有一定的理论基础和实践经验的。

水利淤灌技术能够创造新的土壤耕作层，在农业生产过程中，耕作层的结构和性质也会发生改变，盐碱土的变化过程主要分为两种，一种是地下水位上升后的土壤表层返盐过程，另一种是农耕技术选择后的阻止返盐过程。关中地区的农耕技术选择主要包括种植耐盐碱作物和有机肥改良土壤质地。

水稻是引水淤灌后常种植的作物，《管子·地员》篇有“五凫之状，坚而不骼。其种棱稻，黑鹅马夫，蓄殖果木不如三土以十分之七”，“五桀之状，甚咸以苦，其物为下，其种白稻长狭蓄殖果木不如三土以十分之七”。其中，“舄”与“桀”都有盐碱之意，即盐碱地上是可以种植水稻的。在引漳水的实践中，“水已行，民大得其利，相与歌之曰：邺有圣令，时为史公，决漳水，灌邺旁。终古斥卤，生之稻粱。”[①]水稻的生长是需要人为控制土壤灌水与排水的，因此，在渠道近岸之处便于安排水田，也因为水稻需要定期的排水，才会将土壤中的盐分淋洗掉，这对关中盐碱土的改良是十分有利的。唐代是关中地区继汉武帝之后又一次水利兴修的高潮时期，但富商大贾竞相建造的碾硙却使郑白渠（郑国渠和白渠的合称）的灌溉面积大为减小，于是永徽六年（655 年）雍州长史长孙详奏请拆毁碾硙，修营此渠，“至于碱卤，亦堪为水田”，太尉长孙无忌也言：“白渠水带泥淤，灌田益其肥美。又渠水发源本高，向下枝分极众。若使流至同州，则水饶足。比为碾硙用水，泄渠水随入滑。加以壅遏耗竭，所以得利遂少。”于是“遣详等分检渠上碾硙，皆毁之。至大历中，

① 许维通：《吕氏春秋集释》卷一六《先识览·乐成》，梁运华整理，北京：中华书局，2009 年，第 412 页。

水田才得六千二百余顷”[①]。经过几次大规模拆毁沿渠碾硙后，可以“以广水田之利，计岁收粳稻三百万石”[②]。唐玄宗时，栎阳等县，“地多碱卤，人力不及，便至荒废，近者开决，皆生稻苗”[③]。洛水以东也有“引洛及堰黄，溉之以种稻田二千顷”，由过去的“榛棘之所，遍为粳稻之利”[④]。

种稻可以淋洗土壤盐分，但由于水利条件、种稻年限和土壤质地的差异，其对盐碱土改良的效果也是不同的。水利条件主要指土壤的排灌条件，有合理的灌排系统，种稻才可以将盐分淋洗掉。若排水条件不好，灌溉水运行到土壤底层或地下水中不能排走，停止灌溉回旱后，盐分随着水分在蒸腾作用下又会沿着土壤毛管孔隙重返地面。若土壤深层排水不畅，灌溉水只能在土壤剖面的中上部循环流动，不能透过较深的土体将土壤盐分排出，导致盐分还是聚集在土壤的下部土层。这样，虽然土壤耕作层的盐分暂时被淋洗掉，但土壤深层的盐分反而比种稻前增加。如若这样的土壤再用于旱作，土壤会再次盐碱化。不仅如此，还会抬高周围其他田地的地下水位和矿化度，造成更大范围的次生盐碱化问题。历史上，关中平原东部的水田往往都在渠岸周边，便于引水的同时也便于排水，且盐碱土种稻年限越长，土壤脱盐率越高。但若渠道壅塞，灌排不畅通，种稻改良盐碱土的效果也是很难持久的。

当盐碱化程度高的土壤、甚或盐池不能被利用于农业生产时，政府和民众也会由此获得其他的经济利润。大量的陆盐生产就是其

① （唐）杜佑撰：《通典》卷二《食货二》，王文锦等点校，北京：中华书局，1988 年，第 26 页。
② （宋）王溥撰：《唐会要》卷八九《硙碾》，北京：中华书局，1960 年。
③ （清）董诰等编：《全唐文》卷二四《春郊礼成推恩制》，北京：中华书局，1983 年。
④ （清）董诰等编：《全唐文》卷二八《褒姜师度诏》，北京：中华书局，1983 年。

一，《旧唐书》中记载："三月丁巳朔，度支奏：'京兆府奉先县界卤池侧近百姓，取水柏柴烧灰煎盐，每一石灰得盐一十二斤一两，乱法甚于咸土，请行禁绝。今后犯者，据灰计盐，一如两池盐法条例科断。'"①取含有盐卤的水柏柴烧灰煎盐甚于碱土煎盐，那么，碱土也可用于煮盐。西汉元鼎六年（公元前111年），汶山郡"土地刚卤，不生谷粟麻菽，唯以麦为资。宜畜牧……地有咸土，煮以为盐，麂羊牛马食之皆肥。"②除煮盐外，盐卤之地发展畜牧业也是盐碱土利用的方式之一。

第三节　浑水灌溉与灌淤层的形成

渭河、泾河、洛河都是黄河的支流，它们是该区域的主要灌溉水源，含沙量高是其主要特征，三条河流的多年平均径流量可达57亿m^3，都属于多沙河流，这使灌溉在土壤形成和发育过程中起到了举足轻重的作用，对土壤耕作层的影响主要在于土壤水的补充及河水携带的泥沙在土壤表层的淤积作用。

关中平原雨季集中于夏秋季节，多暴雨，每年汛期7月、8月、9月3个月高含沙水量可达29亿m^3，占年径流量的50%左右③，致使河流容易淤塞或冲毁渠道，历史上也常因河道疏于疏浚而废弃，因此该区的水利是一项极耗人力、物力、财力的工程措施。

这些水利工程引水成功后的成效是很显著的，战国时期的郑国

①（后晋）刘昫等撰：《旧唐书》卷一七《文宗本纪》，北京：中华书局，1975年。

②（南朝·宋）范晔撰：《后汉书》卷八六《南蛮西南夷列传》，（唐）李贤等注，北京：中华书局，1965年。

③ 杨廷瑞：《高含沙引水淤灌的经济效益》，《陕西水利》1986年第5期。

渠“用注填阏之水，溉泽卤之地四万余顷，收皆亩一钟”[①]。这一过程起到增加土壤含水量，改良盐碱地，提高土壤生产性能的多重效果，其在土壤中的表现即是通过形成上覆灌淤表层改善土壤的生产性能。这在我国西北地区，尤其在新疆、河西走廊、宁夏平原等古老农业灌区极为普遍，形成的土壤类型称为灌淤土，学名灌淤旱耕人为土。

关中平原也分布有灌淤土，如前述，泾阳、高陵、阎良、临潼等老灌区都有很大面积的灌淤土分布。与新疆、河西走廊、宁夏平原等地区的灌淤土相比，关中平原灌淤土的淤积层的层序性不够明显，这与历史上的淤灌作用时断时续有很大关系，同时，关中平原历史时期施用农家肥会叠加灌溉引起的外来泥沙落淤作用，使土壤的演变过程更加复杂，也具有比普通灌淤土更为多样的土壤结构。

一、关中平原的土壤灌淤层

关中的古老灌区经过长时间淤灌，土壤类型也具有灌淤土的属性。《陕西农业土壤》一书在对关中平原油土、潮土副区土壤改良的内容论述中这样描述该区的土壤：“在较老的灌区，由于受地下水和长期淤灌的影响，土壤质地比较黏重，多属垆土性质，各地叫法不同，如：咸阳、兴平一带叫黑土和黑垆土，武功以西叫斑斑油土，引泾区叫淤垆土，引洛灌区叫黄墡土和黑垆土，东方红抽灌区叫黄垆土。渭河南岸渭南至西安一带叫黄墡土、红垆土和红油土，周至、户县洪积扇前缘与阶地接壤的地区分布有草甸潜育性土壤，眉县冲积洪积扇形地多沙石土，沿河两岸超河漫滩和一级阶地为淤沙土、

① （汉）司马迁：《史记》卷二九《河渠书》，北京：中华书局，1959 年。

淤泥土和潮土。”[1]这种分类方法是土壤发生学分类方法产生之前的命名分类，主要根据土壤剖面中垆土发育的强弱和淤积作用进行区分。仅从土壤命名上看，在引泾灌区和沿河两岸的超河漫滩及一级阶地上，土壤受河水的淤积作用最为显著。超河漫滩及一级阶地上的土壤淤积层多以河道迁徙及洪水泛滥引起的自然淤积为主，而引泾灌区的灌淤层则具有明显的人为化特征。而且，引泾灌区是关中平原灌溉历史最为悠久、持续时间最长的灌区，形成的灌淤土也最为显著。

郑国渠、六辅渠及白渠是战国秦汉时期建立的位于泾洛之间的水利系统，尤其在泾河与石川河之间，三渠灌溉几乎覆盖了整个区域，这是该区域灌淤土广泛分布的基础。以泾阳县为例，1981 年，泾阳县普查耕地土壤，主要的土类有垆土、灌淤土、黄土、红土、沼泽土、褐土，其中垆土、灌淤土、黄土分别占总土地面积的 18.5%、39.7%、22.3%，其他土类所占比例均较少。数据显示，灌淤土是泾阳县农业土壤的主体，广泛分布于冲积平原上，除兴隆、白王、蒋刘、太平、口镇等乡镇外，在其他乡镇均有分布。它又可以分为普通灌淤土、潮灌淤土、湿灌淤土及盐化灌淤土。潮灌淤土和湿灌淤土多分布于河漫滩地，阶地平原上基本上是普通灌淤土。垆土又分为油土和垆土性土两个亚类。红油土主要分布于渭河南北黄土台塬的较高部位，受灌溉影响，耕层质地黏重，长期培肥使得土壤结构良好，熟化度高，下伏黏化层质地黏重。黑油土主要分布于南、北台塬的低平处，水分条件好，有利于有机质的积累，对黏化过程也有促进作用。黑油土较红油土的黏化层厚且颜色较深，其厚度在

① 陕西省农业勘察设计院：《陕西农业土壤》，西安：陕西科学技术出版社，1982 年，第 124 页。

40 cm 以上，结构面有暗褐色的胶膜，棱柱状结构发育。垆土性土广泛分布于南、北台塬塬面及洪积扇上。黄土分布于塬面局部的低洼地、壕地、塬地、沟坡以及山前老洪积扇地带。

陕西土壤普查的结果也显示，这种具有灌淤层及淤积特性的土壤在泾阳、三原、高陵、阎良、临潼等地分布很普遍，这些区域也是目前的泾惠灌区。秦时期的郑国渠、汉代的白渠就是惠泽这些区域，后来东汉的樊惠渠、宋代丰利渠、元代王御史渠、明代广惠渠都是在汉白渠的基础上重新修建而成的。

淤积土层的形成过程是个缓慢的过程，淤积的持续与间断取决于灌溉水源的灌入或停灌。灌淤土主要分布在水利灌区覆盖的区域，结合水利渠系路线分析灌淤土的形成过程是十分必要的。野外调查工作的开展及土壤剖面样点的选择也是在此基础上展开的，研究选取的剖面点以干渠沿岸的区域为主。

笔者对泾阳、高陵等地区展开调查，并选择泾阳县不同地点的三个剖面，剖面特征分述如下。

泾阳县三刘村剖面：

0～20 cm，淤土层：灰黄色，层片状结构，较为致密，孔隙也较少。

20～40 cm，老淤积熟化层：暗灰黄色，疏松，团粒状结构，根孔、虫孔发育。

40～55 cm，古淤积熟化层：暗灰黄色，质地渐为致密坚硬。

55～100 cm，全新世 S_0 土层：浅红褐色，55～90 cm 土层颜色呈深红褐色，碳酸钙菌丝体密布。

泾阳县三徐村剖面：

0～10 cm，淤土层：灰黄色淤积层。

10～20 cm，淤积耕作层：灰黄色，根系密布，疏松多孔。

20～30 cm，老淤积熟化层：暗灰黄色，有明显的团粒状结构。

30～45 cm，古淤积熟化层：灰黄色，质地较上部坚硬，较为疏松，有小的根孔密布。

45～55 cm，古耕层向自然土层过渡：灰黄色，土色开始变浅，质地变硬，团块状结构为主。

55～90 cm，全新世 S_0 土层：红褐色，有碳酸钙菌丝体。

泾阳县桥底镇剖面：

0～20 cm，耕作层：灰黄色，疏松，根系密布。

20～30 cm，犁底层：灰黄色，根系较上层减少，质地较为致密。

30～50 cm，古耕层：暗灰黄色，较为疏松，团粒状结构明显，孔隙较多，有较多瓦片存在。

50～60 cm，古耕层向自然土层过渡：灰黄色，土色变浅，质地较上部坚硬。

60～90 cm，全新世 S_0 土层：红褐色，坚硬致密。

泾阳县三个剖面的古代灌淤熟化层位于 20～60 cm 处，且有明显的团粒状结构。由于具有不断淤积的作用，有时犁底层并不明显。在距离地表 20～30 cm 之下就可以看到较为疏松、团粒状结构明显、大孔隙很多的古耕层。大约 60 cm 之下就进入全新世土层，古耕层的厚度为 20～40 cm。

淤灌可以改善土壤的物理结构，若土壤质地黏重，会导致耕性差，土壤容易板结龟裂，关中东部的垆土就属于这种土壤。有研究显示，淤灌后 0～30 cm 的耕作表层，粒径在 0.01 mm 以下的以粉砂为主的颗粒大为减少，并含有少量的黏粒和细砂，向适宜耕作的壤土转变。如果在垆土上淤积 20～30 cm 的淤积层，就形成关中百姓常称赞的“黄盖垆”土壤剖面，群众常称“黄盖垆，力大如牛”，用来表达土壤良好的生产性能。

在高陵周边的调查中，可见县内川平地上皆分布有灌淤土，淤积层一般厚数十厘米，厚的可达 1 m 以上。研究选择的剖面所在区域地形平坦，位于高陵古城村一个砖瓦窑采土坑内，裸露断面为新近开挖的剖面。剖面具有现代耕作层—犁底层—古淤积熟化层—汉代文化层—母质层的层位结构，其宏观特征显示，地表下 1.2 m 左右可见明显的文化层带，文化层厚约 1 m，主要由破碎的瓦片、陶片组成，可参见前文图 3-2。文化层上部为汉代以来形成的人为土土层，上部土层依然可见明显的层次区分。层位特征描述如下（表 6-2）：

表 6-2　古城村土壤剖面分层特征

土层深度	层位名称	颜色	结构特征
0～20 cm	现代耕作层（Ap1）	灰黄色	质地疏松，团粒状结构，作物根系密集
20～30 cm	犁底层（Ap2）	浅灰黄色	质地坚硬，块状、团块状结构明显，根孔、虫孔较少
30～120 cm	古淤积熟化层（Apb）	浅红褐色	较紧实，弱的黏化作用，有少量粉状碳酸盐
120～220 cm	汉代文化层（Bc）	红褐色	粉砂质，块状结构，较紧实，孔隙较多，夹杂大量的瓦片
220 cm 以下	母质层（C）	灰黄色	质地均一，粉砂质，块状、团块状结构

古城村是汉代左冯翊城址所在地。左冯翊城，原为西汉武帝元鼎四年（公元前 113 年）建置的佐助左内史并掌军事的左辅都尉府城。武帝太初元年（公元前 104 年），改左内史为左冯翊后，该城随

之改为佐助左冯翊的最高官署城。曹魏初年，改左冯翊为冯翊郡，治所迁至临晋，左冯翊城历时 300 多年。遗址位于高陵县城西南 1.85 km 的鹿苑镇大古城村，地层内存有墙基、零星瓦片、陶片及五角形地下水管等汉代遗物。古城村东北方向约 1 km 处曾发现面积约 8 万 m^2 的草市遗址属汉代文化遗存。文化层厚约 1 m，遗物主要有陶瓮、盆、罐的残片，云纹瓦当、绳纹条砖、几何纹铺地砖、绳纹筒瓦、板瓦及磨等。[①]根据当地考古部门的发掘资料，该地广泛分布的文化层位于汉左冯翊城周边，遗物属于汉代遗存。由此也可以推断，位于文化层之上土层为汉代以后形成的土壤层。

二、灌淤层物质来源补充的持续性问题

由于灌水落淤，土层会逐渐加厚。泾阳县土壤剖面调查显示，灌淤层淤积厚度在 20～60 cm，这样的淤积速度和厚度远不及现代典型灌淤土分布地区，如对宁夏渠口及灵武两个国营农场的调查显示，不种水稻的地，经灌溉落淤 32～41 年，所形成的灌淤层厚度达 35～40 cm，平均每年增厚量为 1.04 cm；轮作种水稻的地，每年平均增厚略大，平均为 1.14 cm，这两个农场均很少施用土粪，土层增厚速度主要反映了灌水落淤的速度。[②]另据宁夏永宁县农科所测定，引用黄河水灌溉，每年可使旱地面抬高 1.0～1.5 mm；新疆和田地区每年淤积厚度可达 2.5～8.8 mm。[③]如果以引河淤灌每年抬升 1.0 mm 计算，淤积 60 cm 的土层大约需要 600 年的时间。当然，这种简单的

① 高陵县地方志编纂委员会：《高陵县志》，西安：西安出版社，2000 年，第 612-613 页。
② 王吉智、马玉兰、金国柱编著：《中国灌淤土》，北京：科学出版社，1996 年，第 20 页。
③ 龚子同等：《中国土壤系统分类：理论・方法・实践》，北京：科学出版社，1999 年，第 135 页。

计算方法并未考虑不同河流的水文性质，每年淤灌的时间、季节以及关中平原历史上大量施加土粪带入土壤中的颗粒物质的影响，但是，由于引河淤灌理论的完善及现代水利工程技术的成熟，古代的淤灌始终不如现代能够得以保障，淤积这样的厚度或许需要更长的时间。关中平原自古施加土粪的习惯在历史时期一直沿用，这又会在土壤灌淤层中间混入其他人为添加物质，给灌淤土的形成过程增加了更为复杂的因素，也为我们判断灌淤层的形成历史增加了难度。

尽管如此，在关中长达两千多年的灌溉史中，土壤淤积作用总是和灌溉渠道的沿用、废毁与修复相连，由此总能辨别淤灌作用的加速或停滞。

关中泾洛流域土壤灌淤层自郑国渠通水之时已经开始淤积，其淤积的土壤表层多在沼泽土、盐碱土之上，郑国渠建成 120 余年后，因河床渐深，渠道壅塞等问题，致使郑国渠引水困难，淤灌面积远不及秦时期。汉武帝元鼎六年（公元前 111 年），左内史兒宽开六辅渠，辅助郑国渠灌溉。六辅渠“自郑国渠起，至元鼎六年（公元前 111 年），百三十六岁，而兒宽为左内史，奏请穿凿六辅渠，以益溉郑国傍高卬之田”[①]。六辅渠在郑国渠以南或以北，学界是有争议的。但无论在郑国渠南北，其能浇灌郑国渠旁无法灌溉之地是确定的。唐颜师古注《汉书·兒宽传》时曾认为六辅渠“于郑国渠上流南岸，更开六道小渠，以辅助溉灌耳。今雍州云阳、三原两县界此渠尚存，乡人名曰六渠，亦号辅渠”[②]。若如颜师古所云，六辅渠在郑国渠以南，郑国渠无法自流淤灌的高仰之地，六条辅助渠道又如何引水自流？且南岸的高仰之田并不多，后来的白渠主要灌溉郑国渠以南的

①（汉）班固：《汉书》卷二九《沟洫志》，北京：中华书局，1962 年。
②（汉）班固：《汉书》卷五八《公孙弘卜氏兒宽传》，北京：中华书局，1962 年。

区域，六辅渠与白渠同样灌溉郑国渠以南，何以白渠修建时没有提及与六辅渠的关系？当时文献记载郑国渠的淤灌面积可达4万余顷，需要的水量相当大，为达到如此之面积，郑国渠也需要接纳更多的水源。因此，六辅渠很可能引清、冶、浊峪水。清、冶、浊峪水出北山后灌溉山前的台塬地，这使得小流域内的土壤变得肥沃。六辅渠也明确提出是溉郑国渠旁高仰之田，应该是流经泾水与石川水之间，辅助郑国渠灌溉的水利系统。

郑国渠使用16年后，汉武帝太始二年（公元前95年），渠口被冲毁，赵中大夫白公开白渠，延续引泾灌溉。白渠“引泾水，首起谷口，尾入栎阳，注渭中，袤二百里，溉田四千五百余顷，因名曰白渠。民得其饶，歌之曰：田于何所？池阳、谷口。郑国在前，白渠起后。举锸为云，决渠为雨。泾水一石，其泥数斗，且溉且粪，长我禾黍。衣食京师，亿万之口”[①]。白渠自谷口引泾水，灌溉郑国渠以南的泾阳、三原、高陵、临潼、阎良等地。根据《水经注》记载的渠系路线“东迳宜春城南，又东南迳池阳城北，枝渎出焉。东南迳藕原下，又东迳鄣县故城北，东南入渭，今无水。白渠又东，枝渠出焉。东南迳高陵县故城北，……又东迳栎阳城北……又东南注石川水。白渠又东，迳秦孝公陵北，又东南迳居陵城北，莲芍城南，又东注金氏陂。又东南注于渭。故《汉书·沟洫志》曰：白渠首起谷口，尾入栎阳，是也。今无水”[②]。北魏时期，白渠的两条支渠，白渠枝渎和白渠支渠已明确记载“今无水”，仅剩主干渠还能供水。李令福认为汉白渠相当于《水经注》记载的三条渠道中间的那

① （汉）班固：《汉书》卷二九《沟洫志》，北京：中华书局，1962年。
② （北魏）郦道元撰：《水经注·渭水》，（清）王先谦校，清光绪十八年（1892年）长沙王氏思贤讲舍刊本。

条，该条渠道与《汉书》中记载的白渠长度相符[①]，且沿用的时间最长，这条渠道灌溉所及范围，土壤表层会不断接受淤积物质。

这是引泾灌区历史上的第一个开发高潮，低湿沼泽、盐卤荒地陆续改造为可耕之田，而且，白渠“且溉且粪”的性质也能使早期创造的土壤耕作层肥力大增。

按照郑国渠、六辅渠、白渠的渠系路线，这三条渠道灌溉了自南向北泾水至石川水之间的区域，这一地带虽也有很多低洼之地，但盐碱土分布并不广泛。西汉兒宽上奏穿凿六辅渠时，汉武帝曰：“农，天下之本也。泉流浸灌，所以育五谷也。左、右内史地，名山川原甚众，细民未知其利，故为通沟渎，畜陂泽，所以备旱也。”[②]这种认识是有其地理基础的，秦至西汉前期，气候持续了前代的温暖湿润，至汉武帝时期，气候明显转干，旱灾随之频频发生。据对西汉的灾害记录统计，汉高祖元年（公元前 206 年）至汉献帝建安二十五年（220 年），共计发生了约 82 次旱灾，平均每 5 年就会发生一次旱灾。这一时期的涝灾也时有发生，但相对于旱灾而言，涝灾发生频率明显较弱，共计发生约 52 次。[③]“大体上说，在长期干旱之时，就会促进灌溉活动的进展，而在雨量充沛之时，这种活动就会减弱。”[④]这在汉代气候干旱期是有所体现的。汉武帝时期，持续的气候干旱对农业生产造成了极大影响，“民待卖爵赘子以接衣食”[⑤]的

① 李令福：《关中水利开发与环境》，北京：人民出版社，2004 年，第 99 页。

②（汉）班固：《汉书》卷二九《沟洫志》，北京：中华书局，1962 年。

③ 统计时，文献中对于灾害发生的地域常常未作明确说明，仅记述“夏，大旱”，“五月，大旱”等，由于两汉均定都于北方黄河流域，且又是当时全国主要的经济、政治、文化中心，都城及其周边区域的灾情记录必然更加详细，未作区域说明的极有可能发生在包括京师在内的较大区域范围内，因此统计中将此类记载也统计在灾害发生次数中。

④ 冀朝鼎：《中国历史上的基本经济区与水利事业的发展》，北京：中国社会科学出版社，1981 年，第 29 页。

⑤（汉）班固：《汉书》卷六四《严助》，北京：中华书局，1962 年。

现象时有发生，这引起了政府的高度重视，于是“用事者争言水利”[①]，开始想办法解决农业发展的水资源短缺问题，这也使得汉武帝时期成为我国灌溉农业的第一个大发展时期。

于是，“朔方、西河、河西、酒泉皆引河及川谷以溉田；而关中灵轵、成国、漳渠引诸川；汝南、九江引淮；东海巨引定；泰山下引汶水，皆穿渠为溉田，各万余顷”。[②]六辅渠建成后，“定水令以广溉田”[③]。白渠也是起到“且溉且粪”的效果。这些水利灌溉工程的淤灌性质更多以溉田为主。以溉田为主的淤灌把高泥沙含量的河水通过渠系引入土壤，水流减缓后泥沙会沉降于土壤表层，放淤造田，这就创造了新的土壤表层。而且放淤的河水中含有丰富的养分，能起到肥田的作用。随着灌溉频率的增加，带入土壤中的泥沙含量也会增多，耕作层的淤积及改良作用也有提高。

东汉修建的樊惠渠在泾洛河之间继续淤灌。樊惠渠在“阳陵县东，厥地衍隩，土气辛螫，嘉谷不植，草莱焦枯。而泾水长流，溉灌维首，编户齐氓，庸力不供。牧人之吏，谋不暇给，盖常兴役，犹不克成”。[④]汉阳陵县治在今高陵区泾渭镇米家崖村北 300 m，樊惠渠以泾河为水源，其泾河西南主要地形为高亢的咸阳塬，当时的技术很难引水上塬，故渠道应该在泾河东岸，主要灌溉高陵南部地区。这里的“衍隩”是低洼潮湿之地，“土气辛螫”，“辛螫”古指辛苦毒蛰之害，在这里当指土壤性质不好，对作物产生毒害作用，故“嘉谷不植，草莱焦枯”。修建的渠道“折湍流，款旷陂，会之于新

① （汉）司马迁：《史记》卷二九《河渠书》，北京：中华书局，1959 年。
② （汉）班固：《汉书》卷二九《沟洫志》，北京：中华书局，1962 年。
③ （汉）班固：《汉书》卷五八《公孙弘卜氏兒宽传》，北京：中华书局，1962 年。
④ 《全后汉文》卷七四，蔡邕《京兆樊惠渠颂》，（清）严可均编：《全上古三代秦汉三国六朝文》，北京：中华书局，1958 年。

渠。流水门，通窬渎，洒之于畎亩。清流浸润，泥潦浮游，曩之卤田，化为甘壤，粳黍稼穑之所入不可胜算”。[①] 曩[②]，指较长一段时间的淤灌，湍流描述泾水的水势，旷陂描述流经的地势，最终清流灌溉，泥潦淤积，淤灌久了，卤田便转化为甘壤，粳米、黍稷都可以生长。由此也可以推断，在樊惠渠未通之前，这里的土壤低湿盐卤，并未利用于作物种植，正是樊惠渠使这一带土壤开始经历人为改造，形成早期的灌淤层。

但对整个引泾灌区来讲，西汉末年至东汉时期，政局动荡，绿林、赤眉起义接连发生，农民军攻入关中后，关中经济受到严重打击，水利工程设施也遭到破坏或因年久失修而废弃。郑白渠已无法再起到淤积灌溉的作用。

三国两晋南北朝时期，虽然对郑白渠进行过一些修复，如前秦苻坚还曾经“以关中水旱不时，议依郑白故事，发其王侯以下及豪望富室僮隶三万人，开泾水上源，凿山起堤，通渠引渎，以溉冈卤之田。及春而成，百姓赖其利”[③]。北魏时期，“五月丁酉，诏六镇、云中、河西及关内六郡，各修水田，通渠灌溉”。[④] 但在整个东汉至南北朝时期，郑国渠、白渠等水利工程大部分时间是废弃无水的，即便是在少数时代得以恢复，也是短暂的，不足以起到大量淤积成壤的作用。

东汉至魏晋时期的战争是破坏渠堰的重要因素，同时引泾灌溉的泥沙淤积与洪流冲毁也是影响郑国渠、六辅渠存续时间的原因。

①《全后汉文》卷七四，蔡邕《京兆樊惠渠颂》，（清）严可均编：《全上古三代秦汉三国六朝文》，北京：中华书局，1958 年。

②《尔雅·释诂》中释“曩”，久也。

③（唐）房玄龄等撰：《晋书》卷一一三《苻坚载记》，北京：中华书局，1974 年。

④（北齐）魏收撰：《魏书》卷七下《高祖纪下》，北京：中华书局，1974 年。

魏晋南北朝时期，《水经注·沮水》就记载了浊水以上的郑国渠已无水，沿途接纳的冶、清峪水两水的水量也不大，沿途灌溉后，未必能给郑国渠注入足够的水量。

至隋唐时期，关中水利进入新的开发高潮。原来的郑国渠及白渠部分渠道已经废弃，张守节《史记·河渠书》之《正义》中曰“至渠首起云阳县西南二十五里，今枯也”①，但引冶、清、浊、漆、沮诸水的渠道仍然发挥着作用，唐代颜师古注《汉书·兒宽传》时指明“今雍州云阳、三原两县界此渠犹存，乡人名曰六渠，亦号辅渠”②。《长安志图》中仍然记载了云阳、三原“两县境清浊二水溉其高田，即辅渠之遗制也”③。与汉代不同的是，六辅渠已不再和郑国渠贯通，而是自成渠系。

唐代，对白渠进行过多次修建，文献可考者有十余次。唐初武德二年（619年），就扩建白渠至石川河以东，并注入金氏陂。《水部式》中记载的白渠分为南、北白渠两大干渠，又从南白渠中分出中白渠和偶南渠，这样白渠就发展成南、北、中三条干渠，灌溉区域几乎覆盖整个泾水、清水、石川水、渭水交汇的内部区域。虽然对白渠有所修复，但大量设置碾硙又严重妨碍灌溉，大历十二年（777年），京兆少尹黎干上奏“臣得畿内百姓连状陈，泾水为碾硙壅隔，不得溉用。请决开郑白支渠，复秦汉水道，以溉陆田，收数倍之利”。“乃诏发简覆，不许碾硙妨农”④。至唐后期，泾阳县仍然享有灌溉之利，泾阳县豪强等“私开四窦，泽不及下，泾田独肥，它

①（汉）司马迁：《史记》卷二九《河渠书》，北京：中华书局，1959年。
②（汉）班固：《汉书》卷五八《公孙弘卜氏兒宽传》，北京：中华书局，1962年。
③（元）李好文：《长安志图》卷下《泾渠图说·渠堰因革》，文渊阁四库全书本。
④（宋）王钦若等编纂：《册府元龟》卷四九七《邦计部·河渠》，周勋初等校订，南京：凤凰出版社，2006年。

邑为枯”[①]。表明白渠下游灌溉已不能保证，高陵县刘仁师上奏，要求新开渠道，将中白渠之水导入高陵地界，遂形成了新的三白渠渠系路线。百姓感恩于刘仁师，将新渠命名为“刘公渠”，设置中白渠上的新堰称为“彭城堰”。

刘公渠所经过的路线，彭城堰下分为中白渠、中南渠、高望渠、偶南渠。据明嘉靖《高陵县志》记载，中白渠为唐三白渠中支主干，由彭城堰向东，经任村、常家村至栎阳县境，越过石川河注入金氏陂，主要灌溉高陵、栎阳两县农田。彭城堰下又分出中南渠，自磨子桥经高桥东至栎阳，尾入石川河，全长 55 里。高望渠自磨子桥流经魏村、李赵村中间，东至栎阳县境，尾入渭河，全长也是 55 里。偶南渠从磨子桥经毗沙镇，东南进入栎阳县境，尾入渭河。后来又从中南渠分出昌连渠。[②]刘公四渠几乎覆盖了高陵大部分地区，栎阳的大片农田也得以灌溉。

宋代，泾水灌溉又难持续，引泾渠灌溉面积也远不及唐代，至道元年（995 年），度支判官梁鼎、陈尧叟上奏“今所存者不及二千顷，皆近代改修渠堰，浸坠旧防，由是灌溉之利，绝少于古矣。郑国渠难以兴工，今请遣使先诣三白渠行视，复修旧迹”。待使臣现场勘查后，“其三白渠溉泾阳、栎阳、高陵、云阳、三原、富平六县田三千八百五十余顷，此渠衣食之源也，望令增筑堤堰，以固护之。旧设节水斗门一百七十有六，皆坏，请悉缮完。渠口旧有六石门，谓之洪门，今亦隤圮，若复议兴置，则其功甚大，且欲就近度其岸势，别开渠口，以通水道。岁令渠官行视，岸之缺薄，水之淤填，

① （清）董诰等编：《全唐文》卷六九〇《高陵令刘君遗爱碑》，北京：中华书局，1983 年。
② 李令福：《关中水利开发与环境》，北京：人民出版社，2004 年，第 182 页。

即时浚治。严豪民盗水之禁”。[①]这时的三白渠灌溉六县之地的面积仅为三千余顷，多数渠道均已废毁，估计仅沿渠主干道两岸的灌溉能得以保证。景德三年（1006年）也提及“郑国渠久废不可复，今自介公庙回白渠洪口直东南，合旧渠以畎泾河，灌富平、栎阳、高陵等县，经久可以不竭。工既毕而水利饶足，民获数倍”[②]。庆历年间（1041—1048年），“清臣徙知永兴军，浚三白渠，溉田逾六千顷”[③]。后来熙宁五年、六年、七年（1072年、1073年、1074年）都对三白渠进行了修复，但成效仍然难以维持，大观元年（1107年），白渠依旧“溉田之利，名存而实废者十居八九”[④]，遂于后历时三年依白渠旧迹修建了丰利渠[⑤]。

很显然，从宋初开始不断对泾渠进行修复，但灌溉效益仍然不高。经过丰利渠的改造，“土石之工，毕于是乎？导泾水深五尺，下泻三白故渠，增溉七县之田，一昼一夜所溉田六十顷，周一岁可二万顷”[⑥]。又据《丰利渠开渠纪略》载：“疏泾水入渠者五尺，汪洋湍駃，不舍昼夜，稚耋欢呼，所未尝见。凡溉泾阳、醴泉、高陵、栎阳、云阳、三原、富平七邑之田总二万五千九十有三顷”[⑦]。据李令福分析，二到三万顷的灌田面积实为理论计算值，实际灌溉面积远不及此。[⑧]泾渠北侧的清、浊、漆、沮诸水溉田也有所持续。

元代的王御史渠也是在修治泾渠的基础上完成的，至正二十年

---

①（元）脱脱等撰：《宋史》卷九四《河渠四》，北京：中华书局，1985年。
②（元）脱脱等撰：《宋史》卷九四《河渠四》，北京：中华书局，1985年。
③（元）脱脱等撰：《宋史》卷二九五《叶清臣传》，北京：中华书局，1985年。
④（元）李好文：《长安志图》卷下《泾渠图说·渠堰因革》，文渊阁四库全书本。
⑤（元）李好文：《长安志图》卷下《泾渠图说·渠堰因革》，文渊阁四库全书本。
⑥（元）李好文：《长安志图》卷下《泾渠图说·渠堰因革》，文渊阁四库全书本。
⑦（元）李好文：《长安志图》卷下《泾渠图说·渠堰因革》，文渊阁四库全书本。
⑧ 李令福：《关中水利开发与环境》，北京：人民出版社，2004年，第237页。

（1360 年），经过陕西行省左丞相帖里帖木儿遣都事杨钦修治泾渠，“凡溉民田四万五千余顷”[①]。其渠线在《长安志图》中也有所记述，“立三限闸以分水，凡二所。三限闸：其北曰太白渠，中曰中白渠，南曰南白渠。太白之下，是为邢堰，邢堰之上，渠分为二，北曰务高渠，南曰平皋渠。彭城闸渠分为四：其北曰中白渠，其南曰中南渠，又其南曰高望渠，又其南曰隅南渠。中南之下，其北分者曰析波渠，其南分者曰昌连渠。渠岸两边各空地八尺，凡渠不能出水，则改而通之。照得三限、彭城两处，盖五县分水之要，北限入三原、栎阳、云阳，中限入高陵、三原、栎阳，南限入泾阳”[②]。灌溉面积“旧日渠下可浇五县地九千余顷……即今五县地土亦已开遍，大约不下七八千顷”[③]。

明代引泾渠道称为广惠渠，分别于明太祖洪武年间至明宪宗成化年间，对其进行了至少六次修建，使“泾阳、高陵等五县之田大获其利”[④]，“凡溉泾阳、三原等六县田八千三百余顷”[⑤]。广惠渠的渠道系统同唐代之白渠，向下流扇状派分为中、北、南三白渠，又分出诸多大小支渠，使渠水广润灌区诸县之田。

随着引水量的大增，历代引泾渠口不断上移，明代渠口上移的过程中，沿岸发现了许多泉源，这可以大大补充旧有泾渠的水量。“决去淤塞，遂引泾入渠，合渠中泉水深八尺余，下流入大渠，汪洋如

---

①（明）宋濂等撰：《元史》卷六六《河渠三》，北京：中华书局，1976 年。
②（元）李好文：《长安志图》卷下《泾渠图说・洪堰制度》，文渊阁四库全书本。
③（元）李好文：《长安志图》卷下《泾渠图说・用水则例》，文渊阁四库全书本。
④《明太祖实录》卷一〇一，洪武八年（1375 年）十月丙辰，台湾：“中研院”历史语言研究所，1962 年。
⑤（明）赵廷瑞修：《嘉靖陕西通志》卷三八《政事二・水利》，（明）马理，吕柟纂，董健桥等校注，西安：三秦出版社，2006 年。

河”[1]。清代广惠渠渠首已经深入山谷，每年洪水泛涨导致泥沙淤积，引水不及，但其凿石洞时所得的诸泉却流量稳定，遂开始了拒泾引泉。因新的渠道“在泾阳县西北六十里，凿仲山龙洞，引龙洞泉，东会筛珠洞泉，西会倒流泉，又东会琼洞泉，又东过水磨桥。水磨桥之西，有大小梯子崖，崖下有中渠井，又东至水磨桥、大旺桥会倒流泉水，又东会喷王、暗流、鸣玉、调琴四泉，过倚虹桥。又东为退水槽，又东为涵碧池，又东为野狐桥，又东为赵家桥，又东南为樊坑渠，过马道桥。渠至此始出山，就平陆开渠灌田”[2]。沿用了近两千年的泾渠渠系终在清中期告一段落，沿途的土壤表层也暂且停止了来自河流泥沙的淤积作用。由于引泉水量不足，各县的灌溉面积也大为减少。

从引泾渠道的历史发展进程来看，引泾灌渠屡兴屡废，秦开郑国渠，溉田四万余顷，这四万余顷面积内并非所有区域年年受水，但其水量可及的范围仍然很可观，汉代白渠溉田四千五百余顷，之后的引泾渠系溉田面积也均不过万顷。灌溉面积屡有缩小也说明渠系的引水量并不丰盈，导致土壤的灌淤作用也会随之减弱。引泾渠道的维修过程是渠道得以延续的根本，秦汉时期的水利高潮期，渠道的维修虽记录很少，但从关中“自汧、雍以东至河、华，膏壤沃野千里”[3]及“秦以富强，卒并诸侯”[4]的描述可以推断整个关中东部农业发展水平大大提高，这与土壤生产性能的提高是有密切联系的。两汉之际至魏晋南北朝时期，对泾渠的维护仅有寥寥数起，其土壤的淤积作用也多处于减缓或停滞状态。

---

① 安成等：《重修广惠渠记》，《历代引泾碑文集》，西安：陕西旅游出版社，1992年。
②（清）毕沅撰：《关中胜迹图志》卷三《西安府·大川》，西安：三秦出版社，2004年。
③（汉）司马迁：《史记》卷一二九《货殖列传》，北京：中华书局，1959年。
④（汉）司马迁：《史记》卷二九《河渠书》，北京：中华书局，1959年。

隋唐时期，引泾灌区的渠系经过大规模重修改善，渠首采用低坝引水，干、支、斗渠多级渠道配合，变革旧有的灌溉方式及用水制度，这些都对灌溉的持续性起到了保障作用。但这一时期改变了过去引洪淤灌方式为引清水灌溉并以冬、春、夏灌溉为主。《水部式》有关郑白渠引水之条文载：

京兆府高陵县界，清、白二渠交口著斗门，堰清水，恒准水为五分，三分入中白渠，二分入清渠。若水雨过，多即与上下用水处相知，开放还入清水。二月一日以前，八月三十日以后，亦任开放……堰南白渠水一尺以上，二尺以下，入中白渠及隅南渠。若雨水过多，放还本渠。其南北白渠，雨水泛涨，旧有泄水处，令水次州县相知检校疏决，勿使损田。[①]

泾河流量以 12 月至 1 月最小，2 月以后上升，5 月以后有数次大水，每年汛期 7 月、8 月、9 月 3 个月的高含沙水量占年径流量的 50%左右[②]。很显然，郑白渠灌溉时间正好避开泾水泥沙含量高的夏秋汛期，这样做的目的主要在于减小汛期洪水对渠道的冲刷以及防止泥沙淤积于河道，同时，尽量使用清水灌溉也是为了减轻泥沙对渠道的淤积作用。元代《长安志图·用水则例》载，“自十月一日放水，至六月，遇涨水歇渠，七月住罢”[③]。按照不同作物的用水季节，规定“十月一日放浇夏田，三月浇麻白地及秋白地，四月止浇一色麻苗一遍，五月改浇秋苗”。《长安志图·泾渠总论》中又言，“十月

① 郑炳林：《敦煌地理文书汇辑校注》，兰州：甘肃教育出版社，1989 年，第 101 页。
② 杨廷瑞：《高含沙引水淤灌的经济效益》，《陕西水利》1986 年第 5 期。
③（元）李好文：《长安志图》卷下《用水则例》，文渊阁四库全书本。

引水，以嗣来岁入秋始罢，又复就役，寒暑昼夜，不得稍休。水法：自十月放水至明年七月始罢，昼夜寒暑，风雨晦暝，不敢暂辍，须循环相继，然后乃遍”。[①]同样也是避开泾河的夏汛期。

自宋代开始，泾渠引水日渐困难，“周览郑国渠之制，用功最大。并仲山而东，凿断冈阜，首尾三百余里，连亘山足，岸壁颓坏，堙废已久。度其制置之始，泾河平浅，直入渠口。暨年代浸远，泾河陡深，水势渐下，与渠口相悬，水不能至”。[②]于是丰利渠渠口不断上移，逐渐从山石地带引水，秦汉时期“流平行缓，水与土和，粗粝下沉，浆汁上浮，以水调土，润而带腻”的渠水形态演变成清代“纯石无土，横冲陡泻，性则苦寒，质尤粗重，不能去浊扬清，惟有沙砾腾沸，全无土气以滋土，自然瘠枯不兴苗”[③]，渠水进入田地，“凡遇泾水所过，禾苗压倒，凝结痞块，日晒焦裂，立见枯萎”[④]。昔日“泾水一石，其泥数斗，且溉且粪，长我禾黍”[⑤]的淤灌作用此刻已难以发挥作用，不得不采取拒泾引泉的方式维持溉田。

综上所述，引泾灌区的土壤淤积作用在秦汉时期进入快速发展的阶段；魏晋南北朝时期政局动荡，短期内局部地区有泾渠的修复、灌溉活动，但整个灌区收效不大，土壤淤积熟化缓慢发展；唐时期，关中水利进入鼎盛时期，引泾渠道更趋于完善，土壤淤积应较前代有所加速，但沿渠碾硙的设置和灌溉季节与方式的转变使得灌溉面积大大减小，且引渠入田的泥沙量也大为减少，成为影响土壤淤积

---

①（元）李好文：《长安志图》卷下《泾渠总论》，文渊阁四库全书本。

②（元）脱脱等撰：《宋史》卷九四《河渠四》，北京：中华书局，1985年。

③ 乾隆《泾阳县志》卷二《水利志》，《中国地方志集成•陕西府县志辑》，南京：凤凰出版社，2007年影印本。

④ 乾隆《泾阳县志》卷二《水利志》，《中国地方志集成•陕西府县志辑》，南京：凤凰出版社，2007年影印本。

⑤（汉）班固：《汉书》卷二九《沟洫志》，北京：中华书局，1962年。

作用的重要因素；宋元以后，引泾灌溉逐渐衰落，土壤的淤积作用也随之放缓甚或停滞。

1930年修建泾惠渠，历经四年工程完工，总干渠、南干渠、北干渠、一至八支渠流经了北至三原县清峪河，南至泾、渭沿岸，覆盖泾阳、礼泉、三原、高陵、临潼五县的土地。1949—1965年，泾惠渠改善旧渠，增开新支渠，建设排水系统，重点治理了灌区土壤的沼泽化及盐碱化。泾惠渠建成后，灌溉面积迅速扩大，农业效益提升，但缺乏排水系统，也面临着无法控制地下水位及排除地表盐分的问题，1949年就曾发生过灌区内的低洼地积水成灾，在泾阳县城南、雪河滩、永乐，高陵白马寺滩一带给农业生产和百姓生活造成危害。为减小这种危害，1954年至1978年，共建设7个排水系统，分别是泾永、雪河、仁村、陵雨、大寨、滩张、清河北排水系统，这些排水系统有效地控制了土壤的沼盐化。泾惠渠建设中土壤质量退化的过程主要发生在灌区的低洼地带，这一过程推及至古代，在排水系统不健全时，也一定会发生土壤耕层质量退化的现象。鉴于此，对引泾灌区淤灌造成的土壤耕层生产性能的估量应因不同区域而区别对待。在整个引泾灌区地势较高的地区，持续近两千年的淤灌创造了肥沃的耕层，土壤耕层向着利于人类生存发展的方向发展；而对地势低洼地带，土壤耕层反复的脱盐、返盐，水量过多引起的潜育化过程相反对当时的农业发展是极其不利的。

泾惠渠1950—1987年的灌溉在冬、春、夏、秋季节均可以实施，38年间，冬灌大约11月下旬至12月开始，1月下旬至2月结束，灌水历时天数10～90天不等；春灌大约2月下旬至3月开始，4月下旬至5月结束，历时30～100天不等；夏灌大约5月下旬至6月上旬开始，8月下旬至9月上旬结束，历时80～110天不等；秋灌大约9月中旬至下旬开始，10月结束，历时10～50天不等。按照当时关中地区主要农作物小麦、棉花、玉米的生长状况，实施分次灌溉的方式。[①]

根据泾惠渠的灌溉时间，种植小麦根据作物生长的不同阶段，实施一次秋灌、一次冬灌及三次春灌；棉花实施一次冬灌或春灌，两次夏灌；玉米实施四次夏灌。小麦生长季长，整个生长季往往需要灌溉五次，棉花和玉米的生长季相对较短，灌溉次数分别为三次和四次。但是，棉花和玉米的灌溉多于夏季进行，是泾河含沙量最大的季节，就单种作物来讲，种植棉花和玉米引用的灌溉水含沙量更高，土壤的泥沙淤积作用更为显著。若采取轮作，土壤每年灌溉的频率更高，淤积的土壤厚度越大。

这一时期引河灌溉与古代是有所不同的，随河水带入土壤中的泥沙并非越多越好。如果淤积层过厚，土壤表面积水时间就会较长，容易造成土壤通气不良，例如，玉米、高粱以淤积层厚度小于7 cm为宜，棉花以淤积层厚度小于6 cm为宜。[②]因此，从渠道设计时，就已经设法减少泥沙进入农田。从水文学的角度看，河水中的泥沙一般分为两种，一种是悬浮在水中流动的，另一种是随着水在河底翻滚而易于沉淀的。对于第一种泥沙，并无好的办法进行拦截，而第二种则可以通过减缓水流的速度，令泥沙沉入河底，慢慢随水冲至放水口，口前设置排沙闸和冲沙闸，泥沙经闸阻拦后，沉入闸底进行清理。

为减少泥沙的危害和增加灌溉水量，泾惠渠的引水方式也逐渐

---

① 泾惠渠志编写组编：《泾惠渠志》，西安：三秦出版社，1991年，第184页。

② 陕西省高含沙引水淤灌实验研究小组：《泾、洛、渭三大灌区利用高含沙浑水淤灌的经验》，《水利水电技术》1985年第2期。

发生着变化。建设前期，灌区以渠水溉田为主，随后抽水灌溉辅助，发展到后来抽水灌溉比例已超过渠水灌溉。渠灌比例从 1958 年的 96.1%降至 1987 年的 40.7%，井灌比例则相应的由 3.9%升至 59.3%，占到泾惠渠灌区多半的引水量。[①]从土壤淤积泥沙来源来讲，井水灌溉属于清水灌溉，土壤的淤积作用及肥田作用均不及渠水灌溉，土壤灌淤层的发育也经历了由强到弱的发展阶段。

在保障灌区水流通畅的要求下，对整个灌区田间工程和斗渠系统进行了重新规划和完善。1970 年提出“以土为主，水、土、林全面规划，综合治理”的方针，加强基本农田建设。除规划好渠道、排水沟、道路、植树、输电线路、居民点以外，设计方田[②]与平整土地是对土壤耕作层影响最大的因素。方田设计一般根据地形、机耕条件、灌溉等，设计平川地为 200～400 亩，原坡地为 100～200 亩[③]。平整土地就是在方田的基础上进行土地平整。泾惠灌区共有 28 个公社进行了土地平整，其中泾阳县 10 个、三原县 7 个、高陵区 4 个、临潼区 6 个、阎良区 1 个。以泾阳县石桥公社（现桥底镇）为例，规划时以村镇定路，根据地形定渠，以渠路为骨架，划分生产方田。在方田内，实施清方工作，清走方田内的输电线路、独庄散户、树木、零散孤坟、废弃建筑物等，1974—1975 年冬春季节，平整土地约 7 000 亩，至 1978 年，对公社 2.8 万亩土地进行了平整。平整过程结合深翻改土，将“大平小不平”“三跑田”（跑水、跑肥、跑土）的土地人为移动土方，改造成平整的土地，再以机翻为主，铣翻为辅，实施了诸如“去生土、留熟土、倒挑子、保表土”，“挖三填三”

① 泾惠渠志编写组编：《泾惠渠志》，西安：三秦出版社，1991 年，第 202 页。

② 方田是“田块成方”的土地规划方式，当时农村土地整体要求渠、路、沟、方田、井、电、树、居民点等统一规划，形成方田骨架工程。

③ 泾惠渠志编写组编：《泾惠渠志》，西安：三秦出版社，1991 年，第 169 页。

等措施改造土壤耕作层。翻土深度一般在 0.8～1.0 市尺（0.26～0.33 m），少数土地可达 1.5 市尺（约 0.5 m）。

根据我们在泾阳县桥底镇的调查，垆土层之上的灌淤层厚度 50～60 cm，经过 20 世纪 70 年代的土地平整深翻过程，历史时期形成的土壤灌淤层的结构层序被破坏，重新形成新的熟化表层。

三、土壤灌淤层之熟化过程

土壤熟化的过程是土壤耕性改良的过程，也是土壤肥力不断提高的过程，也就是百姓所说的生土变熟土的过程。河流的淤灌每年带给田间的物质可以使田面淤高几毫米甚至更多[①]，关中东部引河灌淤作用虽时断时续，但只要引河水灌溉，土壤表层就会淤积泥沙，泥沙经过农业耕翻、施肥等作用，参与到土壤的成土化过程中。

首先，泥沙与原地表土壤的混合可以改变土壤的质地。若在沙土上淤灌，一般要求泥沙颗粒较细，含沙量小于 30%为宜；若在垆土上淤灌，则要求泥沙颗粒较粗，含沙量以大于 20%为宜[②]。关中东部的自然土壤多以垆土为主，加入适量的泥沙显然对土壤质地的改良有很大益处。元代李好文在论述泾渠时提倡泾渠引水寒暑昼夜，不得稍休。“尝问其故，以为或开疏，壅，木即不茂，盖土性本薄，泾于渎淖，反成其癖，政如病人，一旦离药，病即复来，故人有地馋之说。”[③]这充分体现了引泾灌溉改良土壤耕性的效果。

---

① 龚子同等：《中国土壤系统分类：理论・方法・实践》，北京：科学出版社，1999 年，第 133 页。

② 徐义安、王在阳、迟耀瑜等：《泾、洛、渭三大灌区利用高含沙浑水淤灌的经验》，《水利水电技术》1985 年第 2 期。

③ 泾惠渠志编写组编：《泾惠渠志》，西安：三秦出版社，1991 年，第 97 页。

浑水改良土壤的另一功效在于它的增肥能力。白渠“且溉且粪，长我禾黍”[①]，明确指出泾水淤泥的好处在于水的浸润和泥的肥粪。唐人颜师古在注解郑国渠“用填阏之水，溉舄卤之地四万余顷”时的注解：“注，引也。阏读与淤同，音于据反。填阏谓壅泥也。言引淤浊之水灌咸卤之田，更令肥美，故一亩之收至六斛四斗。”[②]这种引浑淤灌对土壤的填淤加肥作用，史书中时常见，正如“若有渠溉，则盐卤下湿，填淤加肥，故种禾麦，更为粳稻，高田五倍，下田十倍”[③]。

引浑淤灌能够增加土壤养分是因为浑水中含有大量的腐烂或半腐烂的枯枝落叶、动物粪便等，上游耕层土壤也常会被暴雨冲蚀而进入下游渠道。据现代引洛灌区的实验测定，以落淤 10 cm 计算，每亩土地可增加有机质 770 kg、氮 48 kg、磷 43 kg，当地农谚也有云：“引洪漫一遍，要比上粪还灵验。”[④]

很明显，土壤的肥力与河流的水文性质在某种程度上是保持一致的。河流的季节性水文性质不同，淤灌的土壤耕作层也是有区别的。北宋时期，华北平原曾广泛引黄河水进行淤灌，人们又称其为“矾山水”，矾山水春夏淤灌的土壤被称为“胶土”，初秋淤灌的土壤被称为“黄灭土”，深秋淤灌的则又被称为“白灭土”，霜降后淤灌的土壤则最不肥沃，就成了沙土。这和不同季节黄河的含沙量及所携带的营养物质密切相关。[⑤]渭河是黄河的最大支流，具有许多和黄河相似的水文季节变化，它的河流含沙量、输沙量、流量等均具有

① （汉）班固：《汉书》卷二九《沟洫志》，北京：中华书局，1962 年。
② （汉）班固：《汉书》卷二九《沟洫志》，北京：中华书局，1962 年。
③ （元）李好文：《长安志图》卷下《泾渠图说·泾渠总论》，文渊阁四库全书本。
④ 贾恒义：《中国古代引浑灌淤初步探讨》，《农业考古》1984 年第 1 期。
⑤ 李鄂荣：《我国历史上的土壤盐碱改良》，《水文地质工程地质》1981 年第 1 期。

明显的季节性（图 6-1）。由图中所示变化规律得知，渭河的含沙量及输沙率在 6 月呈急剧上升，9 月迅速回落；流量则以 9 月为最大。关中地区自唐代始多实行冬春灌溉，此时，河流的含沙量、输沙率都处于低值阶段，对土壤的加肥能力也会相应减小。

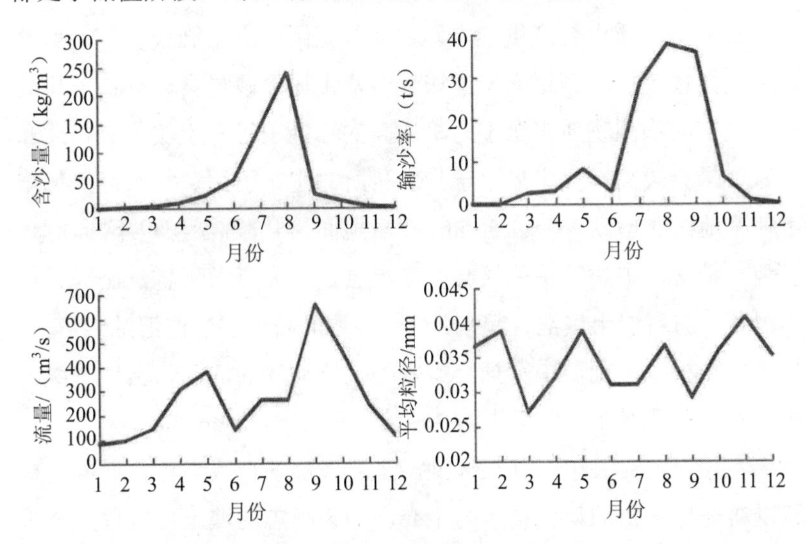

图 6-1　渭河 1967—1971 年平均各月含沙量、输沙率、流量、平均粒径

注：该图由《引渭淤灌改造沙苑》一文中渭河华县水文站观测数据绘制而成。参见李昭淑：《引渭淤灌改造沙苑》，《西北大学学报》1981 年第 4 期。

受灌淤影响的土壤，除了灌溉水中携带物质沉积，人工施用土粪也是古代耕作层增厚的主要原因之一。关中的农民们自古就有收集肥粪的良好习惯，常将人畜粪尿、生活垃圾、作物秸秆、渠道清淤物等，或者是从田地里、村庄中直接取来土壤进行垫圈、堆肥，形成土粪，施于土壤表层，再经过各种耕作措施和耕作土壤混合，长此以往，将外源物质堆积于耕作表层，自然会使土壤耕作表层不断上移，形成一层较厚的人为堆垫熟化层。但由于肥粪的数量有限，且运输不便，往往在离居民点较近的地区，土粪的施用量较大，这也形成了耕作土的肥力从村庄附近向远处逐渐降低的现象，土壤的厚度也会因此变薄。另外，由于构成土粪的最初物质的来源不同，对灌淤土的性质也会产生一定影响。若施用的土杂肥较多，土壤含钾量就会较多；若施用人畜粪尿较多，土壤含磷量会较高；若构成土粪最初的垫圈物质来源于有机质高的沼泽土等，土壤的有机质和全氮含量会较高。据宁夏永宁县农科所测定，引用黄河水灌溉每年可使旱地田面抬高 1.0～1.5 mm，随着地面抬升，灌淤层也不断加厚。耕翻、耙耱、中耕等措施还会搅动土层，将灌溉淤积物、肥粪、作物根茬等与耕层土壤混合起来，可能导致灌溉淤积层位混乱或消失。加之作物根系在土层中穿插，蚯蚓等土壤动物的活动，会使土壤结构改善，孔隙增多，灌淤土的孔隙度一般在 41%～60%。[①]

实际上，对关中东部很多灌淤土耕作层的形成而言，淤灌过程和以耕—耙—耱的耕作技术与土粪施加为标志的塿土化过程是该区域土壤形成与熟化的两个极其重要的影响因素，受两种成土化作用的影响，这里的土壤往往以灌淤塿土的形式存在。历史上的水利兴盛期，淤灌作用占优势；淤灌间歇性减缓或停灌时，塿土化作用占优势，又或者这两种作用相辅相成，进而形成灌淤和人为堆垫混杂的土壤耕作层形态。在土壤剖面中常常表现为灌淤和人为堆垫层的层位均不清楚。

① 龚子同等：《中国土壤系统分类：理论·方法·实践》，北京：科学出版社，1999 年，第 136 页。

第四节　小 结

灌溉是农业生产的重要环节，是补充土壤水分直接而有效的方式。黄河流域水利灌溉的功效除补给水分以外，更重要的作用是为土壤耕作层带入肥沃的泥沙，参与土壤的形成与熟化过程。古代的关中平原东部曾有大片的盐碱荒地，经过持续的灌溉，这片土地遂成为关中的良田沃土。这一过程主要利用河流泥沙对土壤耕作层中颗粒组成、水分、肥力等的调节来完成。

对关中土壤耕作层的形成而言，灌溉主要有泥沙覆盖土层，调节土壤水分及盐分，增加土壤肥力的作用。这种作用在土壤耕作层中最直观的表现则是灌淤层的形成及盐碱土的改良。

首先，泾、渭、洛河流的泥沙不断覆盖于地表，不断就有新的物质参与到土壤耕作层的成土化过程中。关中平原东部的气候相对干旱，土壤因缺水导致土层板结坚硬，逐层覆盖于古代耕作层之上的淤积层，因水、沙含量较多使其耕性优于原来的地表土层，更有利于耕作。因地形条件，土壤淤积的过程又可分为引洪放淤和引河灌淤。关中沿北山一带各峪口的引洪漫地就是早期尚无系统水利工程条件下发生的土壤放淤过程，也形成了诸如富平县赵老峪一带土性优良的土壤耕作层，古耕层中往往夹杂呈水平带状分布的洪积层。秦郑国渠是人为引河淤灌的第一个大型水利工程，在泾洛之间改良“泽卤之地”。笔者认为，这里的“泽卤之地”包括低湿地和盐碱地两层含义。根据关中东部地形特征、现代盐碱土分布区域对比及文献记录，在郑国渠未利用以前，关中东部应有大片的荒地，地表有大面积分布的沼泽土、潮土及盐碱土，淤灌改良这几种土壤的主要方式都是在耕性不良的土层上创造新的耕层，进而形成灌淤熟化层与原来自然土层叠加的复合型土壤结构，形成的土壤被认为是灌淤土。

在地形平坦且不受河流冲淤作用影响的关中东部平原，灌淤层的土层厚度和灌溉活动的持续性呈正相关。引泾灌区是关中平原灌溉持续时间最长的灌区，在灌区内的泾阳、三原、临潼、高陵、阎良等县区广泛分布有灌淤土。其土壤剖面特征显示，在原来自然土层上部覆盖有厚度 50 cm 以上，甚至可达 1 m 有余的灌淤土层。灌淤层往往表现出泥砂含量高，黏粒物质少，剖面分层不明显，颗粒成分较均一等特征。土壤灌淤层的形成是讨论关中古老灌区耕作层形成的重要内容。由于种种原因，历史上的灌溉活动是时断时续的，囿于文献记载的不连续性及模糊性，我们很难推算出历史上实际的灌溉年数，但根据灌溉工程的兴修及维护过程，可以判断区域内土壤耕作层灌淤熟化过程的阶段性发展。

关中平原的灌淤土不同于新疆、甘肃、宁夏等典型地区的灌淤土，持续而漫长的农业发展历史及精耕细作的农业生产技术使关中平原灌淤土具有更高的熟化程度，以耕、耙、耱等耕作技术及施加土粪为标志的塿土化过程参与到灌淤土的成土过程中，实质发生着灌淤层的不断塿土化。引河灌溉的河流泥沙一经进入土壤，就迅速为土壤起到加肥作用。并且，在河流泥沙不断淤积的过程中，土粪的施加过程并未停止，这也形成了土壤耕作层灌淤作用和人为堆垫作用混合的形成过程。

河流泥沙的另一个重要作用就是改良盐碱地。关中东部泾洛之间存在较多的盐碱土，其中尤以石川河至洛河之间区域的盐碱化程度最高，例如蒲城卤泊滩一带、大荔盐池洼一带。关中平原历史上改良盐碱土最主要的方法就是淤灌，其实质是引水洗盐和放淤压盐的结合。历史文献与现代实验均证明，淤灌改良盐碱土是可以立见成效的，历史文献中不乏水利设施“溉泽卤之地”的溢美之词。但耕作层是否能够长期得到可持续性利用，则是我们客观认识古代关中水利灌溉改良盐碱土之功效的重要考虑因素。若无合理的排水设施配套建设，盐碱土之改良也只能有短暂几年的功效，很难彻底改变盐碱土之性质，甚至会使非盐碱化土壤发生次生盐碱化，如今之泾、渭、洛之河滩地或渠道沿岸的次生盐碱土的分布就是实证。郑国渠之石川河至洛水段的淤灌效果远不及泾水至石川水之间，且引洛灌溉的龙首渠也未发挥大的淤灌效益的原因，也许与石川河至洛水之间的土壤盐碱化程度高有很大关系。

第七章 不同的塿土：环境塑造与人为改造

关中平原系三面环山的盆地地形，将其气候、土壤、地形、植被等自然要素放置于全国版图中，表现出较强的区域整体性；但定格于关中平原内部，其气候、地形、地貌、水系分布等又存在明显差异，这是形成关中平原土壤发育及耕作方式差异的主要因素。塿土作为关中的主要农业土壤，各区域塿土耕作层的发育及熟化程度也不尽相同。对于关中平原塿土的分类，朱显谟结合农民的分类命名经验，将塿土分为油土、垆土、立槎土、黄墡土四个亚类，根据土壤熟化程度和熟化层的厚薄可以继续划分土种和变种，例如，油土又可分为黑油土、红油土，在红油土下还可以分薄皮、中皮、厚皮红油土；立槎土也可以分为黑立槎、红立槎，在红立槎下又可分为薄皮、中皮、厚皮等变种。[①] 塿土的这种分类方式是依据土壤耕作层熟化程度及熟化层厚度进行的划分，不同种类的塿土，其耕作层性状也不尽相同。

上述各种塿土分布有明显的区域差异，立槎土分布在降水较多和比较阴湿的山坡扇形台地和临近山地的河谷阶地上，如关中秦岭

① 朱显谟：《塿土》，北京：农业出版社，1964 年，第 22 页。

北麓的扇形台地上；油土主要分布于关中西部地区，黑油土主要分布于超河漫滩以上的二级阶地上，红油土主要分布在较高阶地上，以黄土台塬头道塬为主；垆土主要分布在关中东部较为温暖干旱的地区。以此可看出，地形是影响塿土分布的重要因素，地形引起的局地水热条件差异对耕作层形成过程产生极为重要的影响，但土壤耕作层作为人们长期耕作活动的产物，又蕴含着明显的人文特征。例如，耕作方式和力度首先改变了土壤的结构状态，可将黄土自然的团块状结构变得疏松，形成以团粒状为主的结构特征，且合理耕作及植物根系的作用也使土壤中孔隙增多，增强了土壤水、热、气的流通。外来肥源的添加增加了土壤层的厚度，也改变了土壤的营养状态，有机质的不断分解和残留也使土壤颜色发生变化。因此，土壤耕作层的剖面形态一般可以从土层厚度、土壤颜色、土壤结构、孔隙度等方面进行描述。

关中平原地形自西向东逐渐开阔，尤以渭河北岸更加明显，过了泾河，地势显著降低，平坦开阔，为便于区域对比与分析，笔者以泾河为界线，划分关中平原渭河以北为东、西两区域进行研究，并在不同地形单元上，选择若干土壤剖面进行对比分析，剖面所在位置如图 7-1 所示。即使在同一地形单元上，由于微地貌差异引起的土壤侵蚀或堆积作用也会造成耕作层性状不尽相同的结果，例如，据陕西省土壤学会在杨凌地区的调查，从头道塬北部起，土壤类型依次为薄皮红油土、中皮红油土、厚皮红油土，洼地上有黑油土，侵蚀强烈的洼地有黄墡土，取土壕为壕底白墡土，头道塬与二道塬的斜坡上有白墡土。[①]因此，本书在土壤剖面选择中，均选取地形平

① 陕西省农业勘察设计院：《陕西农业土壤》，西安：陕西科学技术出版社，1982 年，第 45-52 页。

坦开阔，且在一定区域范围内，土壤分布最为典型，土壤耕作层性状具有较强一致性的土层剖面。

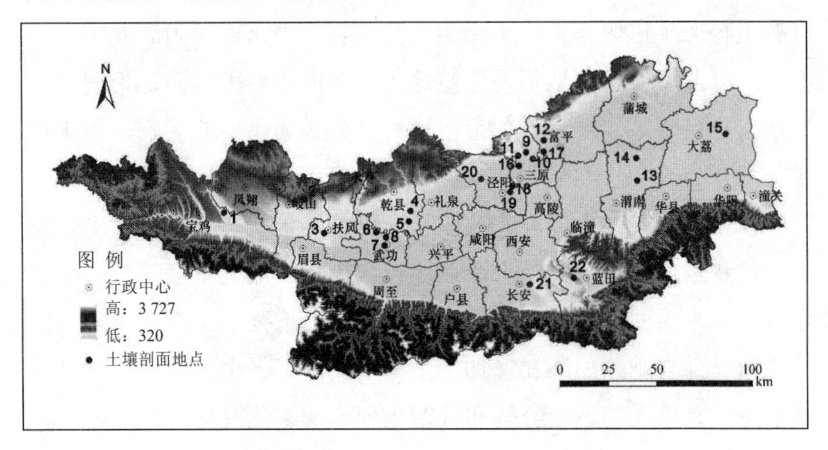

图 7-1　土壤剖面位置

（1 宝鸡贾村镇；2 岐山蒲村镇；3 扶风城关镇；4 乾县大墙乡；5 乾县薛录镇；6 武功苏坊镇；7 武功普集镇；8 武功贞元镇；9 三原陵前镇周西村；10 三原陵前镇卸坊村；11 三原张家坳乡五爱村；12 富平淡村镇禾塬村；13 渭南临渭区巴邑村；14 渭南蔺店镇荆村；15 大荔朝邑镇蔡邓村；16 三原鲁桥镇武家村；17 富平淡村镇太平川；18 泾阳三渠镇三徐村；19 泾阳三渠镇三刘村；20 泾阳桥底镇川流村；21 长安杜陵乡新和村；22 蓝田孟村乡姚村）

第一节　油 土

关中平原是介于鄂尔多斯台地和秦岭褶皱带之间的过渡带，是以渭河为分界的南北不对称断陷盆地。盆地内的隆起地带多为黄土塬，凹陷地带多为河谷平原或山前洪积扇，从而在渭河两岸形成了山地、黄土台塬、洪积扇群、河流阶地的层状地貌结构。在以泾河为界的西部地区，这些地貌类型均较发育，尤其在渭河以北有呈连续分布的洪积扇群、黄土台塬。这里的土壤随地形呈现规律性的变化，不同土壤的耕作层性状表现不同。

以渭河为中轴线，两岸河漫滩分布有淤土及潮土。一级阶地分布于渭河两岸，阶地面宽 300～1 500 m 不等，地下水丰富，便于开发灌溉农田。其上分布潮土、淤墡土等，局部低平地段还有水稻土，但呈少量的斑块状分布。二级阶地主要分布在渭河以北，在虢镇至蔡家坡、常兴至绛帐发育较典型。阶地面平坦开阔，面宽一般可达 1 000 m，最宽可达 2 000 m 左右。二级阶地上主要发育黑油土。三级阶地在渭河南北两岸均有发育，尤其在渭河北岸及眉县局部区域发育较好，但阶地面较为狭窄，一般宽 150 m 左右，该阶地上的地下水埋藏较深，较难发展灌溉农业。四级、五级阶地主要分布在渭河南岸，阶地面都较为狭窄，流水侵蚀较为强烈，阶地面破碎，塬面多呈不连续状，分布有黑油土、红油土和立槎土等。渭北黄土台塬区塿土发育强，塬面上一般分布红油土，在某些地势低洼地带也分布有黑油土。

渭河北岸的黄土台塬及河川阶地是先民们早期农业生产的有利地形，发育了人为熟化程度高的塿土类型——油土。受地形地势、耕作方式及力度的影响，油土耕作层的性状也有所差异。如关中西部的武功地区，头道塬上分布红油土，由于地下水位较深，这种土壤几乎不受地下水的影响，成土年龄较长，土壤发育较好，质地较黏，结构明显，有光泽较好的胶膜发育。二道塬上常分布黑油土，这里一般具备灌溉条件，水源丰富，耕种历史悠久，覆盖层较厚。由于地面水的影响，覆盖层腐殖质向下淋溶，使下伏自然土壤的颜色变得灰暗，且有大量黑褐色胶膜存在。三道塬分布瓣瓣黑油土，这里地形较低，地下水位比较高，随着渭河及其支流洪水期与枯水期的季节性水位变化，灌水季节与非灌水季节补给土壤水的不同，土壤剖面经常发生干湿性交替，出现锈色斑点或者条纹。

一、红油土

关中西部的黄土台塬主要位于渭河以北，北山以南的区域，从西向东基本呈长条形连续分布，主要包括宝鸡贾村塬、陵塬，凤翔至岐山一带的周原、咸阳塬等。这一带台塬区是关中土地开发最早的区域，以周原为中心的台塬区曾是周秦农耕文化的主要发祥地，且岐山、扶风一带历史上是关中人口的主要聚居地之一，这使得区域内土壤的利用程度高，耕作的持续性相对较好。

周原是渭北台塬中塬面较完整，地形坡度较小，侵蚀较弱的台塬，研究中选取了以周原为中心的宝鸡、岐山、扶风塿土剖面进行土壤耕作层剖面形态分析，剖面分别位于宝鸡贾村镇、岐山蒲村镇、扶风城关镇。在剖面选择上，笔者对若干剖面进行了对比，选取了地形起伏较小，土壤表层平整，层位相对完整的剖面。各剖面层位特征如下：

宝鸡贾村镇剖面（图 7-2a）：

0～20 cm，耕作层：淡棕稍带褐色，疏松，颗粒状结构，根系密布。

20～30 cm，犁底层：淡棕色，较上部紧实，虫孔较多，小根系多。

30～55 cm，古耕层：疏松，碳酸钙薄膜多，50 cm 以下进入 S_0

层位。

55～130 cm，老黏化层：棕褐色，土质较上部坚硬，黏重，且在 120 cm 之下进入马兰黄土，层位顶部有瓦片分布，碳酸钙薄膜多。

岐山蒲村镇剖面（图 7-2b）：

0～22 cm，耕作层：棕褐色，结构松散，有较多砂砾。

22～28 cm，犁底层：棕黄色，结构致密，孔隙减少。

28～60 cm，古熟化层：浅棕褐色，团粒状结构明显，孔隙多。

60～84 cm，古耕层：棕黄色，颜色变浅，团粒状结构逐渐不明显，孔隙较多，但较上部致密。

84～125 cm，老黏化层：红褐色，结构致密，黏土胶膜发育，碳酸钙薄膜多。

扶风城关镇剖面（图 7-2c）：

0～14 cm，耕作层：棕褐色，疏松，黏重，根系密布。

14～22 cm，犁底层：浅棕黄色，较紧实。

22～45 cm，古熟化层：颜色较上部深，团粒状结构显现，虫孔极为发育。

45～70 cm，古耕层：颜色较上部浅，团粒状结构，虫孔较上部有所减少，有瓦片分布，底部略显红褐色，结构较致密。

70～120 cm，老黏化层：红褐色，结构致密，有碳酸钙薄膜，但发育不显著。

宝鸡贾村镇剖面、岐山蒲村镇剖面、扶风城关镇剖面都位于周原的头道塬上，剖面所在地形平坦，无明显人为扰动层位，它们的土壤剖面有许多共同的特征。剖面形态显示，土壤表层 20～30 cm 之上为现代耕作层和犁底层。宝鸡贾村镇剖面古耕层深度 30～55 cm，厚 25 cm；岐山蒲村镇剖面古耕层深度 28～80 cm，厚 52 cm；

扶风城关镇剖面古耕层深度22～70 cm，厚48 cm。老黏化层发育强，土质较黏重，其中宝鸡贾村镇剖面黏化层发育最强，东部的岐山、扶风剖面黏化作用较弱。从土壤颜色和结构上看，现代耕作层较深，以棕褐色为主，犁底层颜色变浅，结构变得致密，古耕层的结构明显较上部犁底层疏松，以团粒状结构为主，孔隙发育，有些剖面存在古熟化层，古熟化层也属于古耕层，但结构往往比古耕层更加疏松，颜色稍深于下部古耕层。进入向自然土壤的过渡层，结构变得致密，颜色由灰黄色向红褐色过渡。

另据扶风县红油土剖面耕作层的统计，红油土覆盖层平均厚度大约45.8 cm，最薄的仅20 cm左右，最厚可达100 cm左右。现代耕层平均厚度约15 cm，浅灰棕色，团粒或团块状结构。犁底层平均厚度8 cm左右，浅灰棕色，以块状结构为主。古熟化层及古耕层平均厚度约23 cm，浅灰棕色，团块状结构。[①]这和上述我们选择的红油土剖面的覆盖层层位结构颇为近似。

为便于对比，分别在乾县大墙乡、薛录镇和武功县苏坊镇也选择了几个剖面，剖面分别位于大墙乡周南村、薛录镇马兰寨及苏坊镇尧庄村，各剖面特征如下：

乾县大墙乡剖面（图7-2d）：

0～18 cm，耕作层：棕褐色，疏松，根系密布。

18～28 cm，犁底层：浅棕黄色，较紧实，以团块状结构为主。

28～45 cm，古耕层：棕黄色，小的团块状结构，30～45 cm孔隙明显增多，虫孔发育。

45～75 cm，老黏化层：红褐色，结构致密，似棱柱状结构，无

① 陕西师范大学地理系《宝鸡市地理志》编写组：《陕西省宝鸡市地理志》，西安：陕西人民出版社，1987年，第177页。

明显碳酸盐聚集。

乾县薛录镇剖面（图 7-2e）：

0～22 cm，耕作层：棕褐色，疏松多孔。

22～30 cm，犁底层：浅棕褐色，较紧实，以团块状结构为主。

30～40 cm，古熟化层：棕黄色，干而紧实，虫孔不发育。

40～65 cm，古耕层：浅棕褐色，结构较上部疏松，孔隙增多。

65～110 cm，老黏化层：红褐色，结构致密，似棱柱状结构，无明显碳酸盐聚集。

武功苏坊镇剖面（图 7-2f）：

0～25 cm，耕作层：棕褐色，疏松多孔，较黏重，根系密布。

25～32 cm，犁底层：浅棕褐色，稍显致密，大孔隙明显减少。

32～55 cm，古熟化层：棕黄色，孔隙较多。

55～75 cm，古耕层：浅棕褐色，颜色较上部加深，结构较上部疏松，孔隙增多。

75～115 cm，老黏化层：红褐色，结构致密，似棱柱状结构，有红色铁锰胶膜，有少量碳酸盐聚集。

武功县苏坊镇剖面特征与朱显谟在武功县头道塬上的调查结果类似，朱显谟先生记录的红油土剖面情况如下：

0～10 cm，耕作层：淡灰棕色，中壤土，疏松易碎，伪团粒状结构，多孔隙，强碳酸盐反应。

10～20 cm，犁底层：淡灰棕色，较紧实。

20～40 cm，古耕层：淡灰棕色，略带褐色，下部带小棱柱状结构，较黏重。

40～74 cm，老表层：淡褐棕色，重壤土，外部呈灰色，笔状结构，无碳酸盐反应，但构造体外附白色菌丝状新生体。

74～140 cm，老黏化层：淡褐色，重壤土，外被胶膜，呈色较深，且较光滑，棱柱状结构显现，质地坚实，无碳酸盐反应。[①]

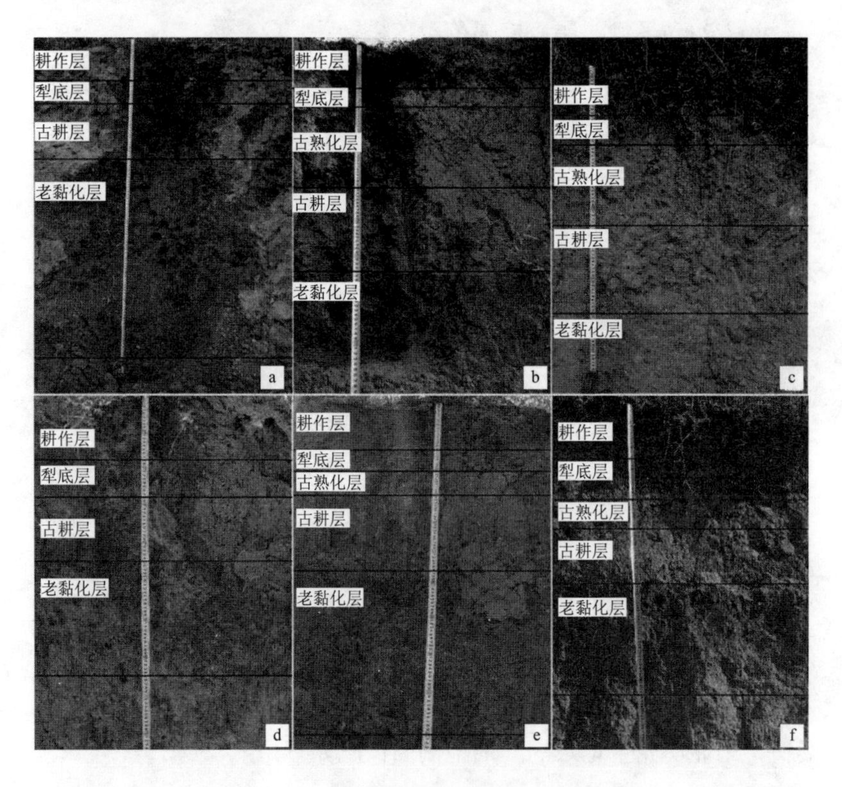

图 7-2　关中西部黄土台塬红油土剖面

（a 宝鸡贾村镇剖面；b 岐山蒲村镇剖面；c 扶风城关镇剖面；d 乾县大墙乡剖面；e 乾县薛录镇剖面；f 武功苏坊镇剖面）

---

① 朱显谟：《塿土》，北京：农业出版社，1964 年，第 29 页。该剖面中老表层也是古代农业耕作部位，故此剖面中的古耕层和老表层可对应于上述剖面中的古熟化层和古耕层。

将上述剖面特征进行对比，现代耕作层厚度大约 30 cm，大约在 30 cm 以下进入古耕层，古耕层厚度 20～50 cm 不等，以中层熟化和厚层熟化为主，60～70 cm 深度进入老黏化层（古土壤层），老黏化层表面为先周—西周农业活动表层。调查发现，红油土覆盖层厚度与台塬面上的地貌有很大关系，其中，岐山蒲村镇剖面的古耕层厚度大，可达 52 cm，该剖面位于北山洪积扇顶面，洪积作用造成整个剖面粒度较粗，含有较多砂砾物质，且厚度较大。宝鸡贾村镇剖面地势较高，位于黄土台塬接近丘陵沟壑的边缘地带，坡状地形致使上部覆盖层的厚度较小，且淋溶作用较弱，使整个剖面中的碳酸盐薄膜非常多。乾县大墙乡剖面古耕层厚度薄，仅 17 cm，薛录镇剖面古耕层厚度为 35 cm，武功苏坊镇剖面古耕层厚度为 43 cm，这三个剖面地势逐渐降低，且大墙乡剖面位于一级台塬向二级台塬过渡的陡坎附近，这也体现出虽然同为台塬地形，但是地势越低，人为覆盖层的厚度也越大（图 7-3）。

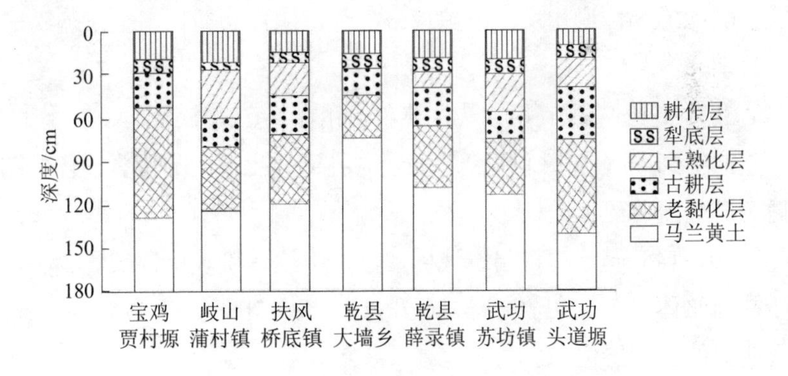

图 7-3　关中西部红油土剖面层位

二、黑油土

关中西部渭河的河流阶地自西向东渐宽，至杨凌、武功、咸阳的阶地较为发育，阶地上常发育黑油土。这里的水文条件较红油土发育地区优越，地下水位较高，易于发展灌溉农业，或者由于地势低洼较易积水。水分含量较高，会积累更多的腐殖质，土壤颜色较黑，故群众常称之为黑油土。黑油土分布地区多具有灌溉条件，并且处于人口密度较大的地区，这也使得土壤耕作的强度较大（黑油土发育的地方常可以发展二年三熟或者一年两熟），施肥较多，因此熟化层往往也较厚。

笔者分别在武功县普集镇田家村和贞元镇伊家村选取了剖面样点，剖面特征如下：

普集镇田家村剖面（图 7-4a）：

0～20 cm，耕作层：淡棕稍带褐色，团粒状结构，土质疏松，根系多。

20～30 cm，犁底层：浅棕黄色，稍黏重、密实。

30～60 cm，古熟化层：棕黄色，孔隙较上部明显增多，有少量白色碳酸盐菌丝体淀积。

60～145 cm，古耕层：淡棕黄色，中壤，粉砂质含量增多，碳酸盐菌丝体不多，夹杂炭屑、瓦片，在 60～70 cm 和 115～120 cm 有明显的淤积层位。

145～182 cm，老黏化层：暗褐色，重壤，棱柱状结构，白色碳酸盐菌丝体密布，有铁质胶膜发育。

贞元镇伊家村剖面（图 7-4b）：

0～15 cm，耕作层：灰棕色，土质疏松，有层状淤积，且含有沙砾。

15～20 cm，犁底层：灰黄色，稍较密实，团块状结构。

20～60 cm，古耕层：灰黄色，颜色较上部犁底层深，孔隙增多，无明显的碳酸盐聚集。

60～120 cm，老黏化层：暗褐色，重壤，棱柱状结构明显，白色碳酸盐菌丝体密布，有铁质胶膜发育。

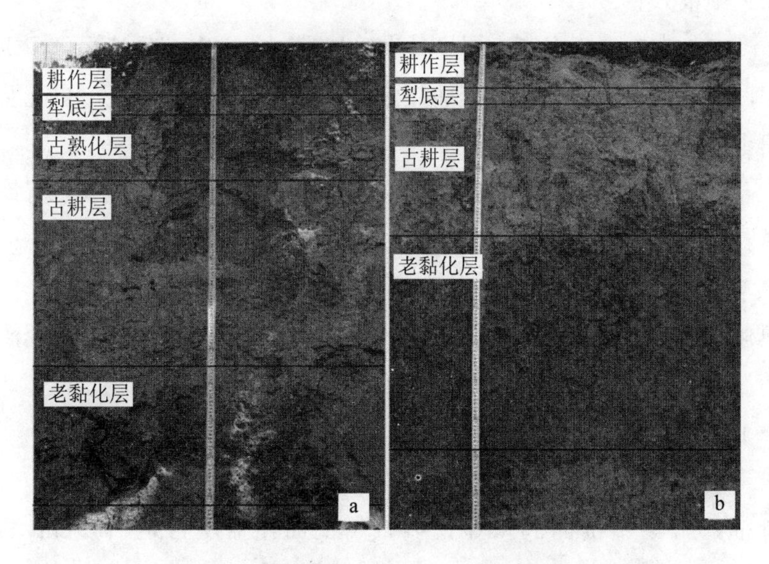

图 7-4　关中西部平原阶地黑油土剖面

（a 武功县普集镇剖面；b 武功县贞元镇剖面）

朱显谟调查的武功县阶地上的黑油土剖面特征如下：

0～10 cm，现代耕作层：淡棕稍带褐色，中壤，团粒状结构，土质疏松，根系多，强的碳酸盐反应。

10～20 cm，犁底层：淡棕稍带褐色，稍黏重、密实，板状结构显现。

20～40 cm，古熟化层：淡棕带褐色，干而紧实，有些呈板状结构，强的碳酸盐反应，有少量白色碳酸盐菌丝体淀积，有炭屑、瓦片等侵入，孔隙较上部明显增多。

40～84 cm，古耕层：淡棕褐色，中壤，稍黏重，紧密，孔隙较上部减少，菌丝体不多，强的碳酸盐反应，夹杂炭屑、瓦片，还可以见须根分布。

83～122 cm，老表土层：外表暗褐带灰色，内部呈淡褐色，重壤，细棱柱状结构，白色碳酸盐菌丝体密布，有大量根孔、虫孔及填土虫穴。

122～155 cm，老黏化层：淡褐色，重壤，大棱柱状结构，有铁质胶膜发育，白色菌丝体密布，并见石灰结核。①

另外，杨凌地区的黑油土剖面，现代耕层和犁底层约 15 cm，古熟化层及古耕层层位在地表下 25～100 cm，厚度约 75 cm。另据武功二道塬的黑油土剖面，耕层约 30 cm，古熟化层及古耕层层位在地表下 30～127 cm，厚度约 97 cm。②

剖面分析可知，阶地平原上的黑油土人为覆盖层深厚是其重要特征，普集镇剖面和朱显谟调查的剖面覆盖层可达 145 cm 和 122 cm，杨凌和武功二道塬剖面的覆盖层厚度分别也可达 100 cm 和 127 cm，仅贞元镇剖面覆盖层较薄，也达 60 cm。覆盖层厚度较大的两个剖面中，都有明显的淤积层位，尤其在普集镇剖面中存在多层

① 朱显谟：《塿土》，北京：农业出版社，1964 年，第 26 页。该剖面中老表层也是古代农业耕作部位，故此剖面中的古耕层和老表层均属于上述剖面中的古耕层。

② 朱显谟：《塿土》，北京：农业出版社，1964 年，第 45 页。

淤积层，这可能与地区内洪积作用和频繁灌溉有很大关系，因为普集镇剖面位于渭河北岸约 3 km，距离河岸近，且灌溉方便，渭惠渠干渠正穿过此镇，造成土壤耕作熟化层深厚。但由于时常受到河流灌溉，河流的淤积作用也使得古耕层中板状结构明显，孔隙度较低，熟化作用较弱，且物质组成以黄土状河流沉积物为主，土色灰黄，有机质含量不高。其他黑油土剖面覆盖层厚度也大，且上部古耕熟化层大孔隙多，结构疏松，表现出较强的熟化作用。贞元镇剖面位于阶地平原靠近黄土台塬的地带，地势较高，对农业灌溉有所不利，贞元镇剖面也显示出古耕熟化层中未出现明显的淤积层，这使得该剖面的人为覆盖层厚度不大，仅约 60 cm。而且，贞元镇剖面古耕层中团粒状结构明显，且含有大量孔隙，这与普集镇剖面明显不同。由此说明，距离河流远近、地形坡度、灌溉活动是造成黑油土剖面覆盖层厚度、熟化程度差异的重要因素。

三、红油土与黑油土之特征差异

关中西部头道塬上分布的红油土与河流阶地上分布的黑油土，二者都发育于原来典型褐土之上①，土壤剖面上部人为堆垫层都覆盖于老黏化层（古土壤层 S_0）上，关中西部 S_0 发育较强，呈现出明显的红褐色黏化层。黄土台塬上的红油土与阶地上的黑油土相比较，黑油土的人为堆垫层大多厚度大，熟化度高，结构良好，质地中壤，

① 褐土又被称为肝泥，是关中地区自然条件下形成的土壤，在人类活动广泛影响地表土壤环境之前，关中平原大部分覆盖典型褐土，也被称为普通肝泥。20 世纪 60—80 年代的关中地区土壤分类中，常按照塿土的下伏土壤类型区分关中的农业土壤。参见朱显谟：《塿土》，北京：农业出版社，1964 年，第 22 页；陕西省农业勘察设计院：《陕西农业土壤》，西安：陕西科学技术出版社，第 75 页。

土壤耕性明显优于红油土。由于历史上灌溉条件好，人口稠密，施肥量多，黑油土上部覆盖层的厚度往往大于红油土，红油土的古耕熟化层（即古熟化层与古耕层的层位组合）厚度大多为 20～50 cm，而黑油土的古耕熟化层往往大于 40 cm，有的甚至达到 70～100 cm（图 7-5）。

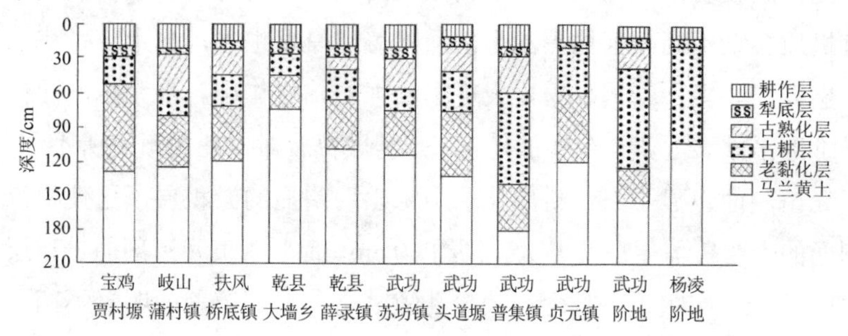

图 7-5　关中西部红油土与黑油土剖面层位对比

红油土与黑油土的物理性状也有差异，根据朱显谟引用的西北生物土壤研究所资料，油土剖面的颗粒组成中，现代耕作层、古熟化层、古耕层<0.01 mm 的黏粒含量已接近或超过 50%，且这些层位的黏粒含量也高于其下部的母质层，这在黑油土剖面中表现得更为明显。① 在长期耕作过程中，施加的土粪垫圈物质主要是黄土，但肯定也有相当数量的垆土混杂在内，并且它们与厩肥混合施入土壤，经过不断耕锄、熟化，土壤颗粒逐渐变细，发生较强的黏化作用。黑油土中耕作层的黏粒含量明显高于红油土，说明黑油土的这种黏化作用更强。

塿土覆盖层的成土物质有自然和人为两大来源，西周气候转冷后，来自西北内陆的粉尘堆积也会相应增强，这是全新世大暖期土

① 朱显谟：《塿土》，北京：农业出版社，1964 年，第 36 页。

层 S_0 之上覆盖的黄土的主要自然来源。同时，黄土高原地区，坡度的变化是影响侵蚀强弱的首要因素，这在关中黄土台塬的塿土剖面中有所反映。在阶地或台塬面较广阔，地势平坦的区域，塿土有较厚的覆盖层；地势具有一定坡度的地带，侵蚀增强，覆盖层减薄；塬边或阶地边缘，往往覆盖层最薄。地形因素是导致不同区域塿土覆盖层厚度不同的主要自然因素，但文中剖面的选择皆以地形平坦为原则，暂可忽略由于地形所造成的表土层侵蚀或堆积作用。

在油土覆盖层的形成过程中，若风尘堆积与地面侵蚀速率基本接近，那人为堆垫势必成为产生二者厚度差异的重要原因。人为堆垫作用主要来自土粪的施加，土粪的施用量与人口密度及土地利用强度有直接关系。

周原在古代就是环境优美、人类繁衍生息的好地方，那里有悠久的农业历史，周人首领古公亶父迫于北方戎狄的威胁，带领着部族自豳地迁于岐下，他们在周原“乃疆乃理，乃宣乃亩，自西徂东，周爰执事”[①]，开始有计划地经营农事，且逐渐对于天时变化、节气更易、水流走向、农田规划等都有细致观察。当时的周原植被茂密，土地肥美，“周原膴膴，堇荼如饴”[②]正是对这块土地的盛赞。周原主要包括了扶风、岐山、凤翔、武功四县及宝鸡、眉县、乾县的小部分，可分为岐山山地、山前洪积扇、渭北黄土台塬及渭河河谷冲积平原四种地貌类型。

关中西部较好的水分条件是农业发展的先决条件。周人的第一个都城——岐邑正建立于周原上畤沟河与龙尾沟水两岸，它们都是漳水的支流。漳水是周原上的主要河流，贯通东西，漳水两岸古时

① 周振甫：《诗经译注》，北京：中华书局，2002 年，第 402 页。
② 周振甫：《诗经译注》，北京：中华书局，2002 年，第 402 页。

还是一片沮洳地，气候湿润，雨量充沛，十分利于发展农业。由于早期人口数量有限且生产力不高，周人对土地的开发应该不会过多，且不会太过分散。人们实行着“春令民毕出在野，冬则毕入于邑……春将出民，里胥平旦坐于右塾，邻长坐于左塾，毕出然后归，夕亦如之”①。人们居住在城邑，农业垦殖必然在城邑所能控制的范围之内，这时候的农业区应该是在城邑周围展开。如今周原上的岐山县京当乡、扶风县黄堆乡和法门镇是周人当时的主要活动中心，美阳河、畤沟河从该区域内穿过。畤沟河上游到岐山县王家嘴，再向北就到了京当，这条河在周人居住时就已经有水。且在扶风县黄堆以南，刘家、任家以北，还是一个低凹地带，形成东西向的一个小盆地，这个盆地的低凹处在古代也是泽薮之地。② 另外，周人居住地北侧还有众多来自岐山南麓的泉流汇集于此。

随着居民点的不断增加，农田也会不断扩展。漳河在周原上随地异名，在凤翔县境内称雍水，岐山县境内称后河，扶风县境内称漳河，武功县境内称小北河。漳河北侧支流众多，有横水河、鲁班沟水、龙尾沟水、麻叶沟水、畤沟河、美阳河等，南岸则无支流汇入。从西周时期的文化遗址分布来看，居地的选择正是“逐水而居”，遗址多分布于漳河北岸的雍水、后河、横水河、漳河、畤沟河、美阳河两岸③，南岸则甚少有遗址分布（图 7-6）。这些河流将周原切割成条块状，形成原隰相间的地形特征。原，即高平地；隰，即低湿地，土壤水分是原隰地形发展农业的关键因素，也形成了旱作与稻作的自然分区。

---

①（汉）班固：《汉书》卷二四《食货志》，北京：中华书局，1962 年。
② 史念海：《黄土高原历史地理研究》，郑州：黄河水利出版社，2001 年，第 250 页。
③ 刘随盛：《陕西渭河流域西周文化遗址调查》，《考古》1996 年第 7 期。

这些较小的河流不会使人们经常遭受洪灾，且较多的水源可供作物生长，不需花费太多的人力，禾黍类旱地作物就可以广泛种植，周原地区龙山早期遗址就有发现的粟、黍、稻等谷物遗迹。[①]直至《诗经》中所记录的农业时代，已经产生了黍、稷、稻、麦、菽等多种作物的种植。

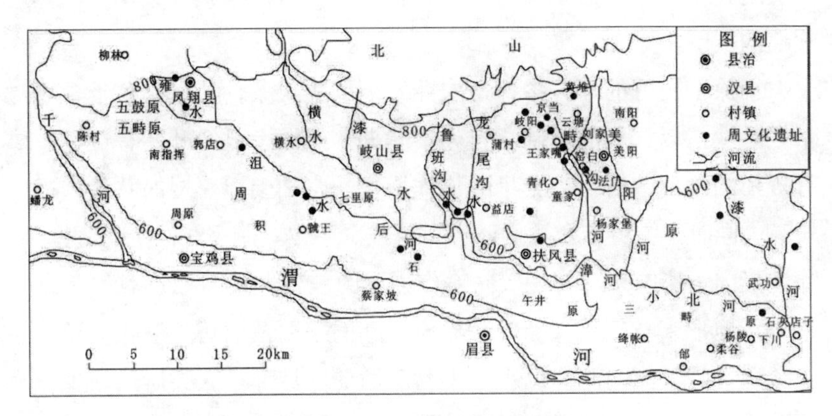

图 7-6　关中西部周原遗址分布

周人早期的聚居地多位于岐山北缘的洪积扇顶面低洼地带，地面应常有流水汇集，因此还可以种植水稻，沟洫农业也随之产生。《诗经》中记载："我泉我池，度其鲜原"[②]，说明他们已经熟悉引用泉池灌溉。宝鸡地区出土的周人青铜器等铭文中也常有沟洫出现，沟洫系统是用于田间导水的，它由甽、遂、沟、洫、浍组成，然后"专达于川"，由田间到川流，沟洫越来越大，路径越来越宽，"沟三

① 张洲：《周原环境与文化》，西安：三秦出版社，2007 年，第 163 页。

② 周振甫：《诗经译注》，北京：中华书局，2002 年，第 412 页。

十里而广倍”，并且“凡沟必因水势，防必因地势”[①]。这种农田沟洫系统的建立适用于地表水流时常浸润的地区，隰地是符合这样的地形条件的，在这些地方就可以进行水稻种植。水稻种植自先秦以来似乎一直颇受重视，《周礼》中“稻人”一职专门“掌稼下地”，负责低下之田种稻时的蓄水、排水及用水、防水等。能设置专门的官员进行稻作农业的管理与监督，也说明当时的水稻种植还是颇具规模的。

周原上较好的水分条件是农业发展的先决条件，也是黄土台塬早期农业得以开展的基础，自先秦时期，周原上已经开始有计划、有规模的治田、耕作，较早的耕作历史决定油土覆盖层的熟化程度较高。同时，在黄土台塬上，也有厚皮、中皮、薄皮红油土的区别，除地形因素影响外，与区域内耕作强度的差异也有很大关系。

从地形来看，周人当时在周原活动的主要范围还是洪积扇及黄土台塬上的河流两岸，近水且不易泛滥的区域都是人类居住和生产的首选区域。日本学者木村正雄在论述中国古代专制主义的基础条件时，将这种自然能够避开洪水，自然易于灌溉的地方称为第一次农地，且春秋时代之前的邑的存在形式都是分散的、点在的、孤立的，这种存在形式也正是受到了第一次农地在自然条件难以改变或者水利技术没有进步的条件下，很难有所扩展的限制。战国后期至秦汉时期，以铁质工具和新的农业知识技术体系为基础，凭借新设的大规模的并极尽人力的治水水利机构（这些成为扩展第一次农地或者开发新的农地的基础条件），开发出的新农地也被称为第二次农地。[②] 在

① （清）孙诒让撰：《周礼正义》卷八五《冬官匠人》，王文锦、陈玉霞点校，北京：中华书局，2013 年，第 3415 页。

② ［日］木村正雄：《中国古代专制主义的基础条件（节译）》，刘俊文主编：《日本学者研究中国史论著选译》第三册，北京：中华书局，1993 年，第 704-707 页。

这种情况下，农业种植可以向地势低处、甚至泽薮盐卤低地发展，这也促使了关中的农业区向中东部地区扩展，或者由黄土台塬近水处向地势较低的阶地扩展，并且有了水利设施及耕作、淤灌等农业新技术，这些农地也很快变得适于农耕。这也说明在关中一带，黄土台塬地区的农业较河流阶地优先发展起来。

如果大型水利设施及农业新技术是农区扩展的基础条件，那人口增长则是导致农区扩展的重要刺激因素。随着人口的不断增多，除黄土台塬上远离水系的土地渐次被开发以外，人类也逐渐向地势较低的低阶地迁徙。秦始皇曾于始皇二十六年（公元前 221 年）“徙天下豪富于咸阳十二万户”[①]，人口估计也有 60 万～70 万口。“汉兴，立都长安，徙齐诸田，楚昭、屈、景及诸功臣家于长陵。后世世徙吏两千石、高訾富人及豪杰并兼之家于诸陵。”[②]秦咸阳城最初兴建于今咸阳市的东渭城区窑店镇，该地正位于渭河阶地临近渭北台塬的边界地带。西汉的陵邑也多分布于长安城以北的渭北台地边缘，临近河谷川地，既免受河流泛滥的影响，又有较为充足的水源。政府的大量移民激励了这一农地扩展的过程。大批移民的迁入，都城周围的土地广为开垦是必然的，在都城—陵邑区也会形成密集的居民点及农用地。大量关东富豪的迁入也带来了东西部文化的交融，平坦的渭河冲积平原与关东黄河冲积平原的地表均为黄土性物质覆盖，加之气温、降水的季节性变化也相似，已娴熟于华北平原种植技术的关东农民在关中土地上的开垦种植也能够很快适应，并不断加入新的技术和方法。

这种河流阶地上的地形、地势、水文等自然优势一旦被人们熟

①（汉）司马迁：《史记》卷六《秦始皇本纪》，北京：中华书局，1959 年。
②（汉）班固：《汉书》卷二八《地理志》，北京：中华书局，1962 年。

知和利用，便吸引着祖祖辈辈在这里繁衍生息。隋唐时期的大兴城、长安城都是在以渭河南岸二级阶地为主的地形上建立，且围绕渭河两岸阶地上分布的县的密度明显高于台塬地区。唐代关中西部沿渭河两岸阶地分布的县有陈仓、虢县、鄠县、武功、盩厔、咸阳等，而黄土台塬上仅设置有岐阳、雍县、礼泉等县。[1]很显然，近河阶地上的人口密度也会高于黄土台塬地带。

关中西部本是原隰相间的地形，有河流分布，就会形成阶地，会产生黄土台塬、阶地、河床谷地逐渐过渡的地形。关中很多县域都会兼有这样的地貌过渡特征，西部的岐山、扶风、武功等县即是如此。在这样的县域，人口也是以地势较低处的河流阶地的分布密度最大。以陕西武功县为例，根据武功县清代舆地图中的村镇分布，结合现代武功县地形图，自西向东经过杨陵镇、漳水与武水（今称之为漆水）汇流处、贞元镇至长宁镇河道村附近连成一线，该线以北为河流阶地，以南为黄土台塬。从村镇的分布来看，河流阶地的村镇密度较黄土台塬明显高。南部黄土台塬上武水的下切也形成狭窄的阶地地形，在武水西岸游凤镇、武功镇的近河低地上村落的分布也较密集（图 7-7）。这些村镇密集的地区多位于河流阶地面上，也正是人为熟化层明显深厚的黑油土分布的区域，想必人口稠密推动的土地精细化耕作也是引起黑油土人为熟化更强、发育更好的重要因素。

---

① 陕西师范大学地理系编：《西安市地理志》，西安：陕西人民出版社，1988 年，第 13 页，图 1-4，唐代京畿道形势图。

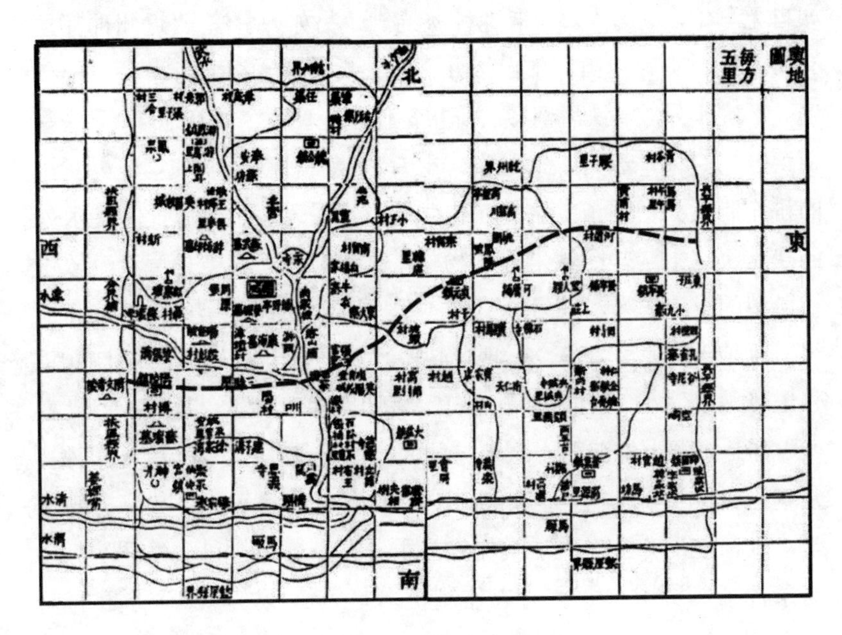

图 7-7　清代武功县

资料来源：嘉庆《续武功县志》。

注：图中黑色虚线为北部黄土台塬与南部阶地平原的地形分界线。

如上所述，城镇、村镇更多集中于关中平原的阶地地形上，因人口聚集及城镇工商业等的消费需要，在其周边往往需要发展农业的多种经营。“如去城郭近，务须多种瓜、菜、茄子等，且得供家，有余出卖。只如十亩之地，灼然良沃者，选得五亩，二亩半种葱，二亩半种诸杂菜；似校平者种瓜、萝卜。其菜每至春二月内，选良沃地二亩熟，种葵、莴苣。作畦，栽蔓菁，收子。至五月、六月，拔诸菜先熟者，并须盛裹，亦收子讫。应空闲地种蔓菁、莴苣、萝卜等，看稀稠锄其科。至七月六日、十四日，如有车牛，尽割卖之；

如自无车牛，输与人。即取地种秋菜。”[①]另如种葵法，“近州郡都邑有市之处，负郭良田三十亩，九月收菜后即耕，至十月半，令得三遍。每耕即劳，以铁齿杷耧去陈根，使地极熟，令如麻地”[②]。这些蔬菜自二月种，五月、六月收，七月紧接着种秋菜，一年至少两作的耕作制大大增强了土壤的耕作强度。但进入黄土台塬地区，水分的缺乏决定了这些区域旱地作物仍占优势。禾、黍类是黄河流域古代典型的旱地作物，《氾胜之书》中曾提倡“三月榆荚时，雨，高地强土可种禾”；“黍者暑也，种者必待暑。先夏至二十日，此时有雨，强土可种黍”；“三月榆荚时，有雨，高田可种大豆”[③]。“高地”“高田”都是指塬上地势高亢之地，塬区往往沟谷发育，水流不易汇集，土壤水分也不易存留，因此高田、高地都是土壤水分极其缺乏的地带，以种植禾、黍、大豆类作物为主。在土壤肥力和水分难以保障的条件下，黄土台塬上的农作制仍多是一年一熟，即使今日的黄土台塬头道塬上，地下水资源少，埋藏深，利用困难，有时也仅能满足两年三熟，这也会导致头道塬上的土壤耕作强度弱于阶地平原。

蔬菜瓜果等的种植对土壤及耕作技术的要求都要高于普通的大田作物，如《氾胜之书》中禾、黍、麦等的大田作物在强土上就可以种植。从土壤可耕性来讲，强土的团粒结构少，黏性高，通透性能差，以种植大田作物为主，但对于麻、枲、瓠、芋等作物，“美田”“良田”“肥土”是最佳选择，且种植过程中需要“粪田”（表 7-1）。

---

① （北魏）贾思勰：《齐民要术 · 杂说》，文渊阁四库全书本。
② （北魏）贾思勰：《齐民要术》卷三《种葵第十七》，文渊阁四库全书。
③ 石声汉：《氾胜之书今释》（初稿），北京：科学出版社，1956 年，16-22 页。

表 7-1　《氾胜之书》中作物的种植要求及耕作措施

作物名称	种植时间	种植土壤的描述	耕作措施	肥田措施	种植地形的描述
禾	三月榆荚时，雨	强土		薄田不能粪者，以原蚕矢杂禾种种之	高地
黍	先夏至二十日，有雨	强土	锄治如禾法		
麦	夏至后七十日		秋，锄；以棘柴耧之。至春冻解，棘柴曳之。麦生，复锄之。到榆荚时，注雨止，候土白背，复锄		
稻	冬至后一百一十日				
大豆	三月榆荚时，有雨。夏至后二十日尚可种		不用深耕		高田
麻	二月下旬，三月上旬，傍雨种之	美田则亩五十石；薄田尚三十石	麻生布叶，锄之。以流水浇之；无流水，曝井水杀其寒气以浇之	树高一尺，以蚕矢粪之。无蚕矢，以溷中熟粪粪之亦善；树一升	
枲			春草生布，粪田，复耕，平摩之	春草生布，粪田	
瓠		良田	浇之，水两升，所干处，复浇之	蚕矢一斗，与土粪合	
芋	二月注雨	肥缓土，和柔	旱则浇之，有草锄之，不厌数多	和柔，粪之	近水处
桑		治肥田十亩，荒田久不耕者，尤善			

注：表格中的空格为文献未记录内容。

《齐民要术》中的记载也反映出大田作物对土壤和肥田措施的要求远不及经济作物。在谷、粱秫、大豆、小麦等的种植中，各种田皆可种植，且主要采用豆科作物轮作增加土壤肥力（表 7-2）。这些种谷子的地，前茬种上绿豆、小豆最好，大麻、黍子、芝麻差些，芜菁、大豆最差。种谷子的地必须每年更换，若连作长势必不好。[①]但种植蔬菜瓜果的土地，往往生长季短，需要连作，这就要求土壤较为肥沃，且必须人工增施土壤肥粪，它们的种植方式多采用区种、畦种等十分精细化的耕作方式，频繁地施以土粪也许正是阶地上油土覆盖层较红油土深厚的原因之一。

表 7-2 《齐民要术》中作物的种植要求和耕作措施

作物名称	种植时间	种植土壤的描述	耕作措施	肥田措施	种植地形的描述
谷（粟）	二月、三月、四月、五月	良田、薄田、山田、泽田	耕地春深夏浅，扯，深锄不厌数，耙，耢，锋，耩	绿豆、小豆为上，麻、黍、胡麻次之，岁易	高地
黍稷	三月上旬，四月上旬，五月上旬	新开荒为上，地必欲熟	耕两遍，转，耙，耢，锄三遍，锋	大豆底为次，谷底为下	
粱秫	与谷同时	薄地	同谷苗		
大豆	次稙谷之后，二月中旬，三月上旬，四月上旬	地不求熟	锋，耩，锄两遍		高地
小豆	夏至后十日种者为上时		熟耕，锋，锄一遍，耙，耢	大率用麦底，有地者，常须兼留去岁谷下比拟之	

① 缪启愉、缪桂龙：《齐民要术译注》，上海：上海古籍出版社，2009 年，第 52 页。

作物名称	种植时间	种植土壤的描述	耕作措施	肥田措施	种植地形的描述
麻	夏至前十日，至日中时，至后十日为下时	良田，不用故墟，田欲岁易	耕不厌熟，纵横七遍以上，耩，耢	地薄者粪之。无熟粪者，用小豆底亦得	
小麦		其山田及刚强之地，则耧下之。其种子宜加五省于下田	暵地，耢，锄，锋		小麦宜下田，下泽地种稻麦
旱稻		白土胜黑土	耕，耙，耢		低田，高田也可种
瓜	十月中		区种	六月雨后种绿豆，八月中犁掩杀之；以粪五升覆之，又以土一斗，薄散粪上	
芋	二月注雨，可种芋	肥缓土近水处		和柔，粪之	
葵	春必畦种水浇；五月初，更种之	地不厌良，故墟弥善	畦种	深掘，以熟粪对半和土覆其上，令厚一寸……下水，令彻泽。水尽，下葵子，又以熟粪和土覆其上，令厚一寸余	

注：表格中的空格为文献未记录内容。

由上述可见，关中西部油土具有深厚的熟化层与它的耕作历史有着密切的关系，自西周时期起，西部黄土台塬乃农业开垦的主要区域，至秦汉时期，大量的人口迁移聚集于阶地平原区，提高了土地利用率。较好的地形及水分条件使阶地平原区可以实现连作制，连作制和经济作物的广泛种植都增加了土壤的耕作强度，加大了土粪使用的数量。因此，除地形条件引起的区域土壤水热差异外，人口与聚落因素、农作制、耕作措施、施肥措施也是造成黑油土较红油土熟化层厚度大，发育强的重要因素。

第二节　塿土与灌淤土

关中平原地形在东部地区渐为开阔，低平的地势为关中灌溉农业的发展提供了便利的条件，但东部渭北旱原上大部分地区灌溉条件较差，旱灾极易发生，因此水分条件是影响关中东部土壤形成的重要因素。朱显谟在对关中塿土的分类中指出，关中东部温暖干旱的地方主要分布垆土。[①]前已述及，先秦至西汉时期文献中已有“垆土”的名称，指埋藏于现代地表之下，土质坚硬的古土壤层，也是当时的地表耕作土层。因“垆”有坚硬“赤刚土”之意，现代农民们仍沿用垆土之名代表质地坚硬，淋溶作用弱，结构性较差，易于板结的土壤。由于关中东部的气候相对温暖干旱，降水不足使土壤中的碳酸盐淋失较弱，土壤黏化作用也较弱，土壤质地较西部油土轻，结构体外无明显发亮的胶膜，群众常称这种土壤油气不足。受长期耕作的影响，垆土的结构也表现出上虚下实、上轻下黏的疏松结构体，农民们常称其为“绵盖塿”，并有“家有绵盖塿，吃穿不发愁”的农谚。由于其具有双层土壤结构，土壤分类中也常将其直接

① 朱显谟：《塿土》，北京：农业出版社，1964年，第22页。

称为“塿土”，并根据地形及水热条件将其区分为红塿土与灰塿土①，在泾阳、三原、富平、临潼、渭南、大荔一带的黄土台塬上常分布红塿土，渭河一级、二级、三级阶地上则以灰塿土为主。有悠久灌溉历史的泾阳、三原、高陵等低阶地上，常发育有灌淤土或黄墡土。

一、红塿土

红塿土主要分布在关中东部渭河以北的平坦塬面上，剖面中人为覆盖层明显，熟化较强，是关中东部主要的农耕土壤之一。关中中部渭河以北地区，尤其是以泾阳、三原、富平、高陵、临潼为中心的区域一直是关中农业发展的核心地带，在这些地区常发育土壤耕作层熟化程度较高的土壤。以下将以三原、富平、泾阳县土壤剖面为例分析红塿土的区域特征。

三原县地势西北高、东南低，地貌分区为南部平原区、北部台塬区、西北山原区。笔者选取三原县陵前镇周西村、卸坊村，张家坳乡五爱村，富平县淡村镇禾塬村等剖面。周西村、卸坊村、五爱村剖面均位于北部台塬区，禾源村剖面位于南部平原区。北部台塬区剖面选择在头道塬上平坦开阔的地形上，以种植油菜和小麦为主，各剖面特征如下。

陵前镇周西村剖面（图 7-8a）：

---

① 渭南市地方志办公室：《渭南市志》（第一卷），西安：三秦出版社，2008 年，第 168-172 页；陕西师范大学地理系《渭南地区地理志》编写组：《陕西省渭南地区地理志》，西安：陕西人民出版社，1990 年，第 132-135 页；陕西师范大学地理系《陕西省咸阳市地理志》编写组：《陕西省咸阳市地理志》，西安：陕西人民出版社，1991 年，第 112-116 页。在咸阳地区，土壤黏化作用强于渭南地区，土壤黏化层颜色更深，塿土有红塿土与黑塿土的区分，至渭南地区有红塿土与灰塿土的区分。

0～15 cm，耕作层：深棕黄色，团粒状结构，质地疏松，多孔隙。

15～25 cm，犁底层：棕黄色，较紧实，孔隙较少。

25～35 cm，古耕层：棕黄色，团块状结构，较致密。

35～55 cm，老黏化层：红褐色，垂直裂隙发育，无明显红色铁锰胶膜。

陵前镇卸坊村剖面（图 7-8b）：

0～20 cm，耕作层：深棕黄色，结构松散，作物根系密布。

20～28 cm，犁底层：棕黄色，较紧实，孔隙较少。

28～40 cm，古熟化层：棕黄色，团块状结构，孔隙较多，有瓦片。

40～55 cm，古耕层：上部棕黄色，下部浅红褐色，团块状结构，孔隙较上部明显减少，出现少量白色碳酸钙薄膜。

55～80 cm，老黏化层：红褐色，垂直裂隙发育，棱柱状结构不明显，碳酸钙薄膜显现。

张家坳乡五爱村剖面（图 7-8c）：

0～15 cm，耕作层：棕黄色，团粒结构，疏松易碎，根系密布。

15～25 cm，犁底层：灰黄色，结构稍显致密。

25～40 cm，古耕层：灰黄色，团块状结构，孔隙较上部明显减少。

40～75 cm，老黏化层：红褐色，棱柱状结构不明显，碳酸钙薄膜少，仅在底部有少量淀积。

淡村镇禾塬村剖面（图 7-8d）：

0～18 cm，耕作层：棕黄色，团粒状结构。

18～25 cm，犁底层：淡灰黄色，结构稍显致密。

25～53 cm，古耕层：灰黄色，团块状结构，孔隙较上部明显减少。

53～90 cm，老黏化层：红褐色，棱柱状结构不明显，碳酸钙薄膜少。

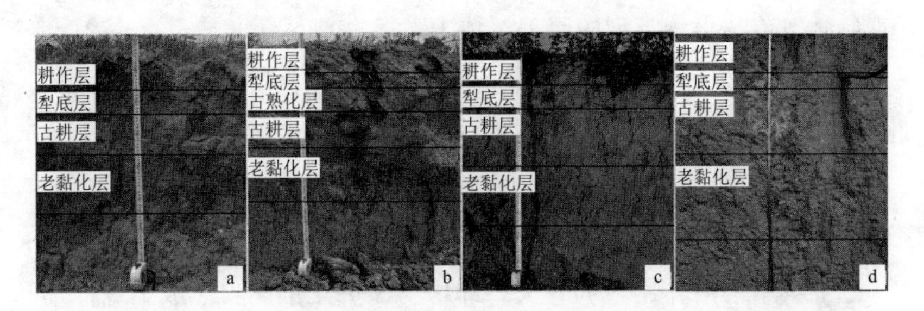

图 7-8　关中东部红塿土剖面

（a 三原周西村剖面；b 三原卸坊村剖面；c 三原五爱村剖面；d 富平禾塬村剖面）

三原县境内浊峪河自北向南，将北部台塬切割成东西两部分，西部为丰原，东部为白鹿原（又称万寿原）。周西村、卸坊村及五爱村剖面均位于北部台塬，周西村、卸坊村在东部白鹿原，五爱村在西部丰原，剖面的土壤类型均属于垆土，其发育程度较西部油土弱。总体而言，垆土的熟化程度较弱，剖面中各土层分界不及油土清晰，尤其犁底层、古熟化层、古耕层等分层不明显。周西村、五爱村剖面土壤熟化层较薄，周西村剖面熟化层仅厚 35 cm，五爱村剖面熟化层厚约 40 cm，且古耕层的孔隙度不高，质地较坚硬。古土壤层呈红褐色，厚度为 20～25 cm，黏化作用较强，棱柱状结构明显，但结构体外无明显红褐色胶膜，整个剖面无明显碳酸盐淀积。该土壤类型属于红垆土。

卸坊村剖面耕作熟化层厚度大约 55 cm，其中，古熟化层和古耕层厚度大约 27 cm，古熟化层和古耕层孔隙度较高，结构较疏松，且在古耕层下部有少量的白色碳酸钙薄膜。古土壤层的黏化作用较弱，呈现较浅的红褐色，棱柱状结构不明显，垂直裂隙较发育，碳酸钙薄膜显现。该土壤类型应属于黑垆土。

卸坊村剖面与前述两个剖面相较，耕作熟化层厚度大，且结构疏松，孔隙度较高，土壤颜色也较周西村和五爱村剖面深表明土壤熟化程度较强。剖面中古土壤层黏化作用较弱，呈现较浅的红褐色，这说明土壤中腐殖质含量较高，且黏化层底部有明显的碳酸钙淀积，这与土壤中淋溶作用较弱有关。卸坊村黑垆土剖面自然成土过程不及周西村和五爱村的红垆土剖面，但其堆垫层厚度及熟化程度却高于上述两个剖面，这与关中西部油土剖面在黄土台塬上与阶地上分布的规律有些类似，地势越低，土壤黏化作用越弱，但熟化层厚度越大，且熟化程度越高。究其原因，首先与土壤所处的地势有很大关系。三原县地势从西北向东南降低，卸坊村剖面位于东部的白鹿原，地势较周西村和五爱村剖面低。一方面，黄土高原地区高处侵蚀，低处堆积的作用使得古土壤上部耕作熟化层在地势较低的台塬或者阶地上堆积作用较强，这很可能是剖面上部堆垫层厚度较大的原因之一，但这种现象在缓坡地带较为明显，在较大范围内平坦开阔的地形条件下则表现不明显。另一方面，地势较低的台地或平原，水分条件相对较好，人口聚集及农业生产力高也是造成耕作熟化层厚度大，熟化程度高的重要原因。除自然原因外，堆垫层厚度较大的人为因素主要是土粪的施入量，笔者在三原县鲁桥镇的考察中注意到，除种植小麦外，越接近低平的地形，蔬菜种植的比例越高，并随处可见人们堆肥、施用农家肥的景象（图 7-9）。积肥向来被作为农家十分重要的农活，清代三原县的杨秀元曾言："农家首务，先要粪多"，且让自家伙计或子孙后辈农闲之时，就拉土垫圈，"门外前拴牲口处，见天日有粪。见天日著火计用土车子拉回垫圈；不得任意就堆在粪堆上，亦不得任意烧炕。若能天日如此，日积月累，粪自然多矣，岂不多上些地？"[①]因此，在这些可以灌溉的土地上，频繁施加土粪势必能够增加土壤耕作层的堆积厚度。

图 7-9　三原县鲁桥镇农家肥施用

注：照片为笔者于 2012 年 6 月摄于鲁桥镇峪口村与东街村。

对富平县的土壤剖面调查中也显示，在较高台地上的富平县淡村镇禾塬村土壤具有垆土的性质，上部堆垫层厚度约 53 cm，与三原县土壤耕作层对比，土质更为坚硬，团粒状结构也明显减少，且黏化层发育弱，具有初步发育的黏粒相对聚集层。关中平原自西部向东部，土壤的黏化作用逐渐减弱，这与关中东部降水较少有关，三原县与富平县的耕作层的土壤熟化程度也不及西部的红油土。此外，土壤的成土物质也是形成土壤结构与性质差异的因素。西部油土的

① （清）杨秀元：《农言著实》，收录于王毓瑚辑：《秦晋农言》，北京：中华书局，1957 年，第 100 页。

成土过程中，风力携带的粉尘颗粒较细，施加的土粪拌合物也来源于周围细粒的黄土物质，而三原与富平县垆土的土壤成土过程中，洪水及灌溉带入的河流冲积物粒径较粗，且不断有新的物质参与到土壤的熟化过程中，加之气温较高，增强了土壤的黏化作用，使土壤质地较硬，易于板结。由于土壤的黏化、淀积等成土化作用受水热条件的限制，强度都有所减弱，致使这些剖面的分层均不及西部油土区。

二、灰塿土

关中东部地形渐开阔，地势也变得较为平坦，地下水位较高，是古代引河灌溉的主要区域，泾河至石川河是关中地区地表水系最发达的地区，历史上灌溉持续时间较长的水利设施也集中在这个区域。泾阳、高陵、阎良及三原、富平的部分地区都属于该区。而石川河以东的平原地区，地下水资源极其丰富，但地表径流甚少，土壤耕作层的形成较少受到河流淤灌的作用，地下水灌溉和耕作熟化是成土过程中主要的人为影响方式，故形成了熟化程度较高的塿土。在泾、渭河沿岸，也有因河流冲淤作用形成的冲淤土类型。

石川河以东的渭南市，因黄土台塬上长期的人类农耕活动，自然褐土已经发育成塿土。位于秦岭北麓的南塬降水量大，多为红油土，北部旱塬降水量少，多为红塿土，台塬沟道受河流切割，沟坡侵蚀、坡底沉积、河边冲积，多以黄墡土、白墡土及淤沙土为主。

在渭河、洛河冲积平原上，塿土是主要的农业土壤，河漫滩及一级阶地的前缘，主要分布砂质新积土和壤质新积土。河流阶地上，地下水埋深浅，土壤水分条件好，主要分布灰塿土。在渭河二级阶地上的洼地地带还分布有沼泽土及潮土。

渭南市临渭区与大荔县是关中渭北阶地平原分布面积最广的区域，也是灰塿土分布的主要区域，研究中选取临渭区故市镇巴邑村，蔺店镇荆村及大荔县朝邑镇蔡邓村的塿土剖面为例分析土壤耕作层的区域特征。

临渭区巴邑村剖面（图 7-10a）：

0～20 cm，耕作层：黑褐色，疏松，根系密布。

20～30 cm，犁底层：灰黄色，致密，孔隙明显减少。

30～50 cm，古熟化层：颜色较上层变深，虫孔密布，质地疏松。

50～80 cm，古耕层：灰黄色向红色过渡，质地较上部渐渐致密，但仍较为疏松，团块状结构为主，向下孔隙逐渐减少，80 cm 以下开始出现大量碳酸钙薄膜。

80～120 cm，老黏化层：浅红褐色，似棱柱状结构。

蔺店镇荆村剖面（图 7-10b）：

0～15 cm，耕作层：灰黄色，疏松，团粒状结构。

15～25 cm，犁底层：浅灰黄色，致密，孔隙度明显减少。

25～60 cm，古熟化层：棕黄色，较致密，30～50 cm 处出现较为明显的灌淤层，孔隙不明显。

60～85 cm，古耕层：棕黄色向浅红褐色过渡，土质坚硬。

85～125 cm，老黏化层：深红褐色，重壤，由于地下水位影响，土层呈泥质，孔隙少。

朝邑镇蔡邓村剖面（图 7-10c）：

0～15 cm，耕作层：深灰黄色，疏松，根孔发育。

15～25 cm，犁底层：灰黄色，质地坚硬，孔隙少。

25～78 cm，古耕层：较为疏松，大孔隙分布，蚯蚓粪粒广布，

60 cm 处有黑色炭屑分布，并开始逐渐出现碳酸钙薄膜，60 cm 以下土质渐为坚硬，孔隙明显减少。

78～110 cm，老黏化层：浅红褐色，有少量碳酸钙菌丝体。

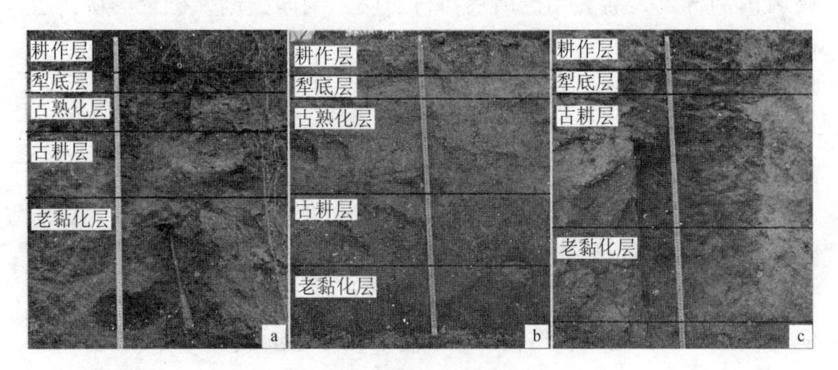

图 7-10　关中东部灰墣土剖面

（a 渭南临渭区剖面；b 渭南蔺店镇剖面；c 大荔朝邑镇剖面）

以上剖面特征显示，关中东部灰墣土剖面耕作熟化层较深厚，人为覆盖层往往可达 70～80 cm，古耕熟化层厚 50～60 cm，受现代灌淤作用影响，现代耕作层也较厚，犁底层以上有时可达 25～30 cm，70～80 cm 处进入全新世古土壤层。由于土壤母质系河流冲积而成的次生黄土，土质以砂质黏土为主，质地较轻，通透性较好。在《氾胜之书》中记载有“鞆土”的土质疏松易耕，透水性较好，这是土壤黏化作用较弱，黏化层发育不显著的特征。在灰墣土剖面中，上部覆盖层下伏的古耕层就具有疏松轻质的土壤特征。在古耕层底部，碳酸钙薄膜大量出现，也指示土壤的淋溶作用较强，碳酸钙在水分的作用下向下部聚集。灰墣土剖面中另一个明显的特征是上部覆盖层与黏化层界限不是特别清晰，二者之间有 15～20 cm 逐渐过渡的现象，该层孔隙度明显较上部降低，土壤团粒状结构也不明显，这应是原本自然土壤的黏化作用较弱，加之人为灌溉掺入粉砂质物质较多，影响了黏化作用所致。

就自然条件而言，位于渭河一级、二级、三级阶地上的灰塿土分布区地势平坦，光热资源丰富，虽然降水偏少，但地下水位较浅，土壤得以灌溉，故其熟化程度也较高。而台塬上的红塿土则地势高燥，雨量偏少，土壤水分不足，碳酸盐淋溶较弱；在灰塿土古耕层底部可见明显的碳酸钙淀积层，但在红塿土剖面中则少见碳酸盐淀积。红塿土剖面覆盖层较薄，平均厚度约 50 cm，这应与土地利用程度不及阶地平原地区，土粪施用量较少有关。受降水限制，红塿土黏化作用也较弱，黏化层为 20～30 cm，黏粒含量较少，无明显棱柱状结构，多为棱块状结构。这种分布规律同关中西部台塬上以红油土为主，二道塬以下及阶地上以黑油土为主的分布规律是类似的。关中平原渭河以北地带由北至南，随着地势降低，土壤耕作熟化层熟化程度增强，熟化层厚度增大，其中土壤水分由少变多是影响土壤发育强弱的重要自然条件，但人为耕作、施肥强度是造成灰塿土耕作层熟化程度高的主要原因。

三、灌淤土

关中泾河以东，渭北平原渐宽，泾、洛河之间河流密布，有利的地形及水文条件成为灌溉农业发展的基础，自秦国始建郑国渠，关中的水利灌溉持续发展，也形成了关中东部土壤的深厚灌淤层。在关中东部各县的阶地平原上，都有相当面积的灌淤土分布，以下将以三原、富平、泾阳、高陵等地土壤剖面为例，探讨关中东部灌淤土的区域特征。

三原县鲁桥镇武家村位于黄土台塬下的阶地上，和前述台塬上的塿土相比较，剖面厚度明显增大，黏化层黏化程度弱，黏粒含量也较低，红褐色隐约可见。剖面特征如下（图 7-11a）：

0～30 cm，耕作层：深灰黄色，结构松散。

30～40 cm，犁底层：灰黄色，结构稍显致密，孔隙较少。

40～70 cm，古熟化层：棕黄色，质地较为疏松，团块状结构。

70～100 cm，古耕层：浅棕黄色，团块状结构，层状结构明显，结构较致密。

100～120 cm，老黏化层：浅红褐色，无明显棱柱状结构，也无明显碳酸钙薄膜或菌丝体。

土壤剖面上部的堆垫层厚度为 100 cm 左右，整个土层颜色较均一，颗粒组成及结构状况也较一致，质地较黏，坚硬，易板结。

该剖面另一个重要特征是土壤耕作层中有明显的冲积层，在古耕层中也有层状结构出现，武家村剖面在地表下 68 cm、80 cm、90 cm 处均见薄层的层状结构，这种结构主要由河流的冲淤作用引起，指示当时很有可能该地发生较大的洪水。然而，当这些冲淤层形成时，并未因人们的耕作活动打破剖面中的层状结构，至少说明这些层位淤积的速度可能较快，且当时人们对土壤的扰动作用并不大，至 65 cm 以上这种层状结构就较少出现，且在 62 cm 处还有瓦片出现。

位于富平县平川地上的淡村镇太平川剖面，具体特征如下（图 7-11b）：

0～20 cm，耕作层：棕黄色，结构松散。

20～30 cm，犁底层：淡棕黄色，结构稍显致密。

30～50 cm，古熟化层：棕黄色，质地疏松，团粒状结构，孔隙多。

50～80 cm，古耕层：浅棕黄色，团块状结构，层状结构明显，结构较致密。

80～100 cm，老黏化层：浅红褐色，裂隙发育，棱柱状结构不明显，也无明显碳酸钙薄膜或菌丝体。

该剖面显示，太平川一带农耕土壤的熟化层厚度较大，上部堆垫层厚度约 80 cm，一般结构良好，熟化度也较高。

泾阳县大部分为平原地形，本书选择桥底镇川流村，三渠镇三刘村、三徐村剖面，三个剖面均位于泾阳县的中部平原区。各剖面特征分别如下：

泾阳县三徐村剖面（图 7-11c）：

0～20 cm，耕作层：灰黄色，层片状结构，较为致密，孔隙也较少，有明显淤积现象。

20～40 cm，古熟化层：暗灰黄色，疏松，团粒状结构，根孔、虫孔发育。

40～55 cm，古耕层：暗灰黄色，质地渐为致密坚硬。

55～100 cm，老黏化层：浅红褐色，尤其 55～90 cm 土层颜色深红褐色，有碳酸钙菌丝体聚集。

泾阳县三刘村剖面：

0～20 cm，耕作层：灰黄色淤积状，根系密布，疏松多孔。

20～30 cm，古熟化层：暗灰黄色，有明显的团粒状结构。

30～55 cm，古耕层：灰黄色，质地较上部坚硬，较为疏松，有小的根孔密布。

55～90 cm，老黏化层：红褐色，有碳酸钙菌丝体。

泾阳县桥底镇剖面（图 7-11d）：

0～20 cm，耕作层：棕褐色，疏松，根系密布。

20～28 cm，犁底层：棕黄色，根系减少，质地较为致密。

28～70 cm，古耕层：暗棕黄色，较为疏松，团粒状结构明显，孔隙较多，有较多瓦片存在。

70～105 cm，老黏化层：红褐色，坚硬致密。

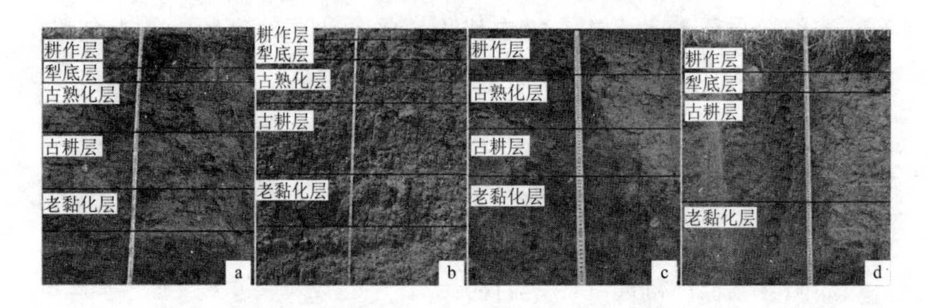

图 7-11　关中东部灌淤土剖面

（a 三原鲁桥镇剖面；b 富平淡村镇剖面；c 泾阳三渠镇剖面；d 泾阳桥底镇剖面）

由于灌溉作用，泾阳一带剖面的地表会有淤积层，有时犁底层并不明显。往往在 20～30 cm 之下就可以看到较为疏松，团粒状结构明显，大孔隙很多的古耕熟化层。大约 55 cm 之下就进入全新世土层，古耕熟化层的厚度约为 40 cm。

剖面对比发现，三原县武家村剖面、富平县太平川剖面的土壤上部堆垫层厚度均较大，能达到 80～100 cm，而泾阳三个剖面的堆垫层厚度不及上述两个县，可达 50～70 cm。这应是由灌淤方式不同所引起的。

从地形上来讲，三原县及富平县剖面分别位于清峪河与石川河东岸，且地势都是由黄土台塬刚刚过渡到平原地区。河流的冲淤作用是这里灌淤土形成的重要影响因素。从清峪河出山口往下，三原武家村剖面所在位置位于古冲积扇上，正如白尔恒等学者所调查的，"清峪、冶峪两河的猛烈涨水应该曾对当地居民造成过莫大的威胁，因此而产生的夏季涝灾十分之频繁和具有很大的摧毁性"，在土壤剖面中的洪积层中也能看出这里曾经遭受的洪水侵袭。洪积物所带来的土壤肥力又使得人们对这片土地难以放弃，"该地区的农民也许很早便试图寻求自我保护的方法，这一点是理所当然的……自公元前4世纪起，秦国便以国家的名义捍护耕地的那一股力量和意志不容低估。这些耕地在某种程度上令秦国变得强大，秦军大部分的粮食都来源于这些耕地。我们可以接纳这样的一个看法：为了减少水灾的危险性和利于扩展开发中的水耕地，从这一时期起，人们（在国家和社团的领导下）已通过将一部分的水源改道来控制两河的流程"。[①]

因此，在这片土地土壤形成过程中，河流的冲淤作用无疑是耕作层不断上移的重要推动力。同时，历史时期的灌溉作用也是影响土壤发育的重要因素，大量新的外源物质不断加入成土过程中，势必阻缓了原来的成土过程。三原县由于清峪河、浊峪河从境内自西北向东南穿过，清峪河的源澄渠，于曹魏太和元年（227年）开凿，"其河发源于耀州西北境秀女坊。自石门山来，至清谷口，两岸皆石，清流不浑。源澄渠为清峪河西岸首开之渠，上无渠堰阻隔，清流入渠。故河名'清峪'，渠即名'源澄'也……后又于源澄堰下，河之东岸，开工进渠，开下五渠，开沐涨渠。一渠之水分为四渠，水即

① 白尔恒、[法] 蓝克利、[法] 魏丕信：《沟洫佚闻杂录》，北京：中华书局，2003年，第26页。

微小，灌溉不周。昔所谓衣食之源者，今常嗟半菽之未饱也”。[1]武家村剖面正位于清峪河下五渠灌溉系统上，灌溉的历史应当很久远，但原来一渠之水分为四渠，渠水的水量似乎并不是很大，且“自唐葬献陵后，取清冶浊三河之水，以开八复渠为润陵所需。用水以灌陵，令各渠闭斗润陵”。[2]

灌淤土的人为熟化过程会随着灌溉活动的间断而受到影响，民国时期刘屏山曾记：“惟源澄古称老渠，为利殊大，但近年以来，为上游夹河川道，私渠横开，自杨家河起至杨杜村止二十余里之沿河两岸，计私渠不下十余道。倘遇天旱，叠石封堰，涓滴不使下游，致下游四大堰，纳水粮，种旱地，虽有水利，与无水利等也……下游四大堰，不沾其泽，名曰水地，无异石田，事之不平，孰有甚于此者……虽然，水虽涸也，而地犹在；地虽旱地也，而粮仍存。粮不稍减，水行非昔，岂当年按水定赋，无是水而有是赋哉？然而沧桑劫变，至今弊作久矣。而源澄以沃壤水利，本为衣食之原者，于兹盖渺小已。”[3]随着私渠的增开，包括下五渠在内的四大渠堰都已无水灌溉，应以旱作为主要生产方式，土壤的淤积作用会停滞，这也是土壤剖面中砂壤与黏壤质地的土层呈层状结构分布的原因。另外，由于灌溉作用，土壤中的水分较多，淋溶作用也会增强，在整个灌淤土剖面中，无明显的碳酸盐淀积层，也是成土过程中水分较充足的表现。

---

① 刘屏山：《清峪河各渠记事薄》，收录于白尔恒、[法] 蓝克利、[法] 魏丕信编著：《沟洫佚闻杂录》，北京：中华书局，2003 年，第 61-62 页。

② 刘屏山：《清峪河各渠记事薄》，收录于白尔恒、[法] 蓝克利、[法] 魏丕信编著：《沟洫佚闻杂录》，北京：中华书局，2003 年，第 62 页。

③ 刘屏山：《清峪河各渠记事薄》，收录于白尔恒、[法] 蓝克利、[法] 魏丕信编著：《沟洫佚闻杂录》，北京：中华书局，2003 年，第 62-63 页。

清峪河灌溉系统与引泾灌溉不同，河水“清流不浑”，带入到土壤耕作层中的河流泥沙含量并不高，但河水水流较小，且易遭受洪水侵袭，地形和水文条件决定了这些地区常以洪水放淤为主，这就使得土壤耕作熟化层中常有粒径较大的沙砾存在，有时甚至形成洪淤层。而对于泾阳桥底镇剖面和三渠镇剖面，其位于距离泾河较远的阶地平原上，引泾灌溉是灌淤土形成的主要人为影响过程。泾河水量大，泥沙含量高，水流相对稳定，为灌淤土形成提供大量的淤积物质。从土壤的熟化程度来看，泾阳土壤剖面耕作层的颜色较深，团粒状结构显著，孔隙度也较高，都说明熟化程度高于三原和富平剖面，且泾阳剖面中除土壤表面新近淤积的土层外，整个剖面无明显淤积层，说明在土壤形成过程中，淤积和耕作同时进行会人为扰动水流形成的淤积层，较为持续稳定的灌溉方式使得泾阳土壤剖面的颗粒组成较均一，以细砂质黄土为主。

因此，三原、富平、泾阳县的灌淤土在成土过程中，河流泥沙淤积是重要的成土因素，但三原及富平受洪水放淤的影响，其土壤耕作熟化层较厚，而泾阳县剖面以引河灌淤为主的灌溉方式，土壤耕作熟化层厚度较小。但从熟化程度上看，泾阳县的剖面熟化程度高于地势较高的三原县和富平县的剖面，这与引泾灌溉较为稳定，土地利用率较高有关。

随着从北向南地势的降低，关中东部土壤剖面特征变化呈现出较为一致的规律，从台塬到平川，土壤耕作层颜色变得深暗，土壤结构更为疏松，团粒状结构更为明显。台塬地带的耕作层一般为 50 cm 左右，而平川地带的上部熟化层的厚度一般可达 1 m 左右，这是河流沉积物与土粪共同作用的结果。

第三节 关中渭河以南土壤耕作层的区域特征

关中平原渭河以南区域位于秦岭山地与关中平原的过渡地带，地形复杂多样，主要包括秦岭山地、黄土台塬、梁坡山岭、阶地平原等地貌单元。黄土台塬与阶地平原是主要的农业生产区域，区内潼洛河、罗夫河、犹河、沣河、灞河、涝河、田峪河、石头河、清水河等发源于秦岭各峪口的河流自秦岭至渭河南北横穿，河流切割作用致渭河以南地形破碎，多形成不连续的黄土残塬，如潼关塬、孟塬、长稔塬、白鹿塬、少陵塬、神禾塬、五丈塬等，都是地形平坦，土层深厚，但塬面破碎。阶地平原区主要包括渭河及其支流的河漫滩，一级、二级阶地。渭河以南靠近秦岭，降水丰富，水系发达，土壤淋溶作用强，形成以淋溶褐土为主的自然土壤，秦岭低山及山前洪积扇顶部以褐土为主，台塬区大多经过长期的人为耕作、施肥，熟化层深厚，因降水较多，土壤淋溶作用强烈，整个剖面无石灰反应，黏化层深厚密实，垂直节理发育，棱柱状结构明显，结构体之间裂隙发育，故名“立槎土”。在渭河及其支流等河漫滩及一级阶地的低洼处，常有潮土和淤泥土。在浐河、滈河、沣河、潏河等沿岸及秦岭北麓滦镇以西，经东大、余下到周至等引河灌溉的区域，有水稻土发育。

以长安区少陵塬上的杜陵乡新和村剖面，蓝田县白鹿塬上的孟村乡姚村剖面等为例，对比立槎土耕作层的区域特征。各剖面特征如下：

长安区少陵塬新和村剖面：

0～20 cm，耕作层：浅灰黄色，结构松散，粒状结构。

20～30 cm，犁底层：颜色较上层浅，结构稍密实，团块状结构。

30～50 cm，古耕层：浅灰褐色，结构较上层疏松，孔隙增多，有瓦片存在。

50～130 cm，老黏化层：浅红褐色，古耕层向自然红土层过渡，有棱柱状结构，红色胶膜发育。

蓝田县白鹿塬姚村剖面：

0～20 cm，耕作层：灰黄色，疏松，根系密布。

20～30 cm，犁底层：暗灰黄色，质地较细密。

30～60 cm，古耕层：颜色较上部深，较为疏松，粒状结构明显，虫孔发育，有众多细小根系发育，40～60 cm 深度范围碳酸钙薄膜发育。50 cm 以下土层开始变硬，进入与自然土壤的过渡层，颜色也逐渐变浅。

60～130 cm，老黏化层：浅红褐色，棱柱状结构显现。

长安和蓝田剖面中大约 30 cm 之下进入古耕层，50～60 cm 进入全新世暖期形成的 S_0 层，古耕层厚度为 20～30 cm。古耕层颜色以灰褐色为主，较其上部的现代耕作层颜色深。

朱显谟曾经调查的长安区王曲镇的土壤剖面特征如下：

0～18 cm，耕作层：浅灰黄色，中壤土，团粒状结构，松散易碎。

18～23 cm，犁底层：浅灰黄色，但较上部颜色更浅，较密实，团块状结构。

23～42 cm，古熟化层：浅褐色，中壤土，块状结构。

42～73 cm，古耕层：浅灰褐色，中壤土，块状结构，多根孔、虫孔等，孔隙中有碳酸盐菌丝体淀积。

73～120 cm，老表土：黑褐色，重壤偏黏，棱柱状结构，结构体表面有碳酸盐菌丝体。

120～153 cm，老黏化层：褐色，重壤，大棱柱状结构，无碳酸盐反应。[①]

另据其他学者在少陵塬及白鹿塬的全新世土层调查[②]，少陵塬东四府村剖面现代耕作层厚约 25 cm，灰黄色，植物根系发育；下伏黄土层（L_0）深度 25～55 cm，黄色，含有不同结构的斑块，质地坚硬，下部有白色碳酸盐假菌丝体，其中夹有人类活动遗留的陶片；古土壤层（S_0）深度 55～198 cm，红褐色，粉砂质地，裂隙发育，碳酸钙薄膜多。

白鹿塬刘家坡剖面，现代耕作层厚约 30 cm，浅棕褐色，团粒结构，疏松，富含大孔隙，根系发育，富含有机质及蚯蚓粪便；黄土层（L_0）深度 30～60 cm，灰黄色，疏松多孔，团粒及团块状结构，虫孔、根孔发育；古土壤层（S_0），深度 60～210 cm，红褐色，棱柱状结构，含有白色碳酸钙薄膜及菌丝体。

这几个剖面均位于秦岭北麓扇形台地或邻近山地的河谷阶地上，剖面特征显示，土壤黏化层深厚密实，厚度在 70～150 cm 不等，棱柱状结构显著，黏化作用强烈。上述几个剖面的上部覆盖层厚度分别为 50 cm、60 cm、73 cm、55 cm、60 cm，古耕层中的团粒状及团块状结构较为明显，孔隙度较高，土色较深，土壤的熟化程度较高。这些地区基本上都从事旱作农业，但降水量相对较多使土壤质地较为黏重，土质坚硬。这与关中西部的油土剖面有类似之处，水热条件较好，发育了较强的土壤黏化层，也就是古时所称的典型的

① 朱显谟：《塿土》，北京：农业出版社，1964 年，第 24 页。

② 温金梅：《关中渭河以南地区全新世的气候变迁》，硕士学位论文，西安：长安大学，2009 年，第 27-28 页。

质地坚硬的“黑垆土”，但立槎土的淋溶作用更强，棱柱状结构更加明显，裂隙非常发育，容易发生漏水、漏肥现象，这也是立槎土人为熟化程度及肥沃度不及油土的重要原因。

可以推想，在老黏化层上部形成耕作层的初期阶段，土壤质地坚硬且漏水漏肥，想必不是优良的土壤类型。对于“坚硬强地黑垆土”，《氾胜之书》中记述采用“辄平摩其块以生草，草生复耕之，天有小雨复耕和之，勿令有块以待时”[①]，即所谓“强土而弱之”的方法，能使坚实的强土变得疏松些。因此，在原来自然土壤的腐殖质层，因耕作、施肥等的关系，土壤质地已被改变，古耕层的质地并不很黏，棱柱状结构也能够被打破，阻缓土壤的黏化作用，改善土壤耕性。

关中的黄土台塬除平坦的塬面外，原隰相间的地形将台塬切割成大小不等的块状，原隰相间的地形单元在秦岭北麓表现得更为明显，水稻田多分布在隰地，且种植面积当不会太小。《周礼》中就列有“稻人”一职，是主管下湿农田耕作的职官，“稻人，掌稼下地。以潴蓄水，以防止水，以沟荡水，以遂均水，以列舍水，以浍泻水，以涉扬其芟作田。凡稼泽，夏以水殄草而芟夷之。泽草所生，种之芒种”。[②] 这说明水稻种植早在西周时期就已经较为普及，根据文意，“下地”者，即常有水泽之地，人为控制水在土壤中的流速、流向是已经具备的技术。夏纬瑛曾经释义，该段有“在低下地中种庄稼，可种稻，亦可种麦。在低下地中种植稻与麦，有两件重要的事情。一曰蓄水；二曰除草。故文中言蓄水，利用其水以种稻；又言杀草，

① 万国鼎：《氾胜之书辑释》，北京：农业出版社，1980 年，第 23 页。

②（清）孙诒让撰：《周礼正义》卷三〇《地官稻人》，王文锦、陈玉霞点校，北京：中华书局，2013 年，第 1188 页。

杀除泽地之草以种麦”之意。从“以潴蓄水”至“以涉扬其芟作田”都是指种植稻田，其下又言除草，在泽中有草生之处，才好垦为农田，且水应该能够方便引入泽田而杀草。关于“泽草所生，种之芒种”之意，夏纬瑛也另有理解：

“泽草所生，种之芒种。”：郑玄《注》引先郑司农云：“泽草之所生，其地可种芒种。芒种，稻、麦也。”案：稻、麦为芒种之说非是。然各家均依之而沿误，未见有正之者。“芒种”，当时一种谷种的别名，不应包括稻与麦两种。今二十四节气中有“芒种”节，在黄河中下游地区正当麦熟之时，其“芒种”之意指麦而言，有何可疑！若是“芒种”一名，包括稻与麦两种谷种，又何能在一种麦熟之时而为名“芒种”节呢？若以“芒种”作为类名而言，凡有芒谷都可谓之芒种，又何必专指稻、麦二种而言？此理甚明，这是惯凭书本相为因袭者，习而不察耳。“泽草所生”，意即泽地中生草的地方。泽中生草之地，即其不积水之地，除掉杂草，种麦为宜，于今犹然。

瑛意以为，“凡稼泽，夏以水殄草而芟夷之。泽草所生，种之芒种。”统为一事，是说下地之种麦的。下地种稻，需有潴防沟遂等设施，不如种麦较为简单，故分而言之，各为一事。[1]

相比如今小麦之适宜生长区域，当时的区域范围还是很有限的，小麦的根系密，扎根深，在当时只适宜在地势相对较低的地方生长，“高田宜黍稷，下田宜稻麦”[2]。古歌也有云：“高田种小麦，稴䅟不

① 夏纬瑛：《〈周礼〉书中有关农业条文的解释》，北京：农业出版社，1979 年，第 37 页。
②（东汉）郑玄，（唐）孔颖达等正义，吕友仁整理：《礼记正义》卷二四《礼器第十》，上海：上海古籍出版社，2008 年。

成穗。”[①]河南安阳小屯遗址曾发现，在小屯的许多穴窖中常发现有麦、稻泥，即一种由麦、稻和水土相伴而成的泥，这也说明古时的小麦生长区域常常接近于水稻的生长区域，生长的地形当以下湿地为主。当农田水源丰富，可以满足蓄水条件时，则可以种植水稻，但若天旱或引水不便时，则可以种植小麦，这就使土壤人为熟化层在发育过程中，时常处于水浸或脱水的状态，改变了土壤中的还原与氧化过程。

关中平原的水稻土主要分布于渭河以南的秦岭各峪口出山河流的沿岸，如沣河、滈河、涝河、潏河等沿岸，地势低洼，地下水位埋深浅，地表常有泉水出露。周人自周原迁都于丰镐，丰镐附近遂成为农业发展的重点区域。丰镐位于西安市长安区马王镇、斗门镇一带沣河两岸，丰在河西，镐在河东。沣水流域地势较低洼，水源丰富，先秦至汉代，这里沼泽、湖泊面积甚广，《诗经》中就载“滮池北流，浸彼稻田”[②]，滮池在西安的西南，位于渭水和沣、滈诸水之间，丰富的水源为建造水田提供了条件。水稻也成为当时关中主要的物产之一，汉武帝于建元三年（公元前 138 年）游猎长安周围时，就曾经“驰骛禾稼稻秔之地”[③]，物产之丰富，“有粳稻梨栗桑麻竹箭之饶”[④]。这应是有自然水源直接导入稻田的，还有河流近岸两旁虽无流水漫田，但引水灌溉便利的地区，也是可以用来种植水稻的。渭河以南河流的水系面积小、流程短，水流中泥少沙多是主要的水文特征，也形成诸多小渠灌溉工程。《三辅黄图》引《庙记》载：“长安城西有镐池，在昆明池北，周匝二十二里，溉地三十三

① （北魏）贾思勰：《齐民要术》卷二《大小麦第十》，文渊阁四库全书本。
② 周振甫：《诗经译注》，北京：中华书局，2002 年，第 250 页。
③ （汉）班固：《汉书》卷六五《东方朔传》，北京：中华书局，1962 年。
④ （汉）班固：《汉书》卷六五《东方朔传》，北京：中华书局，1962 年。

顷”[1]。另有北魏以前就建造的引沣水的贺兰渠，引太平河灌溉户县境内的清渠等，都可用于发展水田。据记载，明隆庆年间（1567—1572年）仅咸宁县就有水田近6万亩。清乾隆末年有水田45 000多亩，引水渠道达200余条。[2]

在渭河以南的“下地”或“泽田”，最早应该是有水流时常浸润的地区，这些地方一般发育潮土或淤泥土，淤泥土常有洪淤与河淤两种母质来源。在潮土或淤泥土的基础上，长期稻、麦种植会产生不同的土壤形态特征及理化特性。种植小麦需要清除泽草后，排水种植，土壤不再受地下水活动的影响，处于脱锈化过程，加之长期的耕作施肥，形成熟化层较深的脱潮土。而在秦岭北麓的大峪、潏河、汤峪等沿岸河滩川地一带，地势平坦，水源丰富，灌溉条件好，土壤的排水、透水性能均较好，群众常称其为“青泥田”。它具有水稻土的特征，在土壤潴育层中有锈色条纹和斑点，土色常为棕黄和灰蓝混杂，这是周期性灌水和排水导致的土层分别处于还原态和氧化态的成土过程，也是潮土或淤泥土逐步向水稻土转化的过程，对土壤耕作层的形成与熟化是极其有利的。因为若土层长期浸入水中，经常处于嫌气环境条件下，土质黏重且无孔隙结构，空气、养分等无法流通转化，人为对其进行有规律性的灌排水，能够创造具有一定结构体的土壤耕作层。在渭河以南的水稻土剖面中，常出现上泥下沙或上沙下泥的层位混杂现象，这除与土壤距河岸距离、原始沉积状况有关外，更与历史时期人们种植水稻培育土壤的过程有关。

水稻土的形成首先要控制稻田中水的运行，这是形成水稻土潴

① 何清谷：《三辅黄图校注》，西安：三秦出版社，2006年，第305页。
② 长安县水利志编纂组：《陕西地方志水利志丛书：长安县水利志》，西安：陕西师范大学出版社，1996年，第3页。

育层或潜育层的关键。《汜胜之书》言："种稻，春冻解，耕反其土。种稻区不欲大，大则水深浅不适。冬至后一百一十日可种稻。稻地美，用种亩四升。始种稻欲温，温者却其塍，令水道相直；夏至后大热，令水道错。"[①]春日里地表解冻后，把土翻耕，改善土壤耕层中的水热条件，疏通土壤中的空气、热量及其养分等。灌排水的过程通过控制水流来调节水温，四月约是种稻的时节，土壤温度上升，但引自秦岭山涧、渠道里的水，温度比较低，引入稻田后会降低田里的水温，故将稻田中的引水口与出水口位于同一直线，保持稻田中原有的水温；当夏季过热时，将引水口与出水口位置相错，使山涧水浸润整个稻田，降低田里的水温。若无人为的引水与排水交替，土壤有可能较长期处于淹水状态，在还原作用下，土壤呈蓝灰色，不具备耕层团粒状的结构特征。要改善这种因水分过多而土壤板结的结构，"火烧水泡"常被用到，"北土高原，本无陂泽。随逐隈曲而田者，二月，冰解地干，烧而耕之，仍即下水。十日，块既散液，持木斫平之。纳种如前法。既生七八寸，拔而栽之。"[②]对于北方的高原，本没有陂塘沼泽，随着溪流弯弯曲曲的地方截留灌溉开成稻田，等二月土壤解冻，放火烧田，进行耕翻，随后灌水，10日后，土块泡散化开，再用木斫整平。通过这样的过程，原来潮土或淤泥土的板结状况大为改善，再定期进行灌水与排水交替进行，使土壤间歇性地处于还原与氧化状态，形成水稻土特有的潴育层或潜育层。

水稻田的培肥最初采用以草作肥的方式，《礼记·月令》中有："季夏……大雨时行，乃烧、薙，行水，利以杀草，如以热汤。可以

① 万国鼎：《汜胜之书辑释》，北京：农业出版社，1980年，第121页。
②（北魏）贾思勰：《齐民要术》卷二《水稻第十一》，文渊阁四库全书本。

粪田畴，可以美土强。”郑玄作注：“薙，谓迫地杀草。此谓欲稼莱地，先薙其草，草干，烧之，至此月，大雨流潦，畜于其中，则草不复生，地美可稼也。”①

第四节　关中东、西部耕作土壤形成之因素分析

根据对区域内不同地形单元的土壤剖面的分析，关中平原东、西部的耕作土壤人为熟化程度存在显著差异，气候、地形、水文等自然要素是决定土壤形成的基本要素。同时，历史时期人类耕作行为的方式和强度也是差异形成的重要影响因素。

一、自然因素

关中平原属于三面环山的盆地地形，相较于全国大的地形单元而言，关中的气候、土壤、水文等自然条件并无太大差异，表现出较强的整体区域性。但在其内部，各地因水热条件不同也会导致成土过程有所差异。

油土主要分布在关中西部，是𪣻土中最为肥沃的一种类型，油土耕作熟化层深厚，疏松多孔，土壤质地以中壤为主，团粒状结构明显。土壤黏化层棱柱状结构明显，且外被大量红褐色胶膜，表现出滑润的光泽，农民们常称它有油气，故有“油土”一名。相较于西部的油土剖面，东部的𪣻土剖面土壤颜色较浅，以灰黄色为主，土壤粉砂含量高。土壤的黏化作用明显减弱，土质较油土轻，结构

①（北魏）贾思勰：《齐民要术》卷二《水稻第十一》引《礼记·月令》，文渊阁四库全书本。

体外一般无发亮的胶膜。且东部塿土土壤分层界限不明显，黏化层及淀积层都不显著，土壤结构致密，易于板结，熟化程度不及西部油土。东部黄土台塬上的红塿土剖面古耕熟化层一般为 10～30 cm，灰塿土耕作熟化层厚度一般为 50～60 cm，而西部黄土高原的红油土剖面古耕作熟化层厚度 20～50 cm 不等，黑油土则可达 1 m 左右。耕作层熟化程度对比可见，油土的土色较深，团粒状结构明显，孔隙度较高，大孔隙显现，指示耕作层的熟化程度较高。发育程度较弱的塿土剖面在关中西部靠近北山的山原地带常有分布，因受较强的侵蚀作用，分布较为零散。

关中西部油土的发育强度首先与该区的气候、地形条件有密切关系。关中地形西窄东宽，西高东低，东部平原开阔且平坦，盛夏的北进气流掠过平坦的下垫面，不易形成降水，暖湿气流继续西进在关中西部与东下冷空气相遇，加之秦岭七十二峪的作用，导致关中西部降水量明显较东部多。如宝鸡、扶风、岐山、凤翔年平均降雨量分别为 680.1 mm、592.5 mm、619.7 mm、610.4 mm；而关中东部渭南、富平、大荔、蒲城的年均降水量分别为 552.4 mm、526.7 mm、514 mm、525.9 mm，明显低于关中西部地区。关中的气温则是西部低而东部高，如宝鸡市、扶风、岐山县年平均温度≥10℃积温分别为 4 112.3℃、4 059.7℃、3 892.4℃；而关中东部渭南、大荔、富平等地年平均温度≥10℃积温分别为 4 480℃、4 445.6℃、4 298.3℃。[①]温暖湿润的气候使关中西部的土壤黏化作用增强，较强烈的淋溶作用使土壤中铁锰等元素聚集，在土壤结构体表面形成光性胶膜，故貌

① 陕西师范大学地理系《宝鸡市地理志》编写组：《陕西省宝鸡市地理志》，西安：陕西人民出版社，1987 年，第 88、93 页；陕西师范大学地理系《渭南地区地理志》编写组：《陕西省渭南地区地理志》，西安：陕西人民出版社，1990 年，第 77、85 页。

似有“油气”。碳酸盐淀积也较明显，一般在古耕层底部至老黏化层中都有明显的碳酸钙薄膜或菌丝体。

关中东部的旱作农业区，是塿土分布的主要区域，同时也是旱灾最易发生的区域。据研究，关中地区近 200 年来的旱灾高发区主要集中在关中的中东部地区，东部渭南地区发生干旱的频次明显高于其他地区。[①] 对比关中五地市的农田对旱灾的综合承受能力，西安和宝鸡地区承受能力较强，咸阳地区一般，而渭南地区较差。[②] 同时，由于地势低平，东部一带又是渭河流域涝灾最为严重的区域，例如，清代渭河流域遭受洪涝灾害最为频繁的是东部大荔、华县、华阴、渭南、潼关五县，其次是中部的西安、咸阳、周至、武功等地。[③] 从农业生产条件来看，频繁发生的灾害是关中东部农业发展的限制性因素，当灾害发生时，势必会影响农民们的耕种及作物品种的选择。针对关中东、西部土壤环境的差异，古代农民对宜农区域的选择、排除旱涝影响的方式选择都影响着耕作层的熟化。

二、人文因素

人类对宜居环境的选择随着生产工具和技术的变革逐步扩大其范围，同时，不利的环境条件也激励着生产工具及技术的变革。原始的氏族部落多选择依山傍水，便于渔猎的地区，人为刻意避开生

① 张允、赵景波：《近 200 年来关中地区干旱灾害时空变化研究》，《干旱区资源与环境》2008 年第 22 卷第 7 期。
② 方辉、贾志宽：《关中地区农田旱灾承受力综合评价研究》，《陕西农业科学》1998 年第 2 期。
③ 杜娟、赵景波：《清代关中渭河流域洪涝灾害研究》，《干旱区研究》2007 年第 24 卷第 5 期。

存中的不利因素。关中地区的石器时代遗址，大多位于关中西部及渭河南岸，这一带降水丰富、地形多样、溪流纵横，是先民们理想的居住地。

关中东部也有较早的人类活动遗迹，半坡、荆村遗址展现出人类已开始简单的农业耕作，华县柳枝镇泉护村仰韶遗址的灶坑中就曾发现过稻和小米[①]。但这些遗迹仍然以东部水资源较为丰富的地区为主，逐水而居的环境选择也决定了关中东部早期的农业发展进程相对缓慢，新石器时代遗址的分布明显较西部地区稀疏。

至周代，自秦人被封于“岐以西之地”[②]，虽然一度也曾“秦地东至河”[③]，但直到战国初期秦国主要控制并活动的范围仍然在岐丰地区，这一点从关中分布的秦人墓葬就可以看出。据滕铭予研究，关中的秦墓分布主要集中于宝鸡、铜川、西安、大荔四个地区，宝鸡地区出土的秦墓数量较多，且年代从春秋早期一直到秦统一后，基本无间断；西安地区墓葬数量最多，但年代都较为集中，很少有年代上明确属于春秋时期的秦墓，大多在战国中期以后；而东部的大荔地区秦墓年代则不早于战国中晚期。[④]这也说明秦人对关中东部的开发仍然十分缓慢，从西周至秦时期的农业生产也以关中西、中部地区为主，那么关中东部古耕层的初期形成就会明显晚于西部地区。日本学者木村正雄的研究也认为：“大体上，渭水、泾水流域自古就是周及其盟国诸邑的所在地。但这些原始邑，大多处于渭水上流和支流、洛水上中流等山间河谷地带的小平原，而且是孤立分散的。在相当于渭水盆地中心部位的低平广阔平原，除一二例之外，

① 黄河水库考古队华县队：《陕西华县柳枝镇考古简报》，《考古》1959 年第 2 期。
②（汉）司马迁：《史记》卷五《秦本纪》，北京：中华书局，1959 年。
③（汉）司马迁：《史记》卷五《秦本纪》，北京：中华书局，1959 年。
④ 滕铭予：《关中秦墓研究》，《考古学报》1992 年第 3 期。

既没有设置邑，也没有用作耕地。”[1]的确，在秦厉共公二十一年（公元前 456 年）置频阳县之前，关中东部渭北的广阔平原上很少有县邑的设置，也决定了该区农业发展的相对滞后。

关中东部农业发展相对迟缓与东部地理环境有很大关系，东部气候相对干旱，汛期又容易发生涝灾，非旱即涝的土壤水环境不利于农作物生长，且东部地区地势低洼，地下水位浅，至战国中期仍存在很多湖泊沼泽，土壤黏性高，排水不畅，多盐碱，都对耕作层的熟化起到阻碍和限制作用。

影响关中东部土壤耕作层形成及熟化的一个重要因素就是水利灌溉，随着铁农具的出现，修建沟洫引水溉田变得简单易行。木村正雄所谓的第二次农地，即指这种以铁质土木工具和新的知识技术为基础、凭借新设的大规模的并极尽人力的治水水利机构、扩展第一次农地的外延或开发全新的地域而成的农地。尤其在关中泾河至石川河之间，灌溉作用成为耕作层形成及演变的重要参与因素。在郑国渠渠道以南，原为泾、渭、清、浊、洛诸水汇集的区域，至战国中期仍存在很多湖泊沼泽[2]，由于土壤排水不畅，形成“泽卤之地”，不利于农作物生长。盐碱化的土地是由于土壤中过多的水分不能及时排掉，盐分随水分向土壤表层移动并积聚而形成的。通过河流的淤灌作用，这种盐卤之地得到很好的改良。渭河下游的盐碱地主要分布在石川河以东至洛河的广大区域，郑国渠及引洛河而穿凿的龙首渠是关中东部主要的淤灌水利工程，河水中携带的大量泥沙不仅能够淤高地面，降低地下水位，还能冲洗土壤中多余的盐分，关中

① [日] 木村正雄：《中国古代专制主义的基础条件》，辑于《日本学者研究中国史论著选译》，北京：中华书局，1992 年，第 712 页。
② 李令福：《关中水利开发与环境》，北京：人民出版社，2004 年，第 19-20 页。

东部大片盐卤之地也能够充分利用。继郑国渠之后的白渠、六辅渠、成国渠等则以浇灌农田为主，改善渭河北岸平坦川地上的土壤水分状况。

在以农业经济为主体的古代中国，人口是牵动一个地区土地开发力度的主要因素。秦汉时期，多次徙民实关中的举措颇有成效地加快了关中土地开发的进程。这些人口的流动分两种，一种是由关东迁入关中，另一种是西汉中后期的由关中内部经济繁荣区向周边迁徙，关中东部就是当时主要的人口迁入区。大规模开发土地不仅能够充分安排迁入的大批劳动力，而且也可缓解京师粮食紧缺的问题。

对于新开发出来的土地，地形平坦，土质疏松，“且溉且粪”的土壤水肥条件，为东部迅速成为京师的粮仓奠定了基础。当降水不足、肥力欠缺、盐碱化等一切不利因素被改善后，这里无疑成为关中优等的良田沃土，人们的赞誉之声更是比比皆是。班固在《西都赋》中赞颂郑白两渠的作用时就说：“下有郑白之沃，衣食之源。提封五万，疆场绮分。沟塍刻镂，原隰龙鳞。决渠降雨，荷插成云。五谷垂颖，桑麻铺菜”[①]。西晋时江统在《徙戎论》中也说：“夫关中土沃物丰，厥田上上，加以泾渭之流溉其泻卤，郑国、白渠灌浸相通，黍稷之饶，亩号一钟。”[②]有了淤灌措施，“五谷”“桑麻”“黍稷”似都是适宜这片土地的，这里本为低隰之地，种植水稻自然也应当可以，至唐代时仍有新开稻田的记载，大历十二年（777年），“京兆尹黎干开决郑白二水支渠，及稻田硙碾，复秦汉水道，以溉陆

①（南朝·梁）萧统编：《文选》卷一《赋甲·京都上》，（唐）吕延济等注，日本东京大学东洋文化研究所藏朝鲜木活字印本。

②（唐）房玄龄等撰：《晋书》卷五六《江统传》，北京：中华书局，1974年。

田”[1]。以此看来，在关中东部可灌溉的区域，对作物品种的限制也会大大减少，小麦等相对耗水的作物也能够种植，沿渠低地还可以种植水稻。作物的多种经营致使土地的利用率也相对提高，进而加速了土壤的人为熟化程度。

土壤耕作层的熟化强度和自然水热条件及人为耕作历史有很大关系。关中西部的耕作历史更为悠久，且水热条件较好，这是西部油土较东部塿土发育强，肥沃度高的根本原因。在土壤耕作层的形成过程中，西部土层的基础条件好，是以利用熟化为主的过程。在同样缺乏灌溉条件的渭北旱塬，红油土的人为熟化强度明显强于红塿土，这显然是东西部的水热条件所致。在人类未进行农业活动之前，自然土壤黏化层的强弱能说明成土条件的差异，西部油土的黏化层深厚，土壤多呈现深的红褐色，棱柱状结构显著，铁锰质红褐色胶膜发育，碳酸钙淀积深度大，但在东部塿土剖面中这些剖面特征均不显著。自然土壤的成土化过程已表现出西部成土化作用强于东部的特点。对东部某些难以利用的土壤，如盐渍土或沼泽土、潮土等，耕作层的形成更多以改良为主，但改良的效果时常会受到地形、水系及技术等客观条件的限制，人为熟化的过程会频繁间断，这势必也会造成耕作层熟化程度减弱。

第五节　小 结

气候与地形提供了土壤形成和演变的水热基础条件，是土壤发育强弱的支配性因素，在人类利用土壤的历史中，作物选择、耕作方式、施肥和灌溉一直处于适应与改良的循序渐进中，这些方式会

①（宋）王溥撰：《唐会要》卷八九《疏凿利人》，北京：中华书局，1960年。

通过改变土壤空气、水分、养分、热量状况形成新的土壤结构，并加快或阻缓土壤的成土化过程，产生性质各异的土壤耕作熟化层。

若按照现代的土壤学分类，关中任一县域的土壤分类都有若干土类及土种，这大多是由于局地微地貌所引起的。对较大地貌单元来讲，塿土不同种类的分布又有其明显的区域性，表现为关中东部与西部，黄土台塬区与阶地平原区土壤耕作层熟化程度及剖面构型呈规律性分布。

总体而言，关中西部发育了以油土亚类为主的塿土类型，油土剖面中，包括古耕腐殖层在内的土壤耕作层深厚，色深，疏松多孔，结构良好，结构体滑润有光泽，黏化层中红褐色胶膜发育，黏化层下有明显的碳酸钙淀积层。按照地形，在超于河漫滩二级阶地的阶地平原上，主要分布黑油土；在较高阶地，尤其是黄土台塬（以头道塬为主）上，主要分布红油土。红油土的黏性更重，结构体更明显，光性胶膜更显著，说明红油土的淋溶、黏化作用更强烈。但地表的熟化层厚度没有黑油土深厚，熟化程度也不及黑油土。研究中认为，这与阶地平原人口密度大、灌溉条件好、蔬果类经济作物种植广、肥粪运输便利等农业生产客观条件优越有密切关系。

关中东部发育的耕作土壤，在土壤分类体系中有直接称其为塿土的，也有将温暖干旱地区的塿土称为垆土的。历史上的垆土指黏性较强、质地坚硬，结构较差的一类土壤，关中东部土壤较西部油土而言，确有坚硬之特征，但相较于古代所称的垆土，其结构已具有明显的人为改造特征，形成了上部疏松、下部黏重的叠加结构，故文中仍采用塿土的名称。关中东部渭北旱塬上发育以红塿土为主的土壤类型，阶地平原上则多发育灰塿土。塿土剖面耕作层土色较浅，质地较轻，土层中砂质含量高，孔隙度及结构性较好，碳酸盐淋溶较弱，黏化作用也较弱。随地形变化，阶地平原的灰塿土较黄土台塬的红塿土熟化层深厚，土质较疏松，熟化程度高。历史悠久的引泾灌区，形成具有灌淤或放淤特征的淤积层，由于成土过程中不断加入新的河流淤积物，会加强土壤的淋溶作用，阻缓土壤黏化作用，故在土壤耕作层中表现出分层不明显的特征。以三原县及泾阳县为例，历史上由于是以引洪放淤还是以引河灌淤为主的灌溉方式及效率的差异，造成土地利用率有所差别，进而影响了土壤耕作层人为堆垫的厚度及熟化程度。

由此可以看出，无论是关中西部的油土，还是关中东部的塿土，区域内的地形及地貌条件是影响土壤耕作层发育的根本性因素，地势越低、地形越平坦，土壤耕作层堆垫厚度越大，熟化程度越高。在关中西部，黄土台塬的头道塬上的土壤类型以红油土类型为主，随地势降低，较低塬面及阶地平原上则以人为熟化程度更高的黑油土为主，这种差异主要受海拔高度引起的水热条件差异以及人口分布密度、种植制度、耕作方式、灌溉活动等因素影响。在关中东部地区，黄土台塬上常分布红塿土，随着地势降低，下部平原以灰塿土（黑塿土）为主，也表现出地势越低，土壤发育越强，耕作层熟化程度越高的规律。

比较关中塿土的剖面特征，若以泾河为界，关中西部黄土台塬上的土壤耕作层发育厚度较东部泾阳地区深厚。西部黄土台塬上发育了厚 30～40 cm 的古耕层，古耕层埋深在距地表约 30 cm 或 40 cm 以下至 70 cm 左右，关中东部泾阳地区发育的古耕层厚 20～30 cm，埋深也较浅，在距地表 20～30 cm 以下至 55 cm 左右。全新世大暖期的 S_0 层发育厚度在西部黄土台塬区也较大，厚 60～70 cm，埋深在距地表 70 cm 以下。东部地区 S_0 厚 30～40 cm，埋深距地表 55 cm

以下。全新世大暖期土层发育强弱的意义更多指示气候的温湿程度，气候温湿程度越高，S_0 发育越强，也说明在自然因素作用下，关中西部的水热条件较东部地区优越。从原来自然褐土的深厚腐殖质层也可以看出，自然土壤的发育在西部地区就较为强烈，土壤的黏化作用和淀积作用较为显著。

上部覆盖层的厚度及结构是人类长期耕作以来成土物质的堆积强度和成壤强度的指示。虽然关中平原局地气候、地形、水文等也存在差异，但对关中整个区域而言，其位于黄土高原东南端，且相对狭小的盆地地形会使由西北部随风而来的粉沙均匀沉降于盆地内部，不会造成太大的粉尘堆积的差异。但成壤作用会因为水热条件差异存在区别，剖面特征显示，关中西部地区水热条件较好，形成了肥沃深厚的油土类型，油土的黏化、淋溶作用较强，且耕作层熟化程度高，人为堆垫作用也较强。在关中东部地区，气温较高，降水较少，温暖干旱的气候导致土壤黏化和淋溶作用不及西部的油土，形成以红塿土、灰塿土、灌淤土为主的农业土壤。东部塿土类土壤由于人为熟化作用，剖面上部也形成较为深厚的耕作层，但耕作层厚度不及西部的油土，且结构较致密，质地较坚硬，熟化程度也不及关中西部，这与降水较少，旱灾更易影响农业生产有很大关系。但在关中东部灌溉农业区，人为调节土壤水分是耕作层形成的重要环节，引洪放淤、引河灌溉都形成了较为深厚、肥沃的土壤耕层。

关中渭河以南的农业土壤包括立槎土、潮土、淤泥土、水稻土等。其中，位于黄土台塬的立槎土具有明显的塿土类土壤特征，具有较为深厚的人为堆积熟化层，长安及蓝田的土壤剖面显示，人为堆垫层厚度可达 50～70 cm，耕层内团粒状结构明显，含有瓦片等人为侵入体。且老黏化层发育强，颜色呈深红褐色，厚度大，底部常富含碳酸盐薄膜或菌丝体，棱柱状结构极为明显，故名“立槎土”。这种土壤耕作层的特征与西部的油土有些类似，只是淋溶作用更为强烈，也是熟化程度较高的土壤类型。由于秦岭北麓水系密集，河流发育，在早期潮土与沼泽土的基础上，人为控制水流，种植水稻，形成了具有潴育层或潜育层的水稻土。由于长期人为熟化，水稻土熟化层也较厚，且有些区域剖面中表现出灰蓝色与棕黄色混杂的层位特征，这主要由历史上灌溉活动的持续与间断，稻、麦等作物的选择性种植等人为因素所致。

结 语

经历了长达半个多世纪的讨论，至20世纪80—90年代，人为土是区别于自然土壤的新土类日渐取得学术界认同，并在1985年的中国土壤系统分类方案中将其确定为单独的土纲。人为土的概念及内容遂成为土壤学界十分活跃的议题，且对人为土的诊断层及诊断特性已呈现出较为清晰的认识，但正如土壤学家龚子同等所言："人为土的研究，以往多集中于现有耕地。关于长期农业活动如灌溉、堆积、施肥和耕作等对人为土的影响，这些措施影响下土壤所发生的变化及其在分类中的位置等研究工作，必将在现有的基础上继续深入和发展。"[①]的确，长期以来对人为土的关注聚焦于土壤学分析方法下的土类辨别与理化性质分析，对人类活动对土壤的影响途径、过程、强度等内容却甚少讨论。本书则基于此，从历史上农业生产与土壤的互动关系出发，着重于回顾古代人类对土壤种类及性状的认识，复原不同时期土壤耕作表层及剖面结构，并探讨耕作、施肥、灌溉等农业环节对土壤的影响过程以及形成的土壤区域差异。

① 龚子同、张甘霖：《人为土研究的新趋势》，《土壤》1998年第1期。

关中平原是一个具有悠久历史的地理单元及农耕文化单元，适宜的气候，丰富的黄土资源，便利的灌溉条件，一度领先的经济和文化都是形成关中独特农业景观的良好基础。关中平原塿土的形成正是这种独特农业景观的体现。塿土的特性在于其具有深厚的土壤耕作层，是由古熟化层、古耕层、古耕腐殖质层等多个古代的土壤耕作表层组成的厚度普遍大于 50 cm 的深厚土层。在不同的历史阶段，人们期望土壤具有更好的结构、水分、肥力状态，以获得更高产量的目标是恒久不变的，变化的只是人们对土壤的认识水平及农作的技术水平。

通过对历史文献中可能涉及关中土壤描述的记录进行整理、分析发现，服务于赋税等级制定及农业生产实践的土壤分类及性状描述构成了关中古代土壤科学的主要内容。产生于此背景下的土壤记录与描述虽然缺乏现代意义上的土壤学定量分析基础，但诸如土壤质地轻重、水分多寡、肥力高低、土色深浅等土壤学基本信息却很详细，这些信息对判断与分析古代耕作层性状、生产性能及人们利用、改良的方式提供了重要的参考依据。近代至现代以土壤发生学理论为指导的土壤分类及现代系统分类法的应用使土壤分类由古代定性描述跨入定量分析的时代，以土壤诊断层及诊断特性为依据的土壤系统分类体系中将关中塿土归入土垫旱耕人为土，从土壤的命名方式中也体现出关中土壤所具有的人为影响色彩。

土壤地层、考古发掘及历史文献证据均证明关中平原黄土剖面中埋藏的黑垆土顶面是传统农业开始时期的土壤耕作表层。以红色棱柱状结构为主的黑垆土是全新世大暖期温湿气候条件下，土壤发生了强烈的淋溶与黏化作用形成的古土壤。古土壤结束发育的时间为距今约 3 100 年，正是先周时期人们开始从事农业生产所利用的土壤表层。直至秦汉时期，历史文献中记载的关中土壤仍是以垆土与鞆土为主，垆土正是出露于地表且发育较强的古土壤层，而河流近岸或缓坡地带以黄土物质覆盖的地表则应是鞆土。对照关中平原黄土剖面，地形平坦的黄土台塬及阶地平原上均埋藏发育程度不等的古土壤层，尤其是关中西部及渭河以南秦岭北麓广泛分布发育较强的古土壤层，这也说明自先周至秦汉时期，垆土是关中广大区域的耕作层，质地坚硬是对耕作活动极为不利的因素，且致密的结构不利于土壤水分的下渗，故在文献中多次强调垆土耕地时节的重要性，从关中当时耕作层的性状来看，若非借助于金属工具，对坚硬的垆土层开垦播种并非易事。随着粉尘的持续堆积及施加土粪的影响，不断有黄土性物质堆积于耕作层表面，形成以黄土为主的耕作层。上部覆盖的黄土再经过耕作、灌溉、施肥，不断进行土壤气、热、水、肥的协调，形成“黄盖垆”式优良的土壤耕作层结构。

我国的黄土高原上有着深厚的黄土层，它是地质时期若干次沙尘暴风尘堆积的结果，进入人类文明时期，沙尘暴不会停止，反而人类对地表植被的破坏极有可能增加了沙尘暴发生的频率。这也说明，在关中塿土形成的过程中，整个黄土高原粉尘的堆积作用始终在持续。从全球气候变化来看，黑垆土形成时的全新世大暖期是冰后期自然条件最好的时期，大暖期结束后，气候整体趋于冷干的波动变化是人为土形成的环境背景，这一气候背景形成的强烈冬季风为黄土地带输送了大量的成土物质。正因如此，关中土壤耕作层的成土物质来源是自然的粉尘堆积，还是历史时期人为施加的土粪物质一直是学者们存在争议的话题。很显然，土壤地层证据及历史文献记录显示，二者都为关中塿土上部覆盖层提供着丰富的物质来源，孰是孰非似乎已不成为问题所在。而在塿土形成过程中自然因素与人为作用如何互为因果、相互关联是更有意义的讨论内容。

人类虽有一定改造自然的能力，但所有的人类活动必须依赖于自然，永远不可能超越自然而单独存在。在自然因素的背景下，人类如何发挥主观能动性，如何改造自然，进而引起自然界的变化是人地关系研究关注的重要方面。一般而言，人与自然的互动关系通常发生在两个层面，一个是自然环境提供给人类活动怎样的平台？一个是在这样的平台上人类做了些什么，又给自然带来了怎样的变化？这种互动关系往往在特定的区域自然环境及人文环境中以特殊的形式展现出来，正符合人们常说的“靠山吃山，靠水吃水”的朴素生存之道。如此，黄土高原的人民生活又如何能离开黄土？关中平原地表黄土资源的丰富及易获取性使人们的生活处处离不开黄土，靠黄土地获取食物来源，土窑、土墙、土灶、土炕、土窖、土圈等以黄土为建构材料的历史由来已久，这些黄土经过人们的使用后，又以营养丰富的粪肥的形式回归于土壤耕作层中，形成黄土物质的水平位移及垂直堆垫，进而形成关中平原具有人为堆垫性质的特殊土壤耕作层。

无论形成关中平原土壤上部覆盖层的物质更多来自自然沉降抑或人为堆垫，因耕作活动所引起的土壤熟化作用才是造成土壤耕作层上部堆垫层不同于地质时期自然沉积的若干层黄土性状的主要原因，关中平原很多剖面中的古耕层及古熟化层具有颜色深、结构疏松、孔隙发育、土壤动物分布多、夹杂古代砖瓦等特征，这些是耕作活动引起的土壤耕作层的变化。从一定程度上讲，人类扰动的方式及力度决定了土壤的结构，几乎每一次农耕技术的变革与演进都会提高人们改造土壤耕作层的能力。春秋战国时期铁犁及牛耕的普及，坴作法、畎亩法、代田法、区田法等治田方式的应用，耕—耙—耱技术体系的建立，复种轮作的完善等都成为人们扰动土壤，提高成土作用强度的助推力。这一切耕作活动通过改变土壤的成土过程，对土壤的气、热、水、肥进行重新分配与调节，使土壤获得新的结构与性质。正如 H. J. 勃拉古维多夫所言："作为人类对土壤发生和演化的干涉记录的土壤熟化的本质是由于人改变了诸因素的分量和对比关系，改变了环境条件，迫使土壤的过程加强或者削弱，改变了它们的对比关系，因而整个土壤形成过程获得了新的方向，土壤获得了新的性质，这些性质是土壤以前所未具备的。"[①]

关中平原施用土粪的肥田方式是由来已久的，且在历史阶段一直持续，但这种行为过程也同人类活动改变森林、土地、河湖等其他自然要素一样，有明显的历史阶段性及区域差异性。关中土壤培肥的历史记录显示，清至民国时期是土粪积制、施用的一个明显的、主要的阶段，这与人类以农耕技术为标志的农业文明的发展进程也是相一致的。随着农业文明的演进，人们需要从土地上获得更高的生产力，也就必须加大对土地的投入，这是历史发展的必然，也形成了清代以来土壤耕作层堆垫作用的人为加速过程。而在清代之前，人为堆垫的过程伴随着自然堆积始终存在于农业发展的历程中，只是这一过程表现出更强的作物选择性与区域选择性。生长周期短、种植面积小、经济价值高的作物种类施用的土粪数量最多，如此选择是历史时期肥粪不足所致的。而这些作物又常种植于人口密度高、商业经济发达、交通便利的区域，进而造成土粪堆垫的区域差异。土粪的施加一方面增加了土壤的成土物质，另一方面随土粪施入的大量黄土能够阻缓原来土壤的黏化和淋溶过程，造成土壤腐殖质的积累、生物活性的提高，起到间接改善土壤结构的作用。

---

① 转引自崔文采：《谈谈自然土壤和农业土壤》，《土壤通报》1959 年第 2 期。

古代关中平原的灌溉活动多在低平的地方展开，尤以关中东部平原泾洛灌区及沿渭河两岸的低阶地上最为典型。“泽卤之地”是古代文献中对泾洛灌区地貌及土壤类型的常用表述，在农业开发初期，这样的土地是难以利用的，经过淤积造田、放淤压盐、引水洗盐等措施能起到改良的目的。虽然盐碱土的形成与地下水位较高的低湿地形有密切关系，但根据古代关中地形及土壤的描述，“泽卤之地”极有可能代表着以沼泽土、潮土为主的“泽”地和以盐碱土为主的“卤”地。对“泽”地的改良主要通过淤积造田，对“卤”地则主要通过放淤压盐及引水洗盐。淤积造田与放淤压盐都使引河灌溉携带的大量泥沙堆积于土壤表层，创造了新的土壤耕作层，引水洗盐主要通过种植水稻实现。关中平原改良土壤的效果需根据土壤性质分别而论，若在无盐碱化的沼泽土或潮土上灌溉淤积，效果应是相当显著的，历史文献及现代淤灌试验都证明了这一点。但对盐碱化程度高或排水不良的区域，改良未必能够得以有效地持续，这也许是诸如郑国渠、龙首渠等难以收到成效的一个重要原因。在引泾灌区地下水位不致过低，土壤未发生盐碱化的土地上，历史上长期的灌淤作用在土壤表层形成了深厚的灌淤层，尤以引泾灌区的泾阳、高陵、阎良、三原、临潼等地为典型，可形成厚度大于 50 cm，甚至可达 1 m 的深厚土壤耕作层。该层的不断淤积同样阻缓了原来土壤的淋溶、黏化作用，更为重要的是，持续耕作、施肥的土壤熟化过程与灌淤作用相互叠加、相互影响，进而形成具有塿土化特征的灌淤土。

关中平原气候、地形引起的水热条件差异是土壤区域差异的主要因素，气温和降水决定了土壤淋溶、黏化、淀积等成土过程。关中西部的油土、东部的塿土、渭河以南的立槎土及沿河渠分布的水稻土在土壤结构、性状等方面表现出明显的差异。关中西部水热条件好，形成肥沃深厚的油土类型，它具有典型的“上黄下垆”“上轻下黏”的塿土结构，且淋溶、黏化作用强导致下伏古土壤层结构清晰，红色铁质胶膜发育。土壤耕作层熟化程度高，人为堆垫作用明显也是西部油土的重要特征。关中东部较为干旱的气候导致下伏古土壤层较关中西部及秦岭北麓发育弱，土壤以红塿土、灰塿土、灌淤土为主，耕作层的团粒状结构及熟化程度均不及西部油土。但在关中的古老灌区，悠久的灌溉历史及长期的耕作、施肥，也形成了深厚而肥沃的灌淤土层。受地形影响，阶地平原上的黑油土比黄土台塬上的红油土覆盖层厚度大、熟化程度高，关中东部的灰塿土及红塿土也表现出这样的分布规律，这主要与海拔高度引起的土壤水热条件差异及人口分布密度、种植制度、耕作方式、灌溉活动等人为因素有关。

上述内容旨在复原历史时期地理环境要素的演变及其规律。人为土是地理环境重要的组成部分，其中蕴含着区域自然环境及特定农耕方式相互作用的丰富信息。关中平原历史时期农耕所形成的人为土具有鲜明的地域特征，古耕层、古熟化层、古耕腐殖质层是关中极具特色的土壤资源利用过程的地层遗存，建立古耕层与古代人们农耕活动的关系，可为复原土壤环境及其演变过程提供重要的史实依据。

参考文献

一、史料

（西汉）司马迁．史记[M]．北京：中华书局，1959．

（西汉）班固．汉书[M]．北京：中华书局，1962．

（唐）孔颖达，等．尚书正义（十三经注疏）[M]．黄怀信整理，上海：上海古籍出版社，2007．

（清）毕沅疏证．释名疏证[M]．天津：古籍书店，1982．

（东汉）许慎．说文解字[M]．（宋）徐铉校定，北京：中华书局，1963．

（东汉）王充．论衡[M]．上海：上海人民出版社，1974．

（唐）孔颖达，等．礼记正义（十三经注疏）[M]．吕友仁整理，上海：上海古籍出版社，2008．

石声汉．四民月令校释[M]．北京：中华书局，1965．

（南朝・宋）范晔．后汉书[M]．（唐）李贤等注，北京：中华书局，2012．

（南朝·梁）萧统．文选[M]．（唐）李善注，北京：中华书局，1977．

缪启愉，缪桂龙．齐民要术译注[M]．上海：上海古籍出版社，2009．

缪启愉．齐民要术校释[M]．北京：农业出版社，1982．

（北齐）魏收．魏书[M]．北京：中华书局，1974．

（唐）魏征，等．隋书[M]．北京：中华书局，2008．

（唐）房玄龄，等．晋书[M]．北京：中华书局，1974．

（唐）杜佑．通典[M]．北京：中华书局，1988．

（唐）李吉甫．元和郡县图志[M]．北京：中华书局，1983．

缪启愉．四时纂要校释[M]．北京：农业出版社，1981．

（后晋）刘昫．旧唐书[M]．北京：中华书局，1975．

（宋）司马光．资治通鉴[M]．（元）胡三省音注，标点资治通鉴小组点校，北京：中华书局，1956．

（宋）乐史．太平寰宇记[M]．北京：中华书局，2007．

（宋）李昉，等．太平御览[M]．北京：中华书局，1960．

（宋）李昉，等．太平广记[M]．北京：中华书局，1961．

（宋）宋敏求．长安志·长安志图[M]．（元）李好文编绘，辛德勇，等点校，西安：三秦出版社，2013．

（宋）王钦若，等．册府元龟[M]．周勋初，等校订，南京：凤凰出版社，2006．

（宋）王溥．唐会要[M]．上海：上海古籍出版社，2006．

（元）脱脱，等．宋史[M]．北京：中华书局，1985．

马宗申．农桑辑要译注[M]．上海：上海古籍出版社，2008．

缪启愉，缪桂龙．东鲁王氏农书译注[M]．上海：上海古籍出版社，2008．

（元）洛天骧．类编长安志[M]．黄永年点校，西安：三秦出版社，2006.

（明）宋濂，等. 元史[M]. 北京：中华书局，1976.

（明）陈子龙，等. 明经世文编[M]. 北京：中华书局，1962.

（明）徐光启. 农政全书[M]. 石声汉点校，上海：上海古籍出版社，2011.

（明）宋应星. 天工开物 [M]. 潘吉星译注，上海：上海古籍出版社，2008.

（明）赵廷瑞. 嘉靖陕西通志[M].（明）马理，等校注，西安：三秦出版社，2006.

（明）王道. 正德朝邑县志[M]. 明正德十四年（1519 年）刻本.

（明）郭宝. 万历续朝邑县志[M]. 清康熙五十一年（1712 年）刻本.

（明）吕柟. 嘉靖高陵县志[M]. 明嘉靖二十年（1541 年）刻本.

（明）康海. 正德武功县志[M]. 明正德十四年（1519 年）修、乾隆二十六年（1761 年）刻本.

（清）张廷玉，等. 明史[M]. 北京：中华书局，1974.

（清）董诰，等. 全唐文[M]. 北京：中华书局，1983.

（清）王先谦. 汉书补注[M]. 北京：中华书局，1983.

（清）杨守敬. 水经注疏[M]. 熊会贞疏，段熙仲点校，陈桥驿复校，南京：江苏出版社，1989.

（清）阮元. 十三经注疏[M]. 北京：中华书局，1980.

（清）顾祖禹. 读史方舆纪要[M]. 贺次君，等点校，北京：中华书局，2005.

邹介正. 三农纪校释[M]. 北京：农业出版社，1989.

（清）彭定求，等. 全唐诗[M]. 北京：中华书局，1960.

（清）严可均．全后汉文[M]．许振生审定，北京：商务印书馆，1999．

（清）毕沅．关中胜迹图志[M]．张沛校点，西安：三秦出版社，2004．

马宗申．营田辑要校释[M]．北京：农业出版社，1984．

（清）包世臣．齐民四术[M]．潘竟翰点校，北京：中华书局，2001．

（清）卢坤．秦疆志略[M]．清道光年间刻本．

（清）葛晨．乾隆泾阳县志[M]．清乾隆四十三年（1778 年）刻本．

（清）沈华．雍正武功县后志[M]．清雍正十二年（1734 年）刻本．

（清）张树勳．嘉庆续武功县志[M]．清嘉庆二十一年（1816 年）刻本．

宋伯鲁，等．续修陕西省志稿[M]．民国二十三年（1934 年）刻本．

陈奇猷．吕氏春秋校释[M]．上海：学林出版社，1984．

杨天宇．周礼译注[M]．上海：上海古籍出版社，2004．

杨天宇．礼记译注[M]．上海：上海古籍出版社，2007．

周振甫．诗经译注[M]．北京：中华书局，2002．

王世舜．尚书译注[M]．成都：四川人民出版社，1982．

郭沫若，等．管子集校[M]．北京：科学出版社，1956．

夏纬瑛．管子地员篇校释[M]．北京：农业出版社，1981．

黎凤翔．管子校注[M]．梁运华整理，北京：中华书局，2004．

王闿运．尔雅集解[M]．黄巽斋校点，长沙：岳麓书社，2010．

（三国魏）杜预．左传（春秋经传集解）[M]．上海：上海古籍出版社，1997．

杨伯峻，杨逢彬．孟子译注[M]．北京，中华书局，1960．

杨树达．论语疏证[M]．上海：上海古籍出版社，1985.

石声汉．氾胜之书今释[M]．北京：科学出版社，1956.

万国鼎．氾胜之书辑释[M]．北京：中华书局，1957.

王云五．农说 沈氏农书 耒耜经[M]．北京：商务印书馆，1936.

二、今人著作

［美］富兰克林·H．金．四千年农夫：中国、朝鲜和日本的永续农业[M]．程存旺，石嫣译，北京：东方出版社，2011.

［美］戴维·R．蒙哥马利．泥土：文明的侵蚀[M]．陆小璇译，南京：译林出版社，2017.

［美］戴维·R．蒙哥马利．耕作革命：让土壤换发生机[M]．张甘霖等译，上海：上海科学技术出版社，2019.

［法］拉巴·拉马尔，让-皮埃尔·里博．多元文化视野中的土壤与社会[M]．张璐译，北京：商务印书馆，2005.

［德］瓦格勒．中国农书[M]．王建新译，北京：商务印书馆，1936.

卜风贤．周秦汉晋时期农业灾害和农业减灾方略研究[M]．北京：中国社会科学出版社，2006.

北晨．当代文化人类学概要[M]．杭州：浙江人民出版社，1986.

白尔恒，［法］蓝克利，［法］魏丕信．沟洫佚闻杂录[M]．北京：中华书局，2003.

陈恩凤．中国土壤地理[M]．上海：商务印书馆，1951.

陈业新．灾害与两汉社会研究[M]．上海：上海人民出版社，2004.

长安县水利志编纂组．陕西地方志水利志丛书：长安县水利志

[M]. 西安：陕西师范大学出版社，1996.

董恺忱，范楚玉. 中国科学技术史（农学卷）[M]. 北京：科学出版社，2000.

樊志民. 秦农业历史研究[M]. 西安：三秦出版社，1997.

樊志民. 问稼轩农史文集[M]. 西安：西北农林科技大学出版社，2006.

龚子同，等. 中国土壤系统分类：理论·方法·实践[M]. 北京：科学出版社，1999.

龚振平. 土壤学与农作学[M]. 北京：中国水利水电出版社，2009.

郭文韬. 中国古代的农作制与耕作法[M]. 北京：农业出版社，1981.

郭文韬. 中国耕作制度史研究[M]. 南京：河海大学出版社，1994.

郭兆元，黄自立，冯立孝. 陕西土壤[M]. 北京：科学出版社，1992.

高陵县地方志编纂委员会. 高陵县志[M]. 西安：西安出版社，2000.

何炳棣. 黄土和中国农业的起源[M]. 香港：香港中文大学出版社，1969.

韩茂莉. 中国历史农业地理[M]. 北京：北京大学出版社，2012.

侯甬坚. 历史地理学探索[M]. 北京：中国社会科学出版社，2004.

侯甬坚. 历史地理学探索（第二集）[M]. 北京：中国社会科学出版社，2011.

胡泽学. 中国犁文化[M]. 北京：学苑出版社，2006.

华源实业调查团. 陕西长安县草滩泾阳县永乐店农垦调查报告[M]. 1933.

冀朝鼎. 中国历史上的基本经济区与水利事业的发展[M]. 北京：中国社会科学出版社，1981.

泾惠渠志编写组. 泾惠渠志[M]. 西安：三秦出版社，1991.

雷依群，徐卫民．秦都咸阳与秦文化研究[M]．西安：陕西人民教育出版社，2003．

林蒲田．中国古代土壤分类和土地利用[M]．北京：科学出版社，1996．

李凤歧，樊志民．陕西古代农业科技[M]．西安：陕西人民出版社，1992．

李根蟠．中国农业史[M]．台北：台北文津出版社，1997．

李令福．关中水利开发与环境[M]．北京：人民出版社，2005．

李天杰，赵烨，张科利，等．土壤地理学[M]．北京：高等教育出版社，1978．

李玉洁．黄河流域的农耕文明[M]．北京：科学出版社，2010．

李志洪，赵兰坡，窦森．土壤学[M]．北京：化学工业出版社、农业科技出版中心，2005．

梁家勉．中国农业科学技术史稿[M]．北京：农业出版社，1989．

刘东生．黄土与环境[M]．北京：科学出版社，1985．

刘东生，丁梦麟．黄土高原·农业起源·水土保持[M]．北京：地震出版社，2004．

刘俊文．日本学者研究中国史论著选译（第三册）[M]．北京：中华书局，1993．

刘俊凤．民国关中社会生活研究[M]．北京：人民出版社，2011．

刘朴兵．唐宋饮食文化比较研究——以中原地区为考察中心[M]．北京：中国社会科学出版社，2010．

闵宗殿．中国古代农业科技史图说[M]．北京；农业出版社，1989．

桑润生．中国近代农业经济史[M]．北京：农业出版社，1986．

史念海．黄土高原历史地理研究[M]．郑州：黄河水利出版社，2001．

石峰．非宗族乡村——关中“水利社会”的人类学考察[M]．北京：中国社会科学出版社，2009．

石声汉．石声汉农史论文集[M]．北京：中华书局，2008．

三原县志编纂委员会．三原县志[M]．西安：陕西人民出版社，2000．

陕西省土壤普查办公室．陕西土壤[M]．北京：科学出版社，1992．

陕西省农业勘察设计院．陕西农业土壤[M]．西安：陕西科学技术出版社，1982．

陕西省农牧厅．陕西农业自然环境变迁史[M]．西安：陕西科学技术出版社，1986．

陕西师范大学地理系编写组．陕西省宝鸡市地理志[M]．西安：陕西人民出版社，1987．

陕西师范大学地理系．西安市地理志[M]．西安：陕西人民出版社，1988．

陕西师范大学地理系编写组．陕西省渭南地区地理志[M]．西安：陕西人民出版社，1990．

陕西师范大学地理系编写组．陕西省咸阳市地理志[M]．西安：陕西人民出版社，1991．

王吉智，马玉兰，金国柱．中国灌淤土[M]．北京：科学出版社，1996．

王建革．水乡生态与江南社会（9—20世纪）[M]．北京：北京大学出版社，2013．

王俊强．民国时期农业论文索引（1935—1949）[M]．北京：中国农业出版社，2011．

王利华．中国农业通史（魏晋南北朝卷）[M]．北京：中国农业出版社，2009．

王培华．元明清华北西北水利三论[M]．北京：商务印书馆，2009．

王双怀．关中地区人类活动与环境变迁[M]．西安：陕西出版集团、三秦出版社，2011．

王元林．泾洛流域自然环境变迁研究[M]．北京：中华书局，2005．

王云森．中国古代土壤科学[M]．北京：科学出版社，1980．

王勇．东周秦汉关中农业变迁研究[M]．长沙：岳麓书社，2004．

王毓瑚．秦晋农言[M]．北京：中华书局，1957．

王毓瑚．王毓瑚论文集[M]．北京：中国农业出版社，2005．

王毓瑚．中国农学书录[M]．北京：中华书局，2006．

王子今．秦汉时期生态环境研究[M]．北京：北京大学出版社，2007．

王遵亲．中国盐渍土[M]．北京：科学出版社，1993．

王智民．历代引泾碑文集[Z]．西安：陕西旅游出版社，1992．

温金梅．关中渭河以南地区全新世的气候变迁[D]．西安：长安大学，2009．

吴存浩．中国农业史[M]．北京：警官教育出版社，1996．

吴宏岐．元代农业地理[M]．西安：西安地图出版社，1997．

武建国．汉唐经济社会研究[M]．北京：人民出版社，2010．

武功县志编纂委员会．武功县志[M]．西安：陕西人民出版社，2001．

渭南市地方志办公室．渭南市志（第一卷）[M]．西安：三秦出版社，2008．

夏纬瑛．《周礼》中有关农业条文的解释[M]．北京：农业出版社，1979．

夏纬瑛．吕氏春秋上农等四篇校释[M]．北京：农业出版社，1956．

辛树帜．禹贡新解[M]．北京：农业出版社，1964．

萧正洪．环境与技术选择——清代中国西部地区农业技术地理研究[M]. 北京：中国社会科学出版社，1998.

许倬云. 汉代农业——中国农业经济的起源及特性[M]. 桂林：广西师范大学出版社，2005.

徐正学. 农村问题[M]. 中国农村复兴研究会，1933.

徐旺生. 中国养猪史[M]. 北京：中国农业出版社，2009.

兴平县地方志编纂委员会. 兴平县志[M]. 西安：陕西人民出版社，1994.

咸阳市地方志编纂委员会. 咸阳市志[M]. 西安：陕西人民出版社，1996.

杨立业. 陕西古代水利（《二十五史》摘编）[M]. 西安：陕西省水利志编纂委员会办公室刊，1988.

杨陵区地方志编纂委员会. 杨陵区志[M]. 西安：西安地图出版社，2003.

姚汉源. 中国水利发展史[M]. 上海：上海人民出版社，2005.

易秀，杨胜科，胡安焱. 土壤化学与环境[M]. 北京：化学工业出版社，2008.

游修龄，曾雄生. 中国稻作文化史[M]. 上海：上海人民出版社，2010.

俞为洁. 中国食料史[M]. 上海：上海古籍出版社，2011.

张安福. 唐代农民家庭经济研究[M]. 北京：中国社会科学出版社，2008.

张波，樊志民. 中国农业通史·战国秦汉卷[M]. 北京：中国农业出版社，2007.

张萍. 地域环境与市场空间——明清陕西区域市场的历史地理学研究[M]. 北京：商务印书馆，2006.

张洲．周原环境与文化[M]．西安：三秦出版社，2007．

张凤荣，马步洲，李连捷．土壤发生与分类学[M]．北京：北京大学出版社，1992．

张淑光．武功土壤[M]．西安：陕西科学技术出版社，1987．

章有义．中国近代农业史资料[M]．上海：生活·读书·新知三联书店，1957．

赵景波．西北黄土区第四纪土壤与环境[M]．西安：陕西科学技术出版社，1994．

赵景波．淀积理论与黄土高原环境演变[M]．北京：科学出版社，2002．

赵其国，史学正，等．土壤资源概论[M]．北京：科学出版社，2007．

赵文涛，姜佰文，梁运江．土壤肥料学[M]．北京：化学化工出版社，2009．

朱显谟．塿土[M]．北京：农业出版社，1964．

朱显谟．黄土高原土壤与农业[M]．北京：农业出版社，1989．

朱显谟．陕西土地资源及其合理利用[M]．西安：陕西科学技术出版社，1981．

朱宏斌．秦汉时期区域农业开发研究[M]．北京：中国农业出版社，2010．

周昕．中国农具发展史[M]．济南：山东科学技术出版社，2005．

中国科学院南京土壤研究所土壤系统分类课题组．中国土壤系统分类（首次方案）[M]．北京：科学出版社，1991．

中国科学院南京土壤研究所土壤系统分类课题组．中国土壤系统分类（修订方案）[M]．北京：中国农业科技出版社，1995．

三、今人论文

[俄]A. H. 罗赞诺夫. 中华人民共和国黄土区古老耕种土[J]. 土壤学报，1958（4）.

安华. 关中水利土壤的考察[J]. 申报每周增刊，1937（24）.

安战士. 陕西关中的土壤概况[J]. 西北农学院学报，1959（3）.

白附蓝. 扶风县经济调查[J]. 陕行汇刊，1941，5（3-4）.

[日] 滨川荣. 关于郑国渠的灌溉效果及其评价问题[J]. 中国历史地理论丛，1999（增刊）.

卜风贤. 重评西汉时期代田区田的用地技术[J]. 中国农史，2010（4）.

蔡凤歧. 农业耕作对土壤的影响及其演变[J]. 古今农业，1988（2）.

常庆瑞，闫湘，雷梅，等. 关于塿土分类地位的讨论[J]. 西北农林科技大学学报（自然科学版），2001（3）.

昌森. 对郑国渠淤灌“四万余顷”的新认识[J]. 中国历史地理论丛，1997（4）.

陈清硕. 试论耕种化土壤的研究及其与自然土壤的区别[J]. 土壤通报，1958（2）.

陈华癸. 水稻土特性的发展和水稻田的绿肥耕作制[J]. 土壤学报，1955（2）.

迟仁立，左淑珍. 耕层土壤虚实说之探源与辨析[J]. 中国农史，1989（1）.

陈树平. 明清时期的井灌[J]. 中国社会经济史研究，1983（4）.

程文礼. 关中塿土土体供磷能力评价[J]. 土壤通报，1986（3）.

崔文采．谈谈自然土壤和农业土壤[J]．土壤通报，1959（2）．

崔文采．新疆的灌淤土[J]．土壤通报，1979（1）．

［日］村松弘一．中国古代关中平原的水利开发与环境认识：从郑国渠到白渠、龙首渠[C]．自然与人为互动：环境史研究的视角，台北："中央研究院"、联经出版事业股份有限公司，2008．

邓植仪．有关中国上古时代农业生产的土壤鉴别和土地利用法则的探讨[J]．土壤学报，1957（4）．

丁昌璞，于天仁．水稻土中氧化还原过程的研究（Ⅳ）红壤性水稻土中铁锰的活动性[J]．土壤学报，1958（2）．

杜国华，张甘霖，龚子同．长江三角洲水稻土主要土种在中国土壤系统分类中的归属[J]．土壤，2007（5）．

杜娟，赵景波．清代关中渭河流域洪涝灾害研究[J]．干旱区研究，2007（5）．

方辉，贾志宽．关中地区农田旱灾承受力综合评价研究[J]．陕西农业科学，1998（2）．

傅积平，王国圻，周冲，等．菜园土是人工培育的肥沃土壤[J]．土壤，1960（6）．

福建农学院土壤农化系．福州市郊菜园土的形成、发育及其特性[J]．土壤，1961（2）．

耿成杰，李远清，刘廷立，等．关中渭河流域两岸的土壤及其改良利用[J]．土壤通报，1959（4）．

龚子同．人为土研究的新趋势[J]．土壤，1998（1）．

龚子同，张甘霖．人为土壤形成过程及其在现代土壤学上的意义[J]．生态环境，2003（2）．

龚子同，陈志诚，周瑞荣，等．珠江三角洲地区桑基园林土壤的熟化过程和土壤改良[J]．土壤通报，1961（3）．

龚子同，陈鸿昭，洛国保．人为作用对土壤环境质量的影响及对策[J]．土壤与环境，2000（1）．

龚子同，赵其国，曾昭顺，等．中国土壤分类暂行草案[J]．土壤，1978（5）．

龚良．“圂”考释——兼论汉代的积肥与施肥[J]．中国农史，1995（1）．

郭文韬．中国古代土壤耕作制度的再探讨[J]．南京农业大学学报（社会科学版），2001（2）．

郭自强．关中一带的农村概况[J]．益世周刊，1936（1）．

韩茂莉．论历史时期冬小麦种植空间扩展的地理基础与社会环境[C]．历史地理第27辑，上海：上海人民出版社，2013．

何毓蓉，黄成敏，周红艺．成都平原水耕人为土诊断层的微形态特征与土壤基层分类[J]．山地学报，2002（2）．

何炳棣．华北原始土地耕作方式：科学、训诂互证示例[J]．农业考古，1991（1）．

［日］鹤间和幸．战国秦汉时代关中平原的都市和水利[C]//汉唐长安与关中平原，西安：陕西师范大学出版社，1999．

侯甬坚．历史地理学的学科特性及其若干研究动向述评[J]．白沙历史地理学报，2007（3）．

侯甬坚．“环境破坏论”的生态史评议[J]．历史研究，2013（3）．

侯甬坚．一方水土如何养一方人——以渭河流域人民生计为例的尝试[J]．社会科学战线，2008（9）．

胡定宇，李硕碧，郑晓怀．塿土有效磷素的动态变化与小麦的磷素营养[J]．土壤通报，1984（3）．

胡厚宣．殷代农作施肥说[J]．历史研究，1955（1）．

胡厚宣．殷代农作施肥说补证[J]．文物，1963（5）．

呼林贵．陕西发现的秦农具[J]．农业考古，1988（1）．

华林甫．唐代粟、麦生产的地域布局初探（续）[J]．中国农史，1990（3）．

黄建通．中国古代土壤科学的研究[J]．土壤通报，1999（6）．

黄春长，庞奖励，陈宝群，等．渭河流域先周—西周时代环境和水土资源退化及其社会影响[J]．第四纪研究，2003（4）．

黄春长，庞奖励，陈宝群，等．扶风黄土台塬全新世多周期土壤研究[J]．西北大学学报（自然科学版），2001（6）．

黄春长，延军平，马进福，等．渭河阶地全新世成壤过程及人类因素研究[J]．陕西师范大学学报（自然科学版），1997（2）．

黄福珍，白志坚，张与真，等．黄土区生土的特性及熟化中肥力变化的研究[J]．中国农业科学，1980（1）．

黄河水库考古队华县队．陕西华县柳枝镇考古简报[J]．考古，1959（2）．

贾恒义．中国古代人为土形成初探——灌淤土、塿土和厚熟土之形成[J]．农业考古，1997（3）．

贾恒义．中国古代引浑灌淤初步探讨[J]．农业考古，1984（1）．

贾恒义．北宋引浑灌淤的初步研究[J]．农业考古，1989（1）．

贾恒义，雍绍萍．土垫旱耕人为土系统分类初步研究[J]．土壤，1998（5）．

贾俊侠．古代关中主要粮食作物的变迁[J]．唐都学刊，1990（3）．

荆峰，惠富平．汉代黄河流域麦作发展的环境因素与技术影响[J]．中国历史地理论丛，2007（4）．

居辉，周殿玺. 不同时期低额灌溉的冬小麦耗水规律研究[J]. 耕作与栽培，1998（2）.

李鼎新. 关中塿土磷素状况及影响磷素有效性因子的研究[J]. 土壤通报，1980（6）.

李鄂荣. 我国历史上的土壤盐碱改良[J]. 水文地质工程地质，1981（1）.

李鸿恩. 对于建立我国农业土壤学的意见[J]. 陕西农业科学，1959（增刊）.

李鸿恩，马承华，杨云莲. 渭惠灌区一个生产大队平整土地的经验[J]. 中国农业科学，1956（6）.

李来荣，吴德斌，洪如水. 福建园林土壤的利用改良[J]. 中国农业科学，1963（3）.

李令福. 论淤灌是中国农田水利发展史上的第一个重要阶段[J]. 中国农史，2006（2）.

李令福. 历史时期关中农业发展与地理环境之相互关系初探[J]. 中国历史地理论丛，2000（1）.

［日］栗山知之. 20 世纪前半期华北旱地农业中的土资源利用[C]//陕西师范大学西北研究院、日本学习院大学东洋文化研究所合办“黄河流域的历史与环境”青年学术研讨会会议论文，2012.

李文涛. 两汉的耒耜类农具[J]. 农业考古，1995（3）.

李玉山. 塿土水分状况与作物生长[J]. 土壤学报，1962（3）.

刘鹏生. 关中塿土的土体构造及其肥力[J]. 西北农学院学报，1980（1）.

刘鹏生. 关中的塿土[J]. 陕西农业科学，1979（9）.

刘彦威. 我国古代稻田土壤培肥方式述略[J]. 沈阳农业大学学

报（社会科学版），1999（2）.

刘随盛．陕西渭河流域西周文化遗址调查[J]．考古，1996（7）.

陆发熹．陕西中部及南部土壤概要[J]．土壤季刊，1946（4）.

马福生．西周自然条件的地区差异及其对农业的影响[J]．东北农学院学报，1984（1）.

闵宗殿．垄作探源[J]．中国农史，1983（1）.

［日］木村正雄．中国古代专制主义的基础条件[J]．日本学者研究中国史论著选译，1992.

潘季香．塿土的形成和熟化[J]．土壤通报，1961（2）.

庞奖励，黄春长，查小春，等．关中地区塿土诊断层的形成过程及意义探讨[J]．中国农业科学，2008（4）.

庞奖励，黄春长，张旭．关中地区古耕作土壤和现代耕作土壤微形态特征及意义[J]．中国农业科学，2006（7）.

庞奖励，张卫青，黄春长，等．关中地区不同耕作历史的微形态特征及对比研究[J]．土壤通报，2009（3）.

彭家元．土壤分类及中国土壤调查问题[J]．新声，1930（8）.

平南县农业技术推广站．蚕屎是好肥料[J]．广西蚕业，1974（1）.

钱小康．犁（续）[J]．农业考古，2003（3）.

秦建明，严军．关中盆地全新世古土壤与考古地层断代[J]．西北地质，1994（2）.

史成华，龚子同．关于人为土壤分类的研究[J]．土壤学进展，1991（4）.

史成华，龚子同．我国灌淤土的形成和分类[J]．土壤学报，1995（4）.

石璋如．关中考古调查报告[J]．“中央研究院”史语所研究集刊，第27册.

陕西省土壤普查委员会办公室. 陕西省农业土壤分类[J]. 陕西农业科学，1959（增刊）.

陕西省水利建设运动指挥部办公室. 夏收后要及时开展平整土地工作[J]. 农田水利，1960（12）.

陕西省农林学校农学专业. 改革“黄土搬家”的积肥、施肥习惯[J]. 土壤，1978（3）.

陕西省人民引洛渠管理局. 人民引洛高含沙量浑水淤灌小结[J]. 陕西水利科技，1975（4）.

唐德琴. 陕西省塿土各土层的肥力试验研究[J]. 土壤通报，1961（6）.

唐克丽，贺秀彬. 黄土高原全新世黄土—古土壤演替及气候演变的再探讨[J]. 第四纪研究，2004（2）.

滕铭予. 关中秦墓研究[J]. 考古学报，1992（3）.

田昌玉，李志杰，林治安，等. 影响盐碱土持续利用主要环境因子演变[J]. 农业环境与发展，1998（2）.

［俄］V. D. Tonkongov，L. L. Shishov. 人为变成土的分类[J]. 张甘霖译，土壤学进展，1993（2）.

万国鼎. 中国古代对于土壤种类及其分布的知识[J]. 南京农学院学报，1956（1）.

卫斯. 我国汉代大面积种植小麦的历史考证[J]. 中国农史，1988（4）.

王利华. 作为一种新史学的环境史[J]. 清华大学学报（哲学社会科学版），2008（1）.

王吉智. 关于建立人为土纲的建议[J]. 土壤，1990（1）.

王建革．宋元时期吴淞江流域的稻作生态与水稻土形成[J]．中国历史地理论丛，2011（1）．

王建革．技术与圩田土壤环境史：以嘉湖平原为中心[J]．中国农史，2006（1）．

王建革．明清时期浏河地区的作物与水土环境[C]．历史地理第 23 辑，上海：上海人民出版社，2008．

王建革．华阳桥乡：水、肥、土与江南乡村生态（1800—1960）[J]．近代史研究，2009（1）．

王建革．宋元时期嘉湖地区的水土环境与桑基农业[J]．社会科学研究，2013（4）．

王建革．华北平原土壤肥力的变化与影响因素分析[J]．农村生态环境，1998（3）．

汪静琴，沈一雨，宋慧贤．农业技术措施对塿土微生物区系变化的影响[J]．土壤通报，1963（2）．

王子今．秦汉区域地理学的“大关中”概念[J]．人文杂志，2003（1）．

王社教．论西汉定都长安与关中经济发展的新格局[J]．中国历史地理论丛，1999（3）．

王文魁．泾渭流域之土壤及其利用[J]．土壤季刊，1944（3）．

王晓旭，黄佳鸣，章明奎．浙江省水耕人为土主要肥力指标状况及其演变[J]．浙江大学学报（农业与生命科学版），2012（4）．

王星光．中国古代农具与土壤耕作技术的发展[J]．郑州大学学报，1994（4）．

王元林．历史上关中东部盐碱地的改良[J]．唐都学刊，2010（5）．

王云森．中国古代土壤分类简介[J]．土壤学报，1979（1）．

汪云香．从汉代典籍看桑蚕丝绸服饰文化[J]．中国蚕业，2003（4）．

文焕然，林景亮．周秦两汉时代华北平原与渭河平原盐碱土的分布及利用改良[J]．土壤学报，1964（1）．

吴守仁，党菊兰．塿土N矿化势和耕作制度关系的研究[J]．西北农学院学报，1982（4）．

咸金山．中国古代对盐碱土发生发展规律的认识[J]．中国农史，1991（1）．

咸金山．中国古代改良、利用盐碱土的历史经验[J]．农业考古，1991（3）．

［日］熊代幸雄．论中国旱地农法中精耕细作的基础[J]．中国农史，1981（1）．

徐中舒．耒耜考[J]．农业考古，1983（2）．

徐义安，王在阳，迟耀瑜，等．泾、洛、渭三大灌区利用高含沙浑水淤灌的经验[J]．水利水电技术，1985（2）．

许涤新．捐税繁重与农村经济之没落[C]．中国农村问题，上海：中华书局，1935．

闫湘，常庆瑞，潘靖平．陕西关中地区塿土在系统分类中的归属[J]．土壤，2004（3）．

闫湘，常庆瑞，王晓强．陕西关中土垫旱耕人为土样区的基层分类研究[J]．土壤学报，2005（4）．

阎万英．我国古代人口因素与耕作制的关系[J]．中国农史，1994（2）．

阎永定．陕西省卤泊滩地区盐碱土成因及其改良利用[J]．土壤通报，1988（2）．

杨际平．秦汉农业：精耕细作抑或粗放耕作[J]．历史研究，2001（1）．

杨廷瑞．高含沙引水淤灌的经济效益[J]．陕西水利，1986（5）．

杨振红．两汉时代铁犁和牛耕的推广[J]．中国经济史研究，1988（1）．

姚归耕．华北农家肥料之取给与施用[J]．农报，1936（3）．

姚汉源．中国古代的农田淤灌及放淤问题——古代泥沙利用问题之一[J]．武汉水利水电学院学报，1964（2）．

易秀，吕洁，谷晓静．陕西省泾惠渠灌区土壤肥力质量变化趋势研究[J]．灌溉排水学报，2011（3）．

友于．管子地员篇研究[C]．农史研究集刊（第一册），1959．

于天仁，李松华．水稻土中氧化还原过程的研究（Ⅰ）影响氧化还原电位的条件[J]．土壤学报，1957（1）．

于天仁，李松华．水稻土中氧化还原过程的研究（Ⅱ）土壤与植物的相互影响[J]．土壤学报，1957（2）．

于天仁，刘畹兰．水稻土中氧化还原过程的研究（Ⅲ）氧化还原条件对水稻生长的影响[J]．土壤学报，1957（4）．

［日］原宗子．我对华北古代环境史的研究——日本的中国古代环境史研究之一例[J]．中国经济史研究，2000（3）．

曾雄生．“却走马以粪”解[J]．中国农史，2003（1）．

赵楠，侯秀秀．1928—1930 年陕西大旱灾及其影响探析[J]．宁夏师范学院学报（社会科学），2012（2）．

赵赟．中国古代利用矿物改良土壤的理论与实践[J]．中国农史，2005（2）．

赵景波．关中地区全新世大暖期的土壤与气候变迁[J]．地理科学，2003（5）.

赵景波，岳应利，黄春长，等. 西安地区全新世土壤的演变[J]. 中国历史地理论丛，2002（3）.

张甘霖，龚子同. 水稻土作为人为土的分类研究[J]. 土壤学进展，1991（4）.

张甘霖，龚子同. 水耕人为土某些氧化还原形态特征的微结构和形成机理[J]. 土壤学报，2001（1）.

张海芝，杨守乐，马威，等. 中国古代土壤耕作理论和技术的历史演进[J]. 土壤通报，2006（5）.

张允，赵景波. 近 200 年来关中地区干旱灾害时空变化研究[J]. 干旱区资源与环境，2008（7）.

翟允禔. 从“农言著实”一书看关中旱原地上小麦、谷子、豌豆、苜蓿等作物的一些栽培技术[J]. 西北农学院学报，1957（1）.

周昌芸，张乃凤，陈伟，等. 渭河流域土壤调查报告[J]. 土壤专报，1935（9）.

周昆叔. 周原黄土及其与文化层的关系[J]. 第四纪研究，1995（2）.

周魁一. 中国古代农田灌溉排水技术[J]. 古今农业，1997（1）.

周群英，黄春长. 西周丰镐遗址全新世土壤研究[J]. 地理科学，2003（3）.

朱莲青. 生成水稻土的环境和他的变动[J]. 地质论评，1939（1）.

朱显谟，贾文锦，张相麟，等. 暂拟陕西土壤分类系统[J]. 土壤通报，1959（1）.

[日]足立启二. 清代华北的农业经营与社会构造[J]. 中国农史，1989（1）.

[日] 佐藤武敏.《吕氏春秋・上农》等四篇和水利灌溉[J]. 日

本学者研究中国史论著选译（十），1992.

中国科学院南京土壤研究所土壤分类课题组. 中国土壤系统分类初拟[J]. 土壤，1985（6）.

自治区土壤普查办公室，自治区土壤学会. 新疆第二次土壤普查暂行土壤分类系统[J]. 新疆农业科技，1979（5）.

后 记

关中平原是我从小成长与生活的土地，怀着对这片土地的热爱，情不自禁地将这里的一山一水、一草一木带入我的研究领域中。中国的“黄土”“黄土高原”，对世界而言都是极具吸引力的研究对象，刘东生、何炳棣、史念海等学者都对“黄土地带”倾入了极大的热情与心血，为世人认识和熟悉这里的自然风貌与文化内涵做出了巨大贡献。关中平原位于黄土高原的东南端，相对较好的水热条件使这里成为中国古老的农业区，农业文明曾在这里得到深刻的诠释与见证，而这一切得益于肥沃的黄土资源。从研究生求学阶段起，我便与黄土产生了不解之缘，并以黄土高原的现代土壤环境作为硕士论文的选题。

2007 年，我有幸师从侯甬坚先生攻读历史地理学博士学位。从入学起，侯老师便询问我对研究方向的想法，问我是否感兴趣于历史时期的土壤环境变化，并启发我：中国的人为土种类多，分布广泛，发育强烈，为何不以“人为土”“耕作土”为题，继续深入土壤学的研究呢？自此，我开始关注这一领域，并思考如何将人类的历史活动带入土壤的形成过程中，期望着既可以继续我的土壤学研究，又可以为历史土壤地理研究贡献绵薄之力。于是，在侯老师的建议和悉心指导下，我完成了博士学位论文《关中平原土壤耕作层形成过程研究》。

本书是在我博士学位论文的基础上修改而成的，写作过程对缺乏历史学科班训练的我来说极具挑战性。每每听到侯老师鼓励的话语，总似暖流一般在心底流淌。从论文的选题、构思与资料的收集，到论文的研究方法及成文定稿，都包含着侯老师的谆谆教诲与殷切期望。为了加深我的理解，他会就一个概念与我再三讨论；无论何时看到与我研究相关的文献资料，他总是第一时间帮我收集复印。侯老师严谨的治学精神及一丝不苟的工作作风时刻打动着我，与他一起赴陕西周原、杨凌，山西大寨，新疆奇台，甘肃庄浪等的考察经历使我受益匪浅，学习到的不仅是工作方法，更是一种人生态度。

在我学习与工作的陕西师范大学西北历史环境与经济社会发展研究院，领导及诸位师长在各方面给予了我莫大的支持和帮助，创造了良好的科研条件，他们多次为我的文稿提出宝贵的建议，在此向他们致敬。与学兄、学姐、学友们的畅谈与倾诉总能给我的科研生活带来轻松与愉悦，感谢他们！

感谢我的家人给了我最无私的爱，每当我在工作、学习、生活中感到困惑、疲惫时，总有他们关爱的目光与深切的鼓励，家的祥和、宁静、温暖永远是我精神的支柱、前进的动力。在此还要特别感谢我的挚友侯祝华、张燕、李小燕、王长燕，野外考察中的欢笑与艰辛，日常生活中的关心与爱护，令我永生难忘。

本书的顺利出版得益于中国环境出版集团的大力支持，得益于王利华先生、侯甬坚先生的鼓励和推荐，本书才得以忝列“中国区域环境变迁研究丛书”中，感谢中国环境出版集团，感谢两位先生！

同时，编辑李恩军先生和李雪欣女士对书稿精读细审，提出诸多宝贵意见和建议，在此致以诚挚的谢意！

本书的研究和野外考察工作还得到教育部人文社科项目（16YJC770003）的大力支持与帮助，在此一并致谢！

杜娟

2020年8月于陕西师范大学西北历史环境与经济社会发展研究院121室

"中国区域环境变迁研究丛书"已出版图书书目

1. 林人共生：彝族森林文化及变迁
2. 清代黄河"志桩"水位记录与数据应用研究
3. 陕北黄土高原的环境（1644—1949年）
4. 矿业·经济·生态：历史时期金沙江云南段环境变迁研究
5. 历史时期董志塬地貌演变过程及其成因
6. 历史时期关中的土壤环境与永续农耕